中国石油勘探开发研究院出版物

构造变形与油气成藏实验和数值模拟技术系列丛书·卷一

主编 赵孟军 刘可禹 柳少波

油气成藏年代学分析技术与应用

鲁雪松 刘可禹 赵孟军 张有瑜 雷永良
范俊佳 于志超 卓勤功 桂丽黎 李秀丽 等◎著

Analytical Techniques of Geochronology and their Applications in Hydrocarbon Accumulation Research

科学出版社

内 容 简 介

油气成藏年代学研究是石油地质成藏综合研究的重要内容之一。本书详细介绍了油气成藏年代学分析各项技术的方法原理、技术进展、优缺点及其应用情况，重点论述了磷灰石裂变径迹分析技术、自生伊利石 K-Ar 同位素测年技术、流体包裹体分析技术、储层定量荧光分析技术四种石油地质领域常用的成藏定年技术的原理、分析方法和操作流程、技术现状及应用范围，最后介绍了多种定年方法在库车前陆盆地克拉苏构造带油气成藏研究中的综合应用实例，为油气成藏过程研究提供了很好的技术参考和指导。

本书内容读者对象为油气地质、油气成藏和油气勘探研究人员，也可供石油高等院校石油地质专业的老师和学生阅读参考。

图书在版编目(CIP)数据

油气成藏年代学分析技术与应用＝Analytical Techniques of Geochronology and their Applications in Hydrocarbon Accumulation Research/鲁雪松等著. —北京：科学出版社，2017

（构造变形与油气成藏实验和数值模拟技术系列丛书・卷一/赵孟军，刘可禹，柳少波主编）

ISBN 978-7-03-050771-6

Ⅰ. ①油… Ⅱ. ①鲁… Ⅲ. ①油气藏形成-地质年代学-研究 Ⅳ. ①P618. 130. 2

中国版本图书馆 CIP 数据核字(2016)第 276248 号

责任编辑：吴凡洁 冯晓利 / 责任校对：郭瑞芝
责任印制：张 倩 / 封面设计：无极书装

科学出版社 出版
北京东黄城根北街 16 号
邮政编码：100717
http://www.sciencep.com
北京通州皇家印刷厂 印刷
科学出版社发行 各地新华书店经销
*
2017 年 1 月第 一 版 开本：787×1092 1/16
2017 年 1 月第一次印刷 印张：13 1/2
字数：302 000
定价：128.00 元
（如有印装质量问题，我社负责调换）

丛书序

进入21世纪以来，我国油气勘探进入一个新的阶段，以湖盆三角洲为主体的岩性油气藏、复杂构造为主体的前陆冲断带油气藏、复杂演化历史的古老碳酸盐岩油气藏、高温高压为特征的深层油气藏、低丰度连续分布的非常规油气藏已成为勘探的重要对象，使用传统的手段和实验技术方法解决这些勘探难题面临较大的挑战。自2006年以来，中国石油天然气集团公司(以下简称中国石油)科技管理部主导，先后在中国石油下设研究机构和油田公司建立起了一批部门重点实验室和试验基地，盆地构造与油气成藏重点实验室就是其中的一个。盆地构造与油气成藏重点实验室依托中国石油勘探开发研究院，大致经历了三个阶段:2006年至2010年的主要建设时期、2010年正式挂牌到2012年的试运行时期和2013年来的发展时期。盆地构造与油气成藏重点实验室建设之前，我院构造、油气成藏研究相关的实验设备和实验技术基本为空白。重点实验室围绕含油气盆地形成与构造变形机制、油气成藏机理与应用和盆地构造活动与油气聚集等三大方向，重点开展了油气成藏年代学实验分析、构造变形与油气成藏物理模拟和数值模拟技术系列的能力建设，引进国外先进实验设备35台/套，自主设计研发物理模拟等实验装置11台/套。

通过10年来的实验室建设与发展，形成了物理模拟、数值模拟、成藏年代学、成藏参数测定等四大技术系列的31项单项技术，取得了5个方面的实验技术方法重点成果:创新形成了以流体包裹体、储层沥青、自生伊利石测年等为核心的多技术综合应用的油气藏定年技术，有效解决了多期成藏难题;自主设计制造了全自动定量分析构造变形物理模拟系统，建立了相似性分析参数模板，形成了应变分析和三维重构技术;利用构造几何学和运动学分析，构建三维断层、地层结构，定量恢复三维模型构造应变分布，形成了构造分析与建模技术;自主研发了油气成藏物理模拟系统，为油气运移动力学、运聚过程、变形与油气运移、成藏参数测定等研究提供技术支持;利用引进的软件平台，开发了适合我国地质条件的盆地模拟技术、断层分析评价技术和非常规油气概率统计资源评价方法。

“构造变形与油气成藏实验和数值模拟技术”系列丛书是对实验室形成的技术方法的全面总结，丛书由五本专著构成，分别是:《油气成藏年代学分析技术与应用》(卷一)、《非常规油气地质实验技术与应用》(卷二)、《油气成藏数值模拟技术与应用》(卷三)、《油气成藏物理模拟技术与应用》(卷四)、《构造变形物理模拟与构造建模技术与应用》(卷五)。丛书中介绍的实验技术与方法来自三个方面:一是实验室建设过程中研究人员与实验人员共同开发的技术成果，其中也包括与国内外相关机构和实验室的合作成果;二是来自对前人建立的实验技术与方法的完善;三是基于丛书主线和各专著需求，总结国内外已有的实验技术与方法。

“构造变形与油气成藏实验和数值模拟技术”系列丛书是该重点实验室建设与发展成果的总结，是组织、参与实验室建设的广大科研人员和实验人员集体智慧的结晶。在这里，我们衷心感谢重点实验室建设时期的领导和组织者、第一任重点实验室主任宋岩教授，正是前期实验室建设的大量工作，奠定了重点实验室技术发展和系列丛书出版的基础；衷心感谢以贾承造院士、胡见义院士为首的重点实验室学术委员会，他们在重点实验室建设、理论与技术发展方向上发挥了指导和引领作用；感谢重点实验室依托单位中国石油勘探开发研究院相关部门的支持与付出；同时感谢中国石油油气地球化学和油气储层重点实验室的支持和帮助。

希望通过丛书的出版，让更多的研究人员和实验人员关注构造与油气成藏实验技术，推动实验技术的发展；同时，我们也希望通过这些技术方法在相关研究中的应用，带动构造与油气成藏学科的发展，为国家的油气勘探和科学研究做出一份贡献。

赵孟军　刘可禹　柳少波

2015年7月1日

前言

油气勘探地质评价的目标是准确认识油气藏的形成和分布规律，油气成藏期和成藏历史是其中的一个核心问题和研究难点，而这属于油气成藏年代学的研究范畴。油气成藏年代学研究有助于判断油气藏形成的动力学过程和流体环境，重建油气成藏过程和调整改造历史，总结油气成藏特征与分布规律，对于勘探目标的优选和评价及提高油气藏勘探成功率均具有重要意义。

我国叠合盆地深层的成岩、成藏过程复杂，具有多套烃源岩、多期构造运动和多期油气运聚成藏和调整改造的特征，对于这类复杂油气藏的成藏过程研究难度大。前人主要根据综合地质分析大致推断这类复杂油气藏的成藏过程，具有较大的不确定性。随着分析仪器和测试技术的不断进步与发展，油气成藏年代学分析技术逐渐走向精细化、定量化和多样化。中国石油天然气集团公司盆地构造与油气成藏重点实验室先后引进了多套先进仪器和设备，全面构建了系统化、完整化、精细化的油气成藏年代学技术系列，由包裹体分析技术、储层沥青分析技术、自生伊利石同位素测年分析技术和磷灰石裂变径迹分析技术四大技术系列构成。将多技术手段有效融合和集成实现了成藏年代分析的综合化、定量化、系统化、精细化，通过对储层中记录有油气成藏历史信息的古流体（储层沥青、包裹体）的成分、成熟度、丰度、温压等重要地质信息的测试和分析，并利用磷灰石裂变径迹分析技术准确恢复盆地热演化历史，综合自生伊利石 K-Ar、Ar-Ar 同位素定年结果，能够恢复和重建复杂油气藏的多期成藏过程和流体史。通过系统的成藏年代学分析可以实现的主要功能和作用包括以下七个方面：①成藏期次划分，通过油气包裹体期次、成岩序次划分，确定油气成藏期次；②精细油气源对比，通过古流体成分分析，能搞清每一期充注油气的来源；③成藏时间确定，通过包裹体均一温度、埋藏史热史分析确定成藏相对时间，自生伊利石 K-Ar 测年确定成藏绝对时间；④古温压恢复，通过包裹体 PVT 模拟，恢复包裹体捕获时的古温度、古压力；⑤流体史恢复，通过对饱和甲烷盐水包裹体盐度、压力的系统测试，恢复流体演化史；⑥运移路径追踪，通过在运移方向上的多个地区的包裹体丰度统计、成分对比，结合地化及构造特征，可追踪油气运移路径；⑦古油-水界面确定，通过油藏剖面中系统取样做定量荧光分析，识别古油-水界面，恢复油气藏演化历史。通过以上七个方面的研究，能够很好地解决叠合盆地复杂多源多期成藏难题。实验室建立的油气成藏年代学技术系列已在我国多个含油气盆地的复杂油气藏成藏过程及成藏机理研究中发挥重要作用。

在多年的技术研发和实例应用的基础上，作者组织编写了这本详细介绍油气成藏年代学分析技术与应用的书籍，希望能为油气成藏过程研究提供很好的技术指导。本书详细介绍了油气成藏年代学分析各项技术的方法原理、技术构成、技术进展及应用实例情况，重点就目前广泛应用的磷灰石裂变径迹分析技术、自生伊利石 K-Ar 同位素测年技术、流体包裹体分析技术和储层定量荧光分析技术的方法原理、分析步骤和内容、技术现状及应用情况等进行了详细的介绍，同时对一些新兴的成藏定年技术如原油-储层沥青 Re-Os 同位素测年技术、成岩矿物 U-Th-Pb 同位素测年技术、自生石英 ESR 测年技术及天然气碳同位素动力学模拟技术等作了简单介绍和评论，最后结合库车前陆盆地克拉苏构造带的成藏研究介绍了各项定年技术在油气成藏研究中的综合应用实例。

本书具有以下三个突出特点：①对目前国内外常用的和新兴的各种成藏定年技术的方法原理、技术进展、技术优势和适用性都作了系统介绍；②重点对磷灰石裂变径迹分析技术、自生伊利石 K-Ar 同位素测年技术、流体包裹体分析技术和储层定量荧光分析技术的方法原理、详细分析步骤、测试方法和应用情况作了详细的介绍；③侧重于实验技术的应用，介绍了各项定年技术在油气成藏研究中的综合应用实例。因此，本书可作为油气成藏年代学研究和教学的工具书和参考书，兼具学术性和实用性。

本书共六章，前言由鲁雪松、刘可禹编写；第一章由鲁雪松、赵孟军编写；第二章由张有瑜、罗修泉编写；第三章由雷永良、鲁雪松编写；第四章由刘可禹、鲁雪松、桂丽黎、李秀丽编写；第五章由鲁雪松、范俊佳、桂丽黎、于志超编写；第六章由鲁雪松、于志超、卓勤功编写。本书最后由鲁雪松统稿。

由于时间和水平有限，书中不妥之处在所难免，恳请各位专家学者不吝指正。

编著者

2015 年 11 月 30 日

目录

第一章　油气成藏年代学分析技术概况及其进展

油气勘探地质评价的目标是准确认识油气藏的形成和分布规律，油气成藏期和成藏历史是其中的一个核心问题和研究难点，而这即属于油气成藏年代学的研究范畴。油气成藏年代学是油气成藏地质学中的一门前沿交叉学科，其主要任务是通过各种相对定年或绝对定年方法厘定油气运聚成藏的时间，揭示油气成藏过程（赵靖舟和李秀荣，2002；陈红汉，2007；魏冬和王宏语，2011）。该项研究有助于判断油气藏形成的动力学过程和流体环境，重建油气成藏过程和调整改造历史，总结油气成藏特征与分布规律，对于勘探目标的优选和评价及提高油气藏勘探成功率均具有重要意义。

第一节　油气成藏年代学分析方法类型

20 世纪 80 年代以来，随着全球油气勘探难度的加大，油气成藏年代学研究也日益引起石油地质界的重视。早些年，中外学者根据油气藏生、储、盖、圈、运、保等参数的有效耦合，结合盆地构造演化史与生排烃史来大致推断油气藏的形成时间，逐步形成了圈闭形成时间法、烃源岩主排烃期法、饱和压力法、油气水界面追溯法、成藏地球化学等传统的石油地质分析方法（王飞宇等，2002；赵靖舟和李秀荣，2002；马安来等，2005）。近年来，随着一些矿床学上的新方法、新理论的引入，油气成藏年代学得到了快速发展。特别是随着流体包裹体分析与储层成岩矿物测年技术的引入（马安来等，2005；陈红汉，2007；魏冬和王宏语，2011；陈玲等，2012），油气成藏年代学研究实现了由传统的定性研究向半定量或定量研究的重要转变，进而为油气成藏年代学学科的确立奠定了重要基础。

一、传统的石油地质分析方法

油气藏的形成是烃类流体从源岩到圈闭的运聚过程，成藏研究的两个焦点是烃类流体和圈闭。因此，传统的石油地质分析方法分析成藏期也主要是从圈闭和烃类流体两个方面着手。

（一）从圈闭的形成史分析成藏期

包括圈闭形成时间法和油-气-水界面追溯法。圈闭形成时间法是基于圈闭发育史对油气成藏时间外推的一种间接研究方法，因此只能得到油气成藏的最早时间，而无法确定具体的成藏年代。油-气-水界面追溯法是对圈闭形成时间法的更进一步诠释。该方法的基本原理是，一般规则油气藏的油-水界面或气-水界面为一水平的界面（不规则的岩性油气藏和水动力油气藏除外），这类油气藏在最初形成时其油-气-水界面一般也呈水平状态，以后因构造变形等影响，油-气-水界面可能发生变迁，直至构造稳定期，其油-气-水界面又重新演变为水平的界面。因此，可以通过对油气藏油-气-水界面演变史的分析，追溯现今油气藏的油-气-水界面最早形成水平界面的时间，即为该油气藏的形成时间(赵靖舟,2001)。其后的油-气-水界面变迁则记录了油气藏形成以后的调整、改造乃至破坏的历史。

(二) 从烃类流体着手分析成藏期

从烃类流体分析成藏期根据方法原理的不同又可进一步分为两种。

1. 根据烃类流体的组成和成熟度结合烃源岩生排烃史分析成藏时间

一般认为，烃源岩主生排烃期即为油气大规模运聚成藏的时期，因此可利用盆地模拟技术确定烃源岩主生排烃期，大致确定成藏时间。烃源岩主生排烃期法的应用需要准确了解烃源岩的层位、展布、盆地热演化史及埋藏史等信息，而生油拗陷区探井的缺乏使得这些地质资料往往难以获取。此外，叠合含油气盆地中多套烃源岩的多期生排烃及次生油气藏的大量存在，使烃源岩的主生烃期、排烃期与现今保存油气藏的有效成藏期并非一致。

成藏地球化学技术的发展为烃源岩主生排烃期法确定成藏期提供了一个重要的补充和改进(England and Mackenzie,1989;王飞宇等,2002)。一方面，原油族群划分和精细的油源对比，可以建立起油藏油与烃源灶的对应关系;另一方面，根据分子地球化学成熟度参数(包括常规饱和烃类参数、芳烃类的萘系列、菲系列、联苯系列、二苯并噻吩系列参数)、轻烃组分成熟度指标和 C_7 温度计，以及气体同位素和成分特征，可以确定油气藏中黑油、轻烃、气体的热成熟度，通过将烃类流体组成与热成熟度与烃源岩成熟度演化、生排烃史对比分析，可以较为准确地限定油气成藏时间。

20 世纪以来，天然气碳同位素动力学的发展，为确定天然气成藏方式和成藏时间提供了一种有效手段(Cramer et al. ,1998,2001;Tang et al. ,2000;李贤庆等,2004)。天然气碳同位素特征不仅受母源、成熟度的影响，还与运聚条件、沉积盆地增温速率有关。碳同位素分馏动力学模型在不同含油气盆地会存在差异，不仅取决于气源条件，还与运移聚集史、沉积构造史有关，瞬时聚集气与累积聚集气在碳同位素特征存在明显差别。生烃动力学及碳同位素动力学方法将天然气生成、运移和聚集与盆地埋藏史、受热史结合起来，再现天然气生成与运聚成藏过程，在评价天然气的成熟度、气源、运移聚集史和油气比等方面有较大的应用价值 (Cramer et al. , 1998;Tang et al. , 2000;李贤庆等. 2004)。李贤庆等(2004)利用甲烷碳同位素动力学方法探讨了库车前陆盆地克拉 2 气田的成藏过程和天然气成因，认为克拉 2 气田天然气主要来源于早中侏罗世煤系烃源岩，属阶段捕获气，为 5Ma 以来的天然气聚集。李贤庆等(2005a)根据压力下黄金管封闭体系模拟实验结果，用软件模拟获取了塔里木盆地库车拗陷三叠系—侏罗系源岩的生烃动力学参数与碳同位素动力学参数，结合地质背景探讨了依南 2 气藏天然气的成因和运聚模式，对库车拗陷天然气成因评价、资源评价及其他地区天然气成藏具有指导和借鉴意义。李绪深等(2005)利用碳同位素动力学模拟方法，初步圈定了崖南拗陷崖 13-1 气田天然气主要来自崖南凹陷斜坡带含煤地层，目前处于主生气阶段，成藏期较晚，成熟度为1.5%～2.3%，气藏保存条件较好，为天然气的勘探与开发提供了依据和指导。李贤庆等(2005b)通过碳同位素动力学模拟表明，塔西南阿克 1 气藏天然气为烃源岩过成熟阶段的产物，属于混源气,为该地区天然气定量评价提供了新思路。米敬奎等(2005)利用生烃动力学和碳同位素动力学模拟研究表明,鄂尔多斯盆地上古生界苏里格气田天然气主要是它源阶段累积气,来源于气田南部高成熟区域。总之,碳同位素动力学模拟在油气成藏与油气勘探方面具有广泛的应用价值,随着理论认识的逐渐完善,在油气成藏与勘探开发中将发挥重要作用。

2. 从油气藏流体的相态直接入手分析油气成藏时间

利用油气藏饱和压力/露点压力法可大致确定油气成藏时间。该方法基于油藏形成时为饱和天然气状态的基本假设,其饱和压力与地层压力相当。如果在油气藏形成之后,沉积、构造等作用相对比较稳定,那么,油气藏的饱和压力基本不变。因此,由油气藏的饱和压力可推断油气藏形成时的埋藏深度,进而换算出对应的地质时代,即可确定油气藏形成的大致时间。油气藏饱和压力法主要适用于构造相对稳定、充注期次单一且无压力异常的单旋回盆地。对于叠合含油气盆地,其确定的成藏时间往往带有很大的不确定性。这是因为:一方面,叠合盆地油气藏在形成以后一般都不同程度地经历过构造抬升,造成油藏中的溶解气体散失,凝析气藏发生反凝析作用,从而使油气藏最初形成时的饱和压力以及相态特征发生改变(赵靖舟等,2002);另一方面,多期次的油气注入也会使早期油气藏的饱和压力发生变化。这些都会影响饱和压力法成藏年代确定的准确性。另外,对于由饱和压力-露点压力法所确定的成藏期究竟属于最早成藏时间抑或是最晚成藏时间,认识也不一致(赵靖舟和李秀荣,2002)。

二、从岩石学与矿床学引进的定年分析技术

储层成岩矿物及其中流体包裹体、储层沥青直接记录了沉积盆地油气成藏条件和过程,作为烃类成藏的化石记录,它们可用于重构油气藏形成和演化史。根据分析对象和方法原理不同,该类方法又可分为两种:一种是对成藏的流体化石记录(流体包裹体、原油/沥青、地层水)进行分析,主要包括流体包裹体分析技术、原油/沥青同位素定年技术、油田水碘同位素测年技术等,目前较为成熟且广泛使用的是流体包裹体分析技术;一种是对油气藏储层中或与油气成藏相关的自生成岩矿物的同位素定年技术,目前较为常用的是储层自生伊利石 K-Ar、Ar-Ar 测年技术等。下面重点介绍目前在油气成藏领域中应用最为广泛、技术最为成熟的两项定年技术。

(一) 流体包裹体分析技术

流体包裹体含有丰富的成藏成矿信息,对成矿流体的运移具有重要的示踪作用(倪师军等,1999)。运用包裹体方法确定成矿的地质年龄,在热液金属矿床定年方面早已得到广泛应用,但用于油气成藏的成藏年代学与成藏史研究则始于 20 世纪 80 年代(Haszeldine et al.,1984;Horsfield and McLimans,1984;施继锡等,1987)。90 年代以来,流体包裹体方法在油气成藏年代学研究中得到了广泛应用,已成为当今油气成藏年代学研究中最重要的一种方法(柳少波和顾家裕,1997;郑有业等,1998;高志先和陈景发,2000;赵靖舟,2002)。在成藏年代学与成藏史研究方面,流体包裹体的作用主要体现在以下三个方面:一是烃类包裹体的形成世代关系,代表了油气运移充注的期次;二是烃类包裹体的均一温

度，记录了油气运移充注时储层的古地温，通过热史和储层埋藏史的恢复即可确定包裹体形成时间；三是烃类包裹体的成分，可以反映油气注入时的地球化学特征和相态特点。因此，流体包裹体分析技术在解决叠合盆地多源、多期复杂成藏问题时具有其他方法无法比拟的优势。

流体包裹体理论与方法从矿床学引进石油地质学之后，得到了迅速发展和更广泛的应用，但在包裹体基础理论和实验测试方面都存在一些尚未解决的问题，特别是在复杂叠合盆地成藏年代学研究方面，仍有不少问题还有待进一步的研究探讨。这些问题将在第五章中进行详细探讨。

（二）储层自生伊利石 K-Ar、Ar-Ar 同位素测年技术

储集层中伊利石是在富钾水介质环境中形成的，当油气进入砂岩储集层后，由于介质条件的改变，储集层中自生伊利石的形成便会停止，因此可用储集层中自生伊利石的最新年龄来确定油气藏形成的时间，代表了油气最早进入储集层的时间(王飞宇等，1998；张有瑜和罗修泉，2004；Zhang et al；2005)。但是，这种方法在应用中存在一定的难度，主要原因是影响因素较多。首先，除陆源碎屑钾长石、碎屑伊利石外，绿泥石、高岭石等均可能会对自生伊利石的 K-Ar 体系产生较为明显的影响，并导致明显不合理的或不具有明确地质意义的年龄(张有瑜和罗修泉，2004)；其次是油气注入只是引起砂岩储集层自生伊利石生长作用终止的原因之一；另外，油气充注后自生伊利石不一定停止生长(Karlsen et al.，1993)。此外，这种方法的应用和样品本身的关系也比较大，例如，砂岩岩性、伊蒙间层比等，中、细砂岩的应用效果相对较好，粉砂岩、泥质粉砂岩则难度较大；伊蒙有序间层的应用效果相对较好，伊蒙无序间层则应用效果较差。此外，对于单一成藏期次的盆地，这种方法可以取得较好的成果，而对于多期次成藏的盆地，自生伊利石 K-Ar 年龄只能反映油气最早进入的时间。

自生伊利石 Ar-Ar 测年法与 K-Ar 测年法测年原理相同，但技术开展较 K-Ar 测年法稍晚。与 K-Ar 法相比，Ar-Ar 法的优势主要体现在三个方面(王龙樟等，2004；云建兵等，2009)：①Ar-Ar 法是通过在一份中子活化样品上测定 ^{40}Ar 与 ^{39}Ar 的比值获得样品的年龄，从而避免了 K-Ar 法中在两份样品中分别测量钾和氩的含量所带来的不均匀性误差；②Ar-Ar 法提供了包括矿物缺陷、伊利石生长的多期性、受热史关于矿物结晶和埋藏等更加丰富的信息；③样品用量减少。自生伊利石 Ar-Ar 法在实际研究中同样受伊利石纯净度的制约。此外，粒度微小的伊利石在核反应堆快中子轰击下，^{39}Ar 将因核反冲作用而产生易位或部分丢失，造成样品表观年龄变老。实际测试周期需要一年左右，且成本较高，也限制了这项技术的发展。

第二节　油气成藏年代学技术的主要进展

近 20 年来，随着分析仪器和技术的发展，油气成藏年代学分析技术也取得了重要的进展，常规的分析技术不断深化、完善，走向精细化、定量化，也涌现出了一批新的定年技术。主要表现在以下三个方面。

一、与油气成藏相关的同位素测年技术取得新发展

（一）原油/沥青 U-Pb、Sr-Nd 同位素定年技术

利用原油、沥青、干酪根中微量金属 U-Pb、Pb-Pb、Rb-Sr、Sm-Nd 体系的同位素分析方法获得油气生成、运移的年龄，是成熟的放射性同位素方法在石油地质学中的尝试应用，其关键是样品中放射性同位素的富集与分离。目前，只能做到沥青和干酪根样品中放射性同位素的有效分离，原油中的分离还存在困难，从而限制了该方法的推广。

Parnell 和 Swainbank(1990)最早运用 U-Pb 法获得了沥青脉的形成年龄。该方法定年较其他体系的优越性是 U 的两个放射性同位素为^{238}U和^{235}U，分别衰变成两个铅同位素子体^{206}Pb和^{207}Pb，通过这两个衰变系列，可以获得三个年龄值($^{206}Pb/^{207}Pb$、$^{207}Pb/^{235}U$、$^{206}Pb/^{238}U$)。这些年龄值的差异可以指示在同位素平衡以后该体系受干扰的程度(赵玉灵等，2002)。

Rb-Sr、Sm-Nd 稀土元素体系在多数情况下的化学性质是不活泼的，使这些同位素体系可以保持良好的封闭状态。Zhu 等(2001)分别运用 U-Pb 法、Rb-Sr 法和 Sm-Nd 法获得了准噶尔盆地乌尔禾沥青、塔里木盆地志留系沥青年龄。

然而这种方法能否应用于有机样品尚存在争议，因为该方法是基于“无机生油”论而提出的，其理论基础尚不完善。另外，还存在一些诸如同位素体系均一化与油气运移和充注关系不明的问题，因而其数据也具有多解性。

（二）原油/沥青 Re-Os 同位素定年技术

应用 Re-Os 同位素方法测定油气藏生成、运移、成藏年龄是国际上油气成藏定年方法研究的前沿，该方法不仅可以精确厘定油气藏油气运移和充注的时限，还可以有效示踪烃源岩。在还原环境下，Re 和 Os 不易被溶解，易于被有机物捕获而富集。作为生成油气的烃源岩中的有机沉积物是缺氧还原环境下形成的典型沉积岩，易于富集 Re 和 Os。在有机体系中 Re 和 Os 可能主要以有机络合物、化学吸附等形式存在，其中有机络合物可以使 Re 和 Os 长期稳定地保存在沥青、干酪根和原油中，同位素体系不易被后期改造作用破坏而保持良好的封闭体系(段瑞春等. 2010)，因此用 Re-Os 同位素方法对沥青、干酪根、原油进行绝对定年成为可能。Creaser 等(2002)研究表明，在油气生成和运移过程中，烃源岩中的 Re 和 Os 会随着含烃流体一起发生迁移，Os 同位素比值发生均一化重新达到平衡，而 Re/Os 值发生一定程度分异，但该过程对 Re-Os 位素体系封闭性的影响有限，因而可以构成同位素等时线，其年龄记录了油气生成的时间，而且这一年龄不受油气成熟度高低的影响，初始同位素比值还可以有效示踪烃的来源(Creaser et al.，2002)。Selby 等(2003，2005)应用 Re-Os 同位素年代学方法，选择油砂、重油中的烃类有机物作为研究对象，认为 Alberta 盆地的油气生成和运移发生在早白垩世，而不同于前人认为的晚白垩世。

然而，目前运用 Re、Os 同位素确定油气成藏年龄还存在一些问题，其原因在于 Re、Os 在自然界中的丰度很低，样品中与油气成藏有关的同位素的有效分离和提纯比较困

难，而且在进行质谱分析时，Re、Os 电离电位较高，给测试工作带来了很大的困难。另一方面，目前对有机质 Re-Os 等时线数据的解释还存在一定的问题。要获得可靠的 Re-Os 等时线年龄，必须满足三个条件：①封闭性，即 Re-Os 同位素体系必须一直保持封闭；②同源性，即$^{187}Os/^{188}Os$ 的初始值(Os_i)必须近似；③足够的样品，$^{187}Re/^{188}Os$ 比率具有一定的范围。但是对于沥青等有机物样品是否满足三个条件还有待进一步研究。对于具有多期油气充注的沉积盆地，Re-Os 同位素测试定年给出的等时线年龄究竟代表了什么尚缺乏认识。沥青 Re-Os 同位素等时线年龄揭示的是油气大量生成运移的时间，不同的烃源岩样品可能具有不同$^{187}Os/^{188}Os$ 初始比值，这对 Re-Os 体系具有一定的影响，会造成得到的等时线年龄数据比较分散，这需要结合实际油气地质特征解释(沈传波等. 2012)。

此外，对 Re-Os 同位素体系而言，确定油气成藏时限需要考虑地质过程中 Re-Os 同位素体系的重置问题。由于 Re、Os 与其他金属元素一起通过烃源岩的排烃作用从烃源岩中排出，排出后的 Re、Os 与生成的烃类物质一起在储层中经过较长距离的运移，其后由于后期构造运动的调整与破坏，最终原油中的轻质组分散失，沥青质和重质组分残留，从而形成现今看到的沥青，即沥青形成时体系的 Re、Os 同位素可能被重置(Selby et al.，2005)。因此，该方法能确定油气藏形成的时间上限，适用于晚期成藏、单期改造的油气藏，对于受到多期改造破坏的油气藏适用性较差或基本不适用。

(三) 基于原位微区分析的同位素定年技术

常规的流体包裹体定年是根据包裹体的均一温度结合埋藏史热史进行相对定年，往往具有多解性和不准确性。随着激光剥蚀技术的发展，实现了对矿物微区分析的可能，因此，针对油气包裹体及其赋存矿物的同位素定年技术也应运而生。相比前者，采用真空击碎技术的高精度同位素定年，只需一个样品即可实现对流体包裹体形成年龄的准确测定，有明显的技术优势。Mark 等(2005)在前人成熟的钾长石 Ar-Ar 法定年基础之上，提出了流体包裹体分析与自生钾长石 Ar-Ar 定年相结合的方法，揭示了北海 207/1a-5 井区生烃史与充注史之间约 33Ma 的时间“延迟”现象。该方法采用 UP-213 小型 UV 激光纯化系统，实现空间分辨率为：剥蚀格宽度小于 20μm，融蚀点直径小于 10μm。对发育油包裹体的自生钾长石选定靶区，经过 UV 激光融蚀微区提取足够的 Ar 量，打入配备电子倍增器高灵敏度质谱仪，从而获得各微区的 Ar-Ar 同位素年龄，误差为±2.5Ma，将各期次油包裹体两侧剥蚀带的 Ar-Ar 年龄的算术平均值作为该油包裹体的捕获年龄，从而实现了对不同期次油包裹体的精确定年。Shepherd 和 Darbyshire(1981)首先建立了测定流体包裹体 Rb-Sr 同位素年龄的方法，分析了英格兰坎布里亚郡(Cumbria)的 Carrock Fell 钨矿中流体包裹体的 Rb-Sr 同位素等时线年龄，得出成矿流体成矿年龄为 392Ma±5Ma，与通过石英脉中云母测得的 K-Ar 年龄(387Ma±6Ma)基本一致，这种对比有效地验证了流体包裹体 Rb-Sr 等时年龄的可靠性。李华芹和刘家齐(1992)用 Rb-Sr 和 Sm-Nd 方法测定了我国华南钨矿床流体包裹体的年龄。

未来还希望发展起来的一种方法则是利用 LA-ICP-MS 原位分析技术对捕获流体包裹体的自生成岩矿物进行同位素定年来获得包裹体形成时的绝对地质年龄(李晓春等，2010)。目前，LA-ICP-MS 原位分析技术已成功应用于锆石、独居石等矿物中 U-Pb、Lu-

Hf 同位素年龄的测定，但在油气成藏期定量分析方面尚未取得突破，主要是由于将同位素地质年代学理论和方法引入单体包裹体分析实现还存在诸多困难，包括代表性样品的选择、合适的同位素体系、数据精度和准确度的控制等。

目前，流体包裹体绝对定年在国内仅应用于解决矿床学中的成矿年龄问题（李华芹等，1993），尚未用于油气成藏期定量分析。究其原因，一是储层中流体包裹体过于细少，一般小于 10μm，大多数小于 5μm；二是普遍存在多期流体包裹体，如果把它们混在一起分析，测出的年龄是一个混合值；三是流体包裹体绝对定年制样方法过于复杂。尽管如此，流体包裹体绝对定年应是油气成藏年代学分析技术发展的重点，这是因为流体包裹体定年分析技术基本上是成熟的，包括 Rb-Sr 法、$^{40}Ar/^{39}Ar$ 法和 Pb/Pb 法等，目前在矿床学利用流体包裹体绝对定年解决成矿年龄方面有许多成功经验可供借鉴。

二、油气包裹体成分分析技术向精细化、定量化发展

油气包裹体的研究相对于常规矿产学的流体包裹体研究虽然起步较晚，但日益受到石油地质学家的重视，成为研究油气成藏机理的一种最有效的方法。油气运移过程中，微量的流体随着储集层胶结物沉淀和微裂隙愈合而被捕获形成包裹体，其提供了油气运移和充注时的流体温度、压力和成分等信息（Parnell，2010）。流体包裹体可以为恢复储集层古地温和古压力（Burruss，1989；Swarbrick，1994；Aplin et al.，2000），确定油气运移和充注时间（Mclimans，1987；Burley et al.，1989；George et al.，1998；Wilkinson et al.，1998）及研究孔隙流体演化（Nedkvitne et al.，1993）等提供有力证据。

近 20 年来，在油气包裹体研究方面取得的最新进展主要包括以下几个方面。

（1）利用共聚焦激光扫描显微镜（confocal laser scanning microscopy，CLSM）对石油包裹体三维形态进行刻画，精细计算石油包裹体的气液比（Pironon et al.，1998；Aplin et al.，1999），再与均一温度、PVT 模拟计算相结合，可以了解单个油气包裹体中的烃类组成。

（2）利用显微荧光光谱、红外光谱对石油包裹体的液相组成的定量、半定量分析（Pironon and Barres，1990；Pironon et al.，2001），利用显微激光拉曼光谱对包裹体中的气相组分含量的定量分析（Dubessy et al.，1999；Pironon et al.，2004），利用甲烷拉曼峰位置偏移对包裹体内部压力的定量分析（Jeffery et al.，1993，1996；陈勇等，2005a，2005b）等技术得到发展并大量应用。

（3）在对包裹体温盐测试、成分测试的基础上，通过对包裹体捕获温度与捕获压力的热动力学计算与 PVT 模拟，可以确定包裹体捕获时的古温度、古压力及流体相态及组成（Aplin et al.，1999，2000；Pironon et al.，2004）。

（4）在油气包裹体地球化学方面，涌现了一批新技术：①石油包裹体丰度 GOI 技术（Lisk et al.，2002；王飞宇等，2006；Bourdet et al.，2012），通过在荧光显微镜下对薄片中烃类包裹体进行识别和大量统计，统计 GOI，即碎屑岩中含油包裹体颗粒所占比例，对于储层中油包裹体丰度评价发挥了重要作用，但这种方法属于劳动密集型方法，需要有鉴定包裹体的专业技能，人为因素影响大，且观察统计的范围有限，不能反映储层全貌。②储层定量荧光分析技术（包括 QGF、QGF-E、TSF、QGF^{+} 和 iTSF 等系列技术）（Liu and

Eadington，2003，2005；Liu et al.，2007，2014；刘可禹等，2016)，用来快速检测储层颗粒内部油包裹体及颗粒表面吸附烃的荧光光谱特征、荧光强度等信息。由于储层定量荧光技术具有快速、简便、经济、灵敏度高、检测荧光波段长、所需样品量少等优点，在油气成藏研究中迅速推广。该技术可以通过连续采集多口井不同深度的储层样品进行系统的荧光光谱分析，从而可根据整个样品的剖面变化和横向变化来识别储层含油气性，判断现今油层和古油层，分析油气性质，追踪油气运移路径，评价盖层封存能力及烃源岩成熟度等，在国内油气成藏研究中也已经广泛应用(鲁雪松等，2012；曹许迪等，2013；范俊佳等，2014；吴凡等，2014)。③流体包裹体成分 MCI 分析技术(George et al.，1997，1998，2007)，能够检测储层吸附烃和油气包裹烃的分子组成信息，为离线成分分析技术，但对样品量要求大，费力且比较昂贵，不适合分析大批量的样品。此外，由于离线采集，部分轻质组分发生散失，分析结果不能反映包裹烃的全貌。④MSSV-GC-MS 群体包裹体在线成分分析技术(Waterman et al.，2001)，将包裹体压碎装置与色谱-质谱仪的进样口相连，把含包裹体的颗粒放入柱状压碎装置中，转动压碎杆后端的手柄，使含包裹体的微量矿物破碎，释放出来的包裹烃，由连接系统的载气送入色谱-质谱仪分析，该方法可以获取油气包裹体中包括气态烃、轻质烃和重质烃的全部分子组成信息，用于油气源精细对比和成藏过程研究。⑤通过将激光剥蚀系统与高分辨率的色谱-质谱分析仪相结合(Volk et al.，2010；张志荣等，2011)，可实现对单个油气包裹体的分子组成信息进行检测，弥补了群体包裹体成分分析时多期次包裹体成分混合的问题。

总之，随着流体包裹体分析测试仪器和技术的发展，目前已基本形成一套流体包裹体定量分析的系列技术，特别是流体包裹体各种成分分析方法和流体包裹体同位素年代学分析方法的建立和发展，使得流体包裹体分析向精细化、定量化、综合化方向发展，应用更加广泛、更加成熟。

三、一些新的定年技术正在探索和发展中

(一) 低温热年代学定年新技术正在发展

1. 电子自旋共振法

电子自旋共振(electron spin resonance，ESR)是指电子自旋能级在外磁场的作用下发生塞曼分裂，同时在外加波能量的激发下电子从低能级向高能级跃迁而产生的共振现象。矿物存在基带和导带两个能量级，最初矿物的核外电子处于基带，由于外界辐射的作用，原子核外部电子受到激发向更高的导带跃迁，矿物的晶格也会在辐射的作用下形成一些缺陷。每个缺陷只能俘获一个电子，已经俘获电子的缺陷称为顺磁中心。不成对电子的磁矩在外磁场中定向排列，在一定频率的微波场中跃迁，使得样品中顺磁中心总数可以被测定，ESR 强度是晶格缺陷捕获电子形成顺磁中心内捕获的电子的数量，而顺磁中心总数是与样品所经受的辐照时间有关，由此可测定样品的年龄。ESR 测年技术首先应用于物理学、化学和生物学方面，具有可测试样品范围广、测年范围宽(从几千年到几百万年)、可反复测量及信号稳定、受环境影响小等优点(Grün，1989；业渝光，1992)。ESR 测定年龄范围为 10^3～10^6 年，对于纯石英可达到 10^7 年。常选作 ESR 定年的矿物包括石

英、方解石等，但存在一个样品分离问题，需保证测定的样品为纯自生矿物。石英脉和方解石脉均是理想的ESR定年样品，但迄今对方解石脉的ESR信号特征及其测量条件尚没定论。业渝光等(1995)通过石英的Ge心信号分析发现，云南东川泥石流堆积物的堆积时间为晚更新世，E′心信号反映该堆积物在中更新世遭受了一次激烈的热运动。叶素娟和姜亮(2001)利用石英自旋共振(ESR)测定了东海盆地西湖凹陷花港组储层中微晶石英胶结物的年龄为32.6～31.3Ma，石英加大边大致的年龄为26.6～24Ma，结合油气包裹体特征、区域埋藏史和烃源岩有机质成熟史，确定了砂岩成岩史与有机质成熟史，认为存在两期油气运移：一期与砂岩晚成岩A阶段的石英加大边发育期一致，年龄为24Ma以后；另一期与N末期龙井运动引起的挤压裂隙有关。张鼐等(2011)利用ESR测年技术测定了塔中45井奥陶系中含第Ⅳ期烃包裹体的石英脉的年龄为23.19～22.13Ma，为喜马拉雅期新近纪中新世N_2末，与喜马拉雅运动二幕的时间非常一致。

2. 热释光测年

沉积盆地中最常见的、与油气成藏密切相关的成岩矿物包括石英、长石、方解石等，其本身没有放射性，但在埋藏成岩阶段会接受环境中的放射性核素铀、钍、钾等的辐射作用，使这些矿物晶体以内部电子转移或晶体结构的局部应变来储存各类辐射作用所带来的能量。矿物晶体一旦经历某种热事件，又能以光子的形式释放其能量，当受热程度达到或超过一定的温度时，其储存的辐射能量将全部释放，从而让计时归零。由于核素的半衰期常远大于所测样品的年龄，由此认为辐射剂量强度在成岩矿物接受辐射时段内恒定。因此，标本释放的光子能量正比于标本自最近一次受热后所经历的时间，这就是热释光定年(thermoluminescent dating)的基本原理(Huntley，1976；龚革联和谭凯旋，1999)。目前最常用的是测定自生石英的热释光年龄，但存在一个自生石英样品分离问题，至今没有很好地解决。一般认为石英的325℃左右的热释光峰，可用于测定近五千年的文化古物，而更高的375℃左右的热释光峰，可以用于测定年龄更老的可达数十至百万年的地质样品(龚革联和谭凯旋，1999)。姜勇彪等(2006)采用热释光测年方法对龙虎山丹霞地貌区泸溪河的阶地进行了年代学研究，获得了低阶地沉积物的堆积年代及其阶地面的形成时代，该区河流主要发育两级阶地，T1阶地堆积于6000～3400年，其地貌面形成于4000～3400年，T2阶地堆积于11200～7600年，其地貌面形成于8000～7600年。龚革联等(2010)通过对东营凹陷中央背斜带钻孔岩心为例，分析了石英热释光定年作为一种潜在的古温标在沉积盆地热史研究中的应用。

3. 磷灰石(U-Th)/He定年

磷灰石(U-Th)/He定年技术原理是根据磷灰石颗粒中U和Th衰变产生He发展而来的。通过测量磷灰石样品中放射性He、U和Th的含量，就可以获得(U-Th)/He的年龄(Farley，2002)。磷灰石(U-Th)/He定年技术有效地记录了样品经历较低温度范围(40～85℃)的时代与温度信息，适合于埋藏较浅的不整合油气藏定年(保增宽等，2005)。与其他低温热年代学方法，如钾长石Ar/Ar法和裂变径迹技术结合起来，可以得到更为详细和准确的冷却历史，为盆地热演化史、地质事件发生的时代及地壳的运动速率等研究提供依据。磷灰石(U-Th)/He定年技术既可以反映时代很新的地质体，也可以约束时代较老的地质体最后一次热事件发生的时间，结合其他封闭温度较高的同位素定年体系，还可以进行系统的热演化分析。Reiners 等(2003) 测得大别山山脉核部的磷灰石(U-Th)/He 年龄为 38～33Ma,并推测该区新生代的剥蚀作用可能是 40～35Ma 印度-亚洲板块碰撞的远场效应。Green 等(2003) 对奥特威(Otway)盆地七口井晚中新世抬升和磷灰石(U-Th)/He 研究,并结合磷灰石裂变径迹(AFTA)和镜质体反射率的新资料,为七口井的详细热史恢复为研究区提供了更为严格的热史框架,其预测和实测年龄一致程度非常高,结果证实Otway 盆地的绝大部分都经历了从 10Ma 左右开始的新近纪沉积。与其他同位素定年技术相比,磷灰石(U-Th)/He 定年技术具有测量方便、精度高、所需样品数量少、记录温度更低等优点。虽然这种技术目前尚处于不断完善之中,但仍不失为研究地质体低温热年代学信息的一种有效方法。

4. α 反冲径迹定年

与裂变径迹定年类似,α 反冲径迹定年(alpha-recoil track)的基本原理也是基于天然放射性元素所释放核粒子在固体中产生可蚀刻径迹的积累。α 反冲径迹定年的原理是矿物中 U 和 Th 及其原子核进行 α 衰变释放出 α 粒子时,剩余重核受到反冲而产生辐射损伤。在适当条件下经化学蚀刻,这些辐射损伤成为在光学显微镜下可观测的核径迹。通过建立适当的蚀刻模型和定年模型,计算径迹面密度和体密度,并测量 U 和 Th 含量,便可获得年龄(Gogen and Wagner, 2000; 高绍凯等,2005)。到目前为止,蚀刻 α 反冲径迹的解释只是局限于云母矿物。该方法的特点是可以确定较年轻的时代(10^2～10^6 年)范围内的黑云母和金云母的年龄,如对来自于第四纪火山岩云母的 α 反冲径迹定年,可以成为第四纪地质、地理、灾害、考古和海域第四纪成藏定年的有力工具(董金泉等,2005)。由于 0.5mm 大小的单颗粒云母就足可以测定年龄,这种特性非常适用于对来自远端火山灰产状的云母的定年,而其他测年方法是达不到的。对于定年比 10^6 年更老的黑云母,则必须数比 10^5 ART/mm^2 高的径迹密度,它是当前在光学显微镜下精确计数的上限。用原子力或电子显微镜观测蚀刻的(潜在的) 或很简单蚀刻的 α 反冲径迹能够扩宽年龄范围,升到 10^9 年。由于白云母通常具有低的铀钍浓度,它是一个特别值得注意的能够得到较高的年龄范围的样品类型(董金泉等,2005)。

(二) 油田水碘同位素测年

碘元素只有一种稳定同位素 ^{127}I 和唯一的长寿命放射性核素 ^{129}I(半衰期长达 15.7Ma),其他碘的同位素都是短寿命的放射性核素(半衰期小于 2 个月)。^{129}I 在水文学、石油地质学、海洋地质学中占有相当重要的位置。利用 ^{129}I 可以测定油田卤水年龄,测定矿床中原生水的年龄,测定古近纪以来含碘地层的年龄,测定天然气水合物年龄等,测定年限为 80～3Ma(万军伟等,2003)。

Fehn 等(1990)测定了取自美国路易斯安那州油田和犹他州油田的卤水样的碘同位素,其中路易斯安那州的两个卤水样的 ^{129}I/I 值非常接近衰减曲线,反映卤水为同生沉积埋藏水,而犹他州油田的卤水 ^{129}I/I 值比地层的预测值高很多,即地层的年龄与油田卤水的年龄不一致,反映了现代大气循环水的渗入。马行陟等(2013)测定了韩城煤层气田的地层水的碘同位素,结果表明该区大部分地层水样品 ^{129}I/^{127}I 的水平超过了原始 ^{129}I/^{127}I 的水平,可见现代水的混入和稀释作用对原始地层水中的碘同位素特征产生了较大的影响，从时间角度而言，这部分高$^{129}I/^{127}I$水平的地层水年龄均小于2Ma，反映了晚期抬升后地表水下渗形成的水动力封闭有利于煤层气的晚期保存。此外，研究区只有两个地层水样品低于原始$^{129}I/^{127}I$值，主要分布在韩城地区的中部和南部，计算的地层水年龄分别为18.50Ma和9.16Ma，对应的地质时代为新近纪中新世，这一时期正好是喜马拉雅构造运动的活动期，对应了煤层气大规模生成聚集的时间。

（三）自生磁铁矿古地磁定年

古地磁定年的基本原理是通过对比所研究地层的地磁极性序列与标准地磁极性年表，从而获得所研究地层的年代，磁性地层可作为全球范围内地层定年和对比的工具。大量研究表明，由于油气藏中的烃向上微渗漏，在含油气层、盖层及近地表岩层中形成的还原作用，可以形成自生的磁铁矿，这些成岩磁铁矿具有典型球粒状的特有矿物形貌，标志它们携带了较为稳定的化学剩磁，岩石的磁性参数值与烃类富集和运移程度密切相关（刘庆生和蔡振京，1991）。由于认识到磁铁矿的形成与烃类运移聚集的相关关系，近20年来，不少学者在运用古地磁学方法限定油气运聚时间上也作了许多探索研究（刘庆生和刘树根，1997；冯金良等，2003）。

第三节 油气成藏年代学分析技术的发展趋势

随着分析仪器和测试技术的不断进步发展，油气成藏年代学分析技术引来了新的快速发展，逐渐走向精细化、定量化和多样化。基于放射性同位素地球化学的直接测年、激光微区微量纯化系统和高精度质谱仪的应用，代表了油气成藏年代学的发展方向，特别是对原油、沥青的Re-Os同位素测年技术如能获得突破，将是成藏定年最有效、也是最直接的手段。正在发展中的热释光、ESR定年技术，主要适用于碳酸盐岩、碎屑岩储层中如石英、方解石等常见成岩矿物，尽管还处于探索阶段，但具有不可估量的潜力，为成藏时间较新的成藏定年提供可能。此外，包裹体成分分析特别是单体包裹体激光削蚀在线成分分析、PVTX模拟分析等先进技术的发展和应用，也使得包裹体分析更加精细化、定量化。

一、各种油气成藏年代学分析方法的优缺点

油气成藏年代学分析的方法种类很多，所研究的对象和出发点也不尽相同（图1.1），但每种方法都有着自己的适用条件和优缺点（表1.1）。圈闭形成时间法和生排烃史法只能确定成藏的大致时限，不能定量。饱和压力/露点压力法仅适用于构造稳定、充注期次单一的饱和油气藏；油-气-水界面追溯法只适用于大型背斜油气藏，且具有一定的不确定性，只能确定油气成藏的最晚时间。同位素定年的方法虽然直接定量，但对样品的要求、样品处理及测试方面的质量要求较高，分析成本和周期长。某些情况下，由于样品不合适或样品处理不符合要求，得到的同位素年龄值往往与实际地质情况相差较大。储层沥青U-Pb、Rb-Sr、Re-Os同位素测年虽然能确定油气藏形成的时间上限，但仅适用于晚期成藏、单期改造的油气藏，对于受到多期改造破坏的油气藏适用性较差或者基本不适用。对油气成藏事件伴生的自生石英、方解石矿物的ESR、热释光定年技术由于样品提纯的难

题，目前仅适用于发育有与油气藏伴生的石英脉、方解石脉，普适性较差。自生磁铁矿古地磁定年仅适用于自生磁铁矿发育的油气藏中，普适性差。卤水碘同位素定年时间一般小于80Ma，反映的是地层水的年龄，一般不能直接给出油气成藏年龄，且受取样限制，容易受污染。磷灰石裂变径迹、(U-Th)/He定年只能确定构造和热事件，并不能直接给出成藏时间。流体包裹体是成岩成藏流体的直接历史记录，在多源、多期成藏的复杂油气藏的研究中具有其他方法无法比拟的优势。通过对成岩序次关系和包裹体期次的准确厘定，对包裹体均一温度的测定，以及包裹体中烃类成分与油气藏中烃类成分的对比分析，能够有效厘定成藏期次和油气来源。

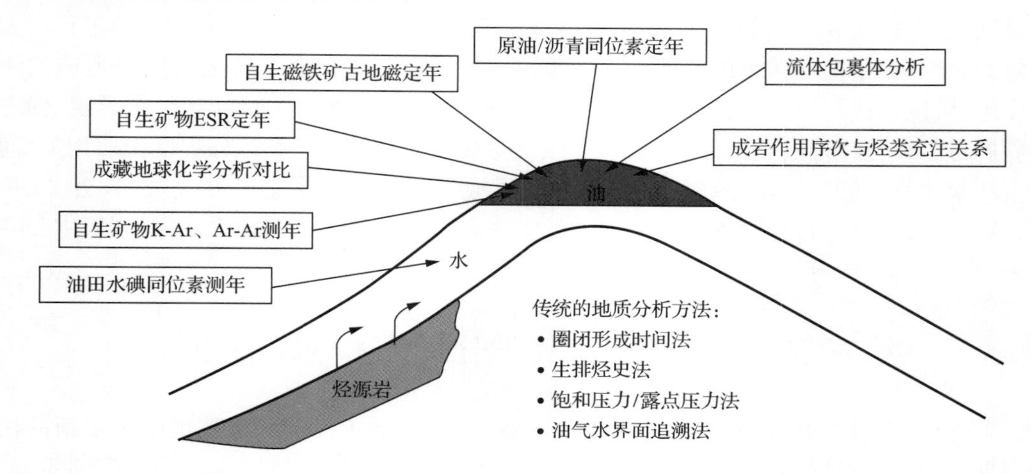

图1.1 油气成藏年代学分析方法总结(据Parnell，1998，修改)

表1.1 油气成藏年代学分析方法、特点、影响因素及其局限性

研究方法	方法特点	影响因素及局限性
圈闭形成时间法	用途：可确定最早成藏时间 特点：间接、定性	影响因素：剥蚀量、构造恢复 局限性：仅能确定成藏大致时限
生排烃史法	用途：可确定成藏期次和时限 特点：间接、定性	影响因素：埋藏史、热史、生烃史 局限性：仅能确定成藏大致时限
饱和压力/露点压力法	用途：可确定最晚成藏时间 特点：间接、定性	影响因素：剥蚀量、异常压力、调整改造 局限性：仅适用构造稳定、充注期次单一、饱和油气藏
油-气-水界面追溯法	用途：可确定最晚成藏时间 特点：直接、定性	影响因素：剥蚀量、构造恢复 局限性：仅适用于背斜油气藏
流体包裹体分析法	用途：可确定多期次成藏时间、油气成分的变化 特点：直接、定量	影响因素：测温、埋藏史-热史、成岩环境 局限性：包裹体期次与成藏期次并不一定一一对应，结果具有多解性、人为性强
成岩矿物K-Ar、Ar-Ar同位素测年法	用途：可确定最早成藏时间 特点：直接、定量	影响因素：自生矿物分离、提纯 局限性：仅适用于碎屑岩油气藏(一般老于E)、要求自生伊利石发育，只能确定油气最早充注时间

续表

研究方法	方法特点	影响因素及局限性
卤水碘同位素测年法	用途:可确定卤水成因及年龄 特点:间接、定量	影响因素:采样限制、污染 局限性:定年时间一般小于80Ma;一般不能直接给出油气成藏年龄
原油/沥青 U-Pb、Rb-Sr同位素测年	用途:可直接测试原油/沥青的年龄 特点:直接、定量	影响因素:金属元素富集难、沥青成因 局限性:主要适用于沥青定年,沥青中 Pb、Sr、Nb 同位素的赋存形式与油气成藏的关系尚不确定
原油 Re-Os 同位素定年	用途:可直接测试原油/沥青的年龄 特点:直接、定量	影响因素:原油 Re-Os 同位素富集提纯难 局限性:仅适用于单一来源、单一期次油藏
自生矿物热释光、ESR 定年	用途:用于确定超晚期成藏的年龄 特点:间接、定量	影响因素:自生矿物分离提纯难 局限性:目前仅适用于与油气藏伴生的石英脉、方解石脉,确定年龄范围较年轻
自生磁铁矿定年法	用途:可确定最晚成藏时间 特点:间接、定量	影响因素:样品要求高 局限性:要求自生磁铁矿发育
磷灰石裂变径迹、(U-Th)/He 定年	用途:可确定热史、构造事件 特点:间接、定量	影响因素:样品要求高、要求系统取样 局限性:只能限定构造事件和热演化史,间接分析成藏时间

如上所述,各种油气成藏年代学分析方法都各有其适用条件和优缺点,其分析准确度受控于不同的因素,因此,也谈不上哪种方法更先进、更准确。因此,在利用各种先进的定量化方法确定成藏年代时,应与传统的定性方法相结合,在传统方法确定的时间范围内,结合其他定量化的定年结果综合分析确定油气成藏时间(赵孟军等,2004)。特别是在与成藏有关的各种地质事件(构造变动、圈闭形成、生排烃事件等)均发生于很短的地质时间内的情况下,或者当其他方法所确定的成藏年代存在争议的情况下,这时圈闭形成时间法、烃源岩生排烃史法等传统的地质方法更为重要。如库车前陆盆地各种与成藏有关的地质事件均主要发生于新近纪 23Ma 以来,甚至更晚,克深构造带的圈闭形成时间在 2Ma 以来,由此判断库车油气系统的有效成藏时间应在新近纪以来,天然气大量成藏的时间在 2Ma 以来,对这种晚期、超晚期成藏的地区,像自生伊利石 K-Ar 测年法等同位素测年法往往不太适用,因为同位素测年的误差范围也在几个百万年。

二、多种定年方法的综合应用是成藏定年的主要方向

油气成藏过程是一个复杂的过程,特别是我国叠合盆地具有多套烃源岩、多期构造运动和多期油气运聚成藏和调整改造,对于这类复杂油气藏的成藏过程研究难度更大。因此,油气成藏年代学分析不能仅停留在单一的方法技术上,也不能仅依靠单一的方法技术就解决所有问题。应从各油气藏的特点出发,寻找与油气成藏直接相关的产物(新生矿物、蚀变矿物、热扰动矿物和流体包裹体等),采用多技术手段,获得较全面的年代学信息。

油气成藏演化历史是含油气系统中各地质要素和地质作用过程在时间和空间上有机

匹配的历史，因此必须将油气成藏期的正演分析方法与反演分析方法有机地结合起来（赵孟军等，2004），将传统方法与新方法相结合，定性与定量方法相结合，宏观分析与微观精细分析相结合，多种定年结果相互验证，定年结果与地质条件的相互印证，综合分析油气成藏期次、过程，建立油气成藏模式，指导油气勘探（图 1.2）。

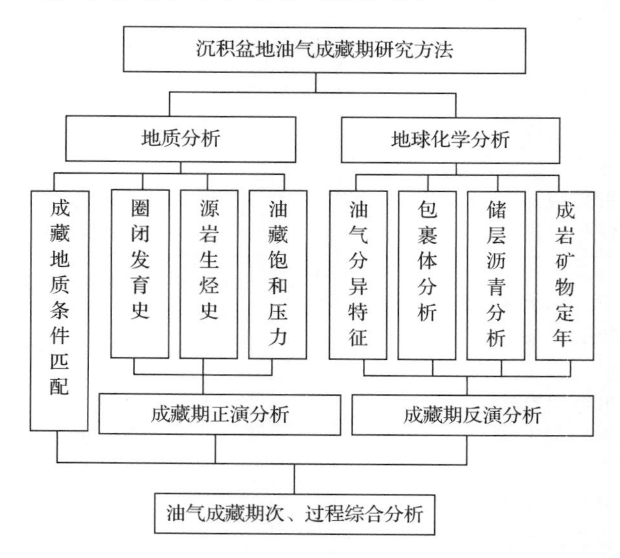

图 1.2 沉积盆地油气成藏期研究方法及思路（据赵孟军等，2004）

参考文献

保增宽，袁万明，王世成，等. 2005. 磷灰石(U-Th)/He 定年技术及应用简介. 岩石矿物学杂志，24(2)：126-132.

曹许迪，方世虎，桂丽黎，等. 2013. 利用定量颗粒荧光技术分析柴西英东地区油气调整特征. 科学技术与工程，13(10)：2785-2790.

陈红汉. 2007. 油气成藏年代学研究进展. 石油与天然气地质，28(2)：143-150.

陈玲，张微，佘振兵. 2012. 油气成藏时间的确定方法. 新疆石油地质，33(5)：550-553.

陈勇，周瑶琪，刘超英，等. 2005a. CH_4-H_2O 体系流体包裹体均一过程激光拉曼光谱定量分析. 地学前缘，12(4)：592-596.

陈勇，周瑶琪，颜世永，等. 2005b. 激光拉曼光谱技术在获取流体包裹体内压中的应用及讨论. 地球学报，27(1)：69-71.

董金泉，袁万明，高绍凯，等. 2005. α 反冲径迹定年——新兴热年代学技术. 地球学报，26(809)：258-261.

段瑞春，王浩，凌文黎，等. 2010. 缺氧沉积物及其衍生物的 Re-Os 同位素定年与示踪. 华南地质与矿产，3：57-67.

范俊佳，潘懋，周海民，等. 2014. 库车拗陷依南 2 气藏油气运移路径及充注特征. 北京大学学报（自然科学版），50(3)：507-514.

冯金良，崔之久，张威，等. 2003. 云贵高原碳酸盐岩风化壳的古地磁定年探讨. 中国岩溶，22(3)：178-190.

高绍凯，袁万明，董金泉，等. 2005. 核分析新技术：Alpha 反冲径迹热年代学. 地质通报，24(10-11)：1032-1038.

高志先，陈发景. 2000. 应用流体包裹体研究油气成藏期次——以柴达木盆地南八仙油田第三系储层为例. 地学前缘，7(4)：548-554.

龚革联，谭凯旋. 1999. 石英的热释光特征及其在测年中的应用. 湖南地质，18(2-3)：180-182.

龚革联，李盛华，孙卫东，等. 2010. 石英热释光——沉积盆地热史研究中另一种潜在的古温标. 地球物理学报，53(1)：138-146.

姜勇彪，郭福生，刘林清，等. 2006. 龙虎山丹霞地貌区河流阶地地貌面的热释光测年研究. 东华理工学院学报，29(3):225-228.

李华芹，刘家齐. 1992. 内生金属矿床成矿作用年代学研究：以西华山钨矿床为例. 科学通报，37(12):1109-1112.

李华芹，刘家齐，魏琳. 1993. 热液矿床流体包裹体年代学及其地质应用研究. 北京：地质出版社.

李贤庆，肖贤明，Tang Y，等. 2004. 库车拗陷煤成甲烷碳同位素动力学研究. 石油与天然气地质，25(1): 21-25.

李贤庆，肖贤明，唐永春，等. 2005a. 天然气甲烷碳同位素动力学研究及其应用：以塔里木盆地库车拗陷克拉 2 气田为例. 高校地质学报，11(1):137-144.

李贤庆，肖贤明，唐永春，等. 2005b. 应用碳同位素动力学方法探讨阿克 1 气藏天然气的来源. 地球化学，34(5):525-532.

李贤庆，肖贤明，田辉，等. 2006. 碳同位素动力学模拟及其在天然气评价中的应用. 地学前缘，12(4): 543-550.

李晓春，范宏瑞，胡芳芳，等. 2010. 单个流体包裹体 LA-ICP-MS 成分分析及在矿床学中的应用. 矿床地质，29(6):1017-1028.

李绪深，肖贤明，黄保家，等. 2005. 崖南凹陷烃源岩生烃及碳同位素动力学应用. 天然气工业，25(3):9-11.

刘庆生，蔡振京. 1991. 自生磁铁矿与烃的富集及运移之间相互关系的研究. 地球科学：中国地质大学学报，16(5):565-571.

刘庆生，刘树根. 1997. 塔北雅克拉油田储层岩石的磁性与矿物学特征及其意义. 科学通报，42(24):2639-2642.

刘可禹，鲁雪松，桂丽黎，等. 2016. 储层定量荧光技术及其在油气成藏研究中的应用. 地球科学，41(3):373-384.

柳少波，顾家裕. 1997. 包裹体在石油地质研究中的应用与问题讨论. 石油与天然气地质，8(4):326-331.

鲁雪松，刘可禹，卓勤功，等. 2012. 库车克拉 2 气田多期油气充注的古流体证据. 石油勘探与开发，39(5):537-544.

马安来，张水昌，张大江，等. 2005. 油气成藏期研究新进展. 26(3):271-276.

马行陟，宋岩，柳少波，等. 2013. 煤储层中水的成因、年龄及演化：卤素离子、稳定同位素和 129I 的证据. 中国科学：地球科学，10:1699-1707.

米敬奎，戴金星，张水昌. 2005. 含油气盆地包裹体研究中存在的问题. 天然气地球科学，16(5):602-606.

倪师军，滕彦国，张成江，等. 1999. 成矿流体活动的地球化学示踪研究综述. 地球科学进展，14(4):346-352.

沈传波，梅廉夫，阮小燕，等. 2012. 油气成藏定年的 ReOs 同位素方法应用研究. 矿物岩石，31(4): 87-93.

施继锡，李本超，傅家谟，等. 1987. 有机包裹体及其与油气的关系. 中国科学：B 辑，3: 318-325.

万军伟，刘存富，晁念英，等. 2003. 同位素水文学理论与实践. 武汉：中国地质大学出版社.

王飞宇，郝石生，雷加锦. 1998. 砂岩储层中自生伊利石定年分析油气藏形成期. 石油学报，19(2):40-43.

王飞宇，金之钧，吕修祥，等. 2002. 含油气盆地成藏期分析理论和新方法. 地球科学进展，17(5):754-762.

王飞宇，师玉雷，曾花森，等. 2006. 利用石油包裹体丰度识别古油藏和限定成藏方式. 矿物岩石地球化学通报，25(1):12-18.

王龙樟，戴橦谟，彭平安. 2004. 气藏储层自生伊利石 40Ar/39Ar 法定年的实验研究. 科学通报，49(增刊Ⅰ):81-85.

魏冬，王宏语. 2011. 油气成藏年代学研究方法进展. 油气地质与采收率，18(5):18-22.

吴凡，付晓飞，卓勤功，等. 2014. 基于定量荧光技术的库车拗陷英买 7 构造带古近系油气成藏过程分析. 东北石油大学学报，38(4): 32-38.

业渝光. 1992. 电子自旋共振(ESR)测年方法简介. 中国地质，(3):28-29.

业渝光，和杰，刁少波，等. 1993. 沉积物中石英的 ESR 测年研究. 核技术，(04): 222-224.

业渝光，刁光波，和杰，等. 1995. 云南东川古泥石流堆积物 ESR 测年的初步研究. 地理科学，1995，15(4):374-377.

叶素娟，姜亮. 2001. 从有机包体特征探讨油气运移时间——以东海盆地西湖拗陷花港组储层为例. 矿物岩石，31(2):38-41.

云建兵，施和生，朱俊章，等. 2009. 砂岩储层自生伊利石 40Ar/39Ar 定年技术及油气成藏年龄探讨. 地质学报，83(8):1134-1140.

张鼐，田隆，邢永亮 ，等. 2011. 塔中地区奥陶系储层烃包裹体特征及成藏分析. 岩石学报，27(5):1548-1556.

张有瑜，罗修泉. 2004. 油气储层自生伊利石 K-Ar 同位素年代学研究现状与展望. 石油与天然气地质，25(2)：231-236.

张志荣，张渠，席斌斌，等. 2011. 含油包裹体在线激光剥蚀色谱-质谱分析. 石油实验地质，33(4)：437-440.

赵靖舟. 2001. 油气水界面追溯法——研究烃类流体运聚成藏史的一种重要方法. 地学前缘，8(4)：373-378.

赵靖舟. 2002. 油气成藏年代学研究进展及发展趋势. 地球科学进展，17(3)：378-383.

赵靖舟，李秀荣. 2002. 成藏年代学研究现状. 新疆石油地质，23(3)：257-261.

赵孟军，宋岩，潘文庆，等. 2004. 沉积盆地油气成藏期研究及成藏过程综合分析方法. 地球科学进展，19(6)：939-946.

赵玉灵，杨金中，沈远超. 2002. 同位素地质学定年方法评述. 地质与勘探，38(2)：63-67.

郑有业，王思源，李小菊，等. 1998. 有机包裹体研究在石油地质领域中的应用现状. 地质地球化学，26(2)：72-76.

Aplin A C，Macleod G，Larter S R，et al. 1999. Combined use of confocal scanning microscopy and PVT simulation for estimating the composition and physical properties of petroleum in fluid inclusion. Marine and Petroleum Geology，16：97-110.

Aplin A C，Larter S R，Bigge M A，et al. 2000. PVTX history of the north sea's Judy oilfield. Journal of Geochemical Exploration，69：641-644.

Bourdet J，Eadington P，Volk H，et al. 2012. Chemical changes of fluid inclusion oil trapped during the evolution of an oil reservoir：Jabiru-1A case study (Timor Sea，Australia). Marine and Petroleum Geology，36(1)：118-139.

Burley S D，Mullis J，Matter A. 1989. Timing diagenesis in the Tartan reservoir(UK North Sea)：Constraints from combined cathodoluminescence microscopy and fluid inclusion studies. Marine and Petroleum Geology，6(2)：98-120.

Burruss R C. 1989. Paleotemperatures from fluid inclusions：advances in theory and technique//Thermal History of Sedimentary Basins：Methods and Case Histories. New York：Springer-Verlag：119-131.

Cramer B，Krooss B M，Littke R. 1998. Modeling isotope fractionation during primary cracking of natural gas：A reaction kinetic approach. Chemistry Geology，149：235-250.

Cramer B，Faber E，Gerling P，et al. 2001. Reaction kinetics of stable carbon isotopes in natural gas-insights from dry，open system pyrolysis experiments. Energy & Fuel，15：517-532.

Creaser R A，Sannigrahi P，Chacko T，et al. 2002. Further evaluation of the Re-Os geochronometer in organic-rich sedimentary rocks："A test of hydrocarbon maturation effects in the Exshaw Formation，Western Canada Sedimentary Basin." Geochimica et Cosmochimica Acta，66(19)：3441-3452.

England W A，Mackenzie A S. 1989. Geochemistry of petroleum reservoirs. Geologische Rundschau，78：214-237.

Farley K A. 2002. (U-Th)/He dating：Techniques，calibrations，and applications. Reviews in Mineralogy and Geochemistry，47(1)：819-843.

Fehn U，Tullai-Fitzpatrick S，Teng R T D，et al. 1990. Dating of oil field brines using ^{129}I. Nuclear Instruments and Methods in Physics Research Section B：Beam Interactions with Materials and Atoms，52：446-450.

George S C，Krieger F W，Eadington P J，et al. 1997. Geochemical comparison of oil-bearing fluid inclusions and produced oil from the Toro sandstone，Papua New Guinea. Organic Geochemistry，26(3)：155-173.

George S C，Lisk M，Summons R E，et al. 1998. Constraining the oil charge history of the South Pepper oil field from the analysis of oil-bearing fluid inclusion. Organic Geochemistry，16(4)：451-473.

George S C，Volk H，Ahmed M，2007. Geochemical analysis techniques and geological applications of oil-bearing fluid inclusions，with some Australian case studies. Journal of Petroleum Science and Engineering，57(1)：119-138.

Gogen K，Wagner G A. 2000. Alpha-recoil track dating of quaternary volcanics. Chemistry Geology，166：127-137.

Green P F，Duddy I R，Crowhurst P V. 2003. Integrated (U-Th)/He dating，AFTA and vitrinite reflectance results in seven Otway Basin wells confirm regional Late Miocene exhumation and validate helium diffusion systematics//AAPG Annual Convention，Salt Lake City，Utah：11-14.

Grün R. 1989. Electron spin resonance (ESR) dating. Quaternary International，1(0)：65-109.

Haszeldine R S, Samson I M, Cornford C. 1984. Dating diagenesis in a petroleum basin, a new fluid inclusion method. Nature, 307(5949): 354-357.

Horsfield B, McLimans R K. 1984. Geothermometry and geochemistry of aqueous and oil-bearing fluid inclusions from Fateh Field, Dubai. Organic Geochemistry. 6: 733-740.

Huntley J D. 1976. Thermoluminescence as a potential means of dating siliceous ocean sediments. Canadian Journal of Earth Science, 13:593-596.

Jeffery C S, Pasteris J D, Chou I M. 1993. Raman spectroscopic characterization of gas mixtures: Ⅰ. Quantitative composition and pressure determination of CH_4, N_2, and their mixtures. American Journal of Science, 293: 297-321.

Jeffery C S, Pasteris J D, Chou I M. 1996. Raman spectroscopic characterization of gas mixtures: Ⅱ. Quantitative composition and pressure determination of CO_2-CH_4 system. American Journal of Science, 296:577-600.

Karlsen D A, Nedkvitne T, Larter S R, et al. 1993. Hydrocarbon composition of authigenic inclusions: application to elucidation of petroleum reservoir filling history. Geochimica et Cosmochimica Acta, 57(15):3641-3659.

Lisk M, O'brien G, Eadington P. 2002. Quantitative evaluation of the oil-leg potential in the Oliver gas field, Timor Sea, Australia. AAPG Bulletin, 86(9): 1531-1542.

Liu K, Eadington P. 2003. A new method for identifying secondary oil migration pathways. Journal of Geochemical Exploration, 78: 389-394.

Liu K, Eadington P. 2005. Quantitative fluorescence techniques for detecting residual oils and reconstructing hydrocarbon charge history. Organic Geochemistry, 36(7): 1023-1036.

Liu K, Eadington P, Middleton H, et al. 2007. Applying quantitative fluorescence techniques to investigate petroleum charge history of sedimentary basins in Australia and Papuan New Guinea. Journal of Petroleum Science and Engineering, 57(1): 139-151.

Liu K, George S C, Lu X, et al. 2014. Innovative fluorescence spectroscopic techniques for rapidly characterising oil inclusions. Organic Geochemistry, 72: 34-45.

Mark D F, Parnell J, Kelley S P, et al. 2005. Dating of multistage fluid flow in sandstone. Science, 309:2048-2051.

Mclimans R. 1987. The application of fluid inclusions to migration of oil and diagenesis in petroleum reservoirs. Applied Geochemistry, 2(5):585-603.

Nedkvitne T, Karlsen D A, Bjørlykke K, et al. 1993. Relationship between reservoir diagenetic evolution and petroleum emplacement in the Ula Field, North Sea. Marine and Petroleum Geology, 10: 255-270.

Parnell J. 1998. Dating and Duration of Fluid Flow and Fluid-rock Interaction. London:Geological Society Special Publication.

Parnell J. 2010. Potential of palaeofluid analysis for understanding oil charge history. Geofluids, 10(1-2): 73-82.

Parnell J, Swainbank I. 1990. Pb-Pb dating of hydrocarbon migration into bitumen-bearing ore deposit, North Wales. Geology, 18(10):1028-1030.

Pironon J. 2004. Fluid inclusion in petroleum environments: analytical procedure for PTX reconstruction. Acta Petrologica Sinica, 20(6):1333-1342.

Pironon J, Barres Q. 1990. Semi-quantatitive FT-IR microanalysis limits evidence from synthetic hydrocarbon fluid inclusion in sylvite. Geochimica et Cosmochimica Acta, 54(3):509-518.

Pironon J, Canals M, Dubessy J, et al. 1998. Volumetric reconstruction of individual oil inclusion by confocal scanning laser microscopy. European Journal of Mineralogy, 10(6):1143-1150.

Pironon J, Thiéry R, Aaytougougdal M, et al. 2001, FT-IR measurements of petroleum fluid inclusions: Methane, nalkanes and carbon dioxide quantitative analysis. Geofluids, 1(1):2-10.

Reiners P W, Zhou Z, Ehlers T A, et al. 2003. Post-orogenic evolution of the Dabie Shan, eastern China, from (U-Th)/He and fission-track thermochronology. American Journal of Science, 303(6): 489-518.

Selby D, Creaser R A. 2003. Re-Os geochronology of organic rich sediments: An evaluation of organic matter analysis methods. Chemical Geology, 200(3): 225-240.

Selby D, Creaser R A, Dewing K, et al. 2005. Evaluation of bitumen as a ^{187}Re-^{187}Os geochronometer for hydrocarbon maturation and migration: A test case from the Polaris MVT deposit, Canada. Earth and Planetary Science Letters. 235(1): 1-15.

Shepherd T J, Darbyshire D P F. 1981. Fluid inclusion Rb-Sr isochrons for dating mineral deposit. Nature, 290:578-579.

Swarbrick R E. 1994. Reservoir diagenesis and hydrocarbon migration under hydrostatic palaeopressure conditions. Clay Minerals,29: 463-473.

Tang Y, Perry J K, Jenden P D, et al. 2000. Mathematic modeling of stable carbon isotope ratios in natural gases. Geochimica et Cosmochimica Acta, 64(15):2673-2687.

Volk H, Fuentes D, Fuerbach A, et al. 2010. First on-line analysis of petroleum from single inclusion using ultrafast laser ablation. Organic Geochemistry, 41(2): 74-77.

Waterman D, Horsfield B, Hall K, et al, 2001. Application of micro-scale sealed vessel thermal desorption-gas chromatography-mass spectrometry for organic analysis of airborne particulate matter: Linearity, reproducibility and quantification. Journal of Chromatography A, 912:143-150.

Wilkinson J J, Lonergan L, Fairs T, et al. 1998. Fluid inclusion constraints on conditions and timing of hydrocarbon migration and quartz cementation in Brent Group reservoir sandstones, Columbia Terrace, northern North Sea. Geological Society, London, Special Publication, 144(1): 69-89.

Zhang Y Y, Zwingmann H, Todd A, et al. 2005. K-Ar dating of authigenic illites and its applications to the study of hydrocarbon charging histories of typical sandstone reservoirs in Tarim Basin, China. Petroleum Science, 2(2): 12-24.

Zhu B Q, Zhang J L, Tu X L, et al. 2001. Pb,Sr and Nd isotopic features in organic matter from China and their implications for petroleum generation and migration. Geochimica et Cosmochimica Acta, 65(15):2555-2570.

第二章 裂变径迹分析技术

裂变径迹(fission track,FT)分析技术是20世纪60～70年代发展起来的一项热年代学技术。裂变径迹分析在多方面都证实了它的重要作用,如解译地壳岩石的热事件、重建地表演化的时间和过程。其主要应用可概括为以下几点:揭示构造事件的时间和速率,估计长期剥蚀速率,确定盆地中沉积物的形成时间及沉积量,在沉积盆地中重建沉积后的热历史,指示烃成熟的可能界面,以及火山年代学等。由于地质历史上磷灰石裂变径迹的稳定温度与干酪根成熟温度相吻合,这促进了该技术与石油工业的结合,使裂变径迹分析技术成为含油气盆地热历史研究的重要手段之一。

第一节 裂变径迹技术的基本原理

一、裂变径迹的形成机制

裂变径迹是矿物中(磷灰石、锆石、屑石等)^{238}U自发裂变和^{235}U诱发裂变造成的物理损伤。关于裂变径迹形成的机制有多种假设,目前比较认可的是离子尖峰爆炸模型(Fleischer et al.,1965),其模式见图2.1。离子爆炸峰模型只是径迹形成过程的一级近似。当带电粒子通过绝缘的固体材料时,会对其晶格结构造成损害,形成破坏晶格结构的线状痕迹。

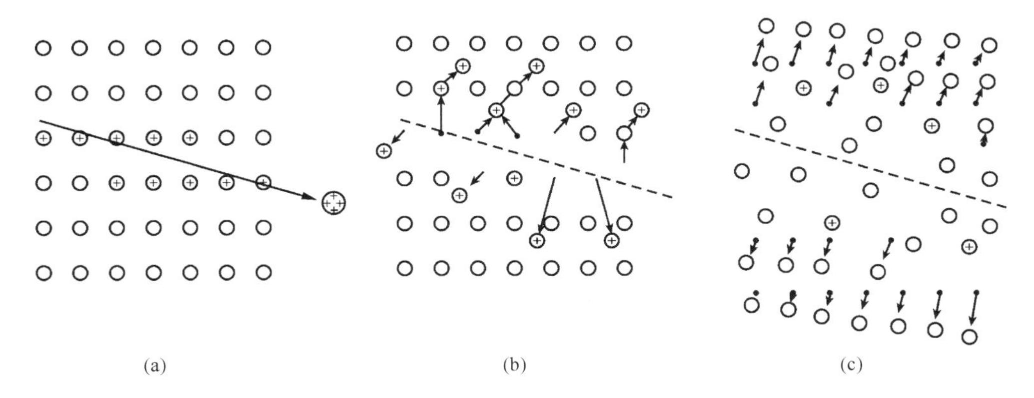

图2.1 离子尖峰爆炸模型及矿物中裂变径迹形成示意图(据 Fleischer et al.,1965)

(a)带正电粒子划过晶格沿其轨迹留下带正电离子;(b)受库仑斥力作用,正离子取代晶格原始位置,产生晶格间隙;(c)压力区弹性松弛,使周围围未损伤的晶格扭曲

重核粒子(如铀)裂变碎片形成的核径迹即为裂变径迹。每一次裂变事件形成一条径迹,因为两个碎片相互以180°的方向运动,形成一连续的线性损伤,这种线性损伤即为裂变径迹或称潜径迹。自然界中的裂变径迹主要是^{238}U发生自发裂变形成的,占径迹总数

的99.97%。^{235}U在热中子照射发生诱发裂变，在矿物中也可以形成诱发裂变径迹，其特征与^{238}U自发裂变形成的径迹特征相同。天然情况下，裂变径迹在单颗粒矿物中是无法通过光学显微镜观测到的，但在实验条件下可以通过酸蚀刻作用使其显现出来。图2.2为蚀刻磷灰石表面的自发径迹和蚀刻白云母表面的诱发径迹。

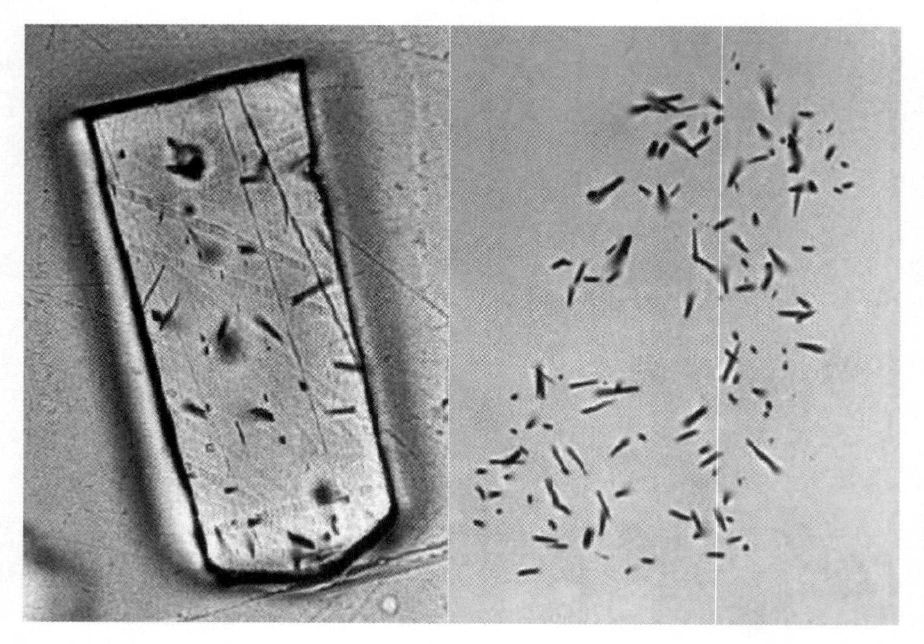

图2.2 经酸蚀刻后磷灰石表面的自发径迹和白云母表面的诱发径迹(据Galbraith，2005)

二、裂变径迹定年的基本原理和计算

裂变径迹定年与其他放射性同位素年龄测定方法的原理相同，区别在于裂变径迹测定的是铀裂变产生的辐射损伤，而同位素定年则是直接测定衰变同位素产物。因此，裂变径迹年代学就是通过测量矿物中^{238}U自发裂变和^{235}U诱发裂变造成的物理损伤，从统计上分析裂变径迹的密度，计算径迹形成年龄和长度的技术。裂变径迹法根据^{238}U自发裂变产生的径迹数(密度)和^{238}U自发衰变的速率(衰变常数)计算裂变径迹年龄。

当径迹形成时，它们在晶体中的分布是随机的，裂变径迹的数量受铀衰变率、铀含量控制。裂变径迹切过任一截面的概率是径迹长度的函数(Green，1988)，裂变径迹定年时径迹的测定是依据裂变径迹与晶体内切面的交点来进行的，也就是将三维分布的裂变径迹简化为平面问题(图2.3)，横截晶体任一面上的裂变径迹密度是时间、铀含量、矿物成分及可蚀刻径迹长度分布的函数。

如果知道铀的浓度，利用已知的^{238}U自发裂变速率，就可以用自发径迹的数量来计算地质年龄。铀的浓度可以通过用已知注量的热中子对样品进行照射而测量到，这会诱发^{235}U的裂变，并产生一组新的径迹(诱发径迹)，这些径迹与自发径迹一样，可用同样的方法进行蚀刻和计数。由于自然界中$^{235}U/^{238}U$值是已知的，所以这些诱发径迹与^{238}U的浓度是相关的，于是利用自发和诱发径迹密度的比值就可以计算出地质年龄。根据同位

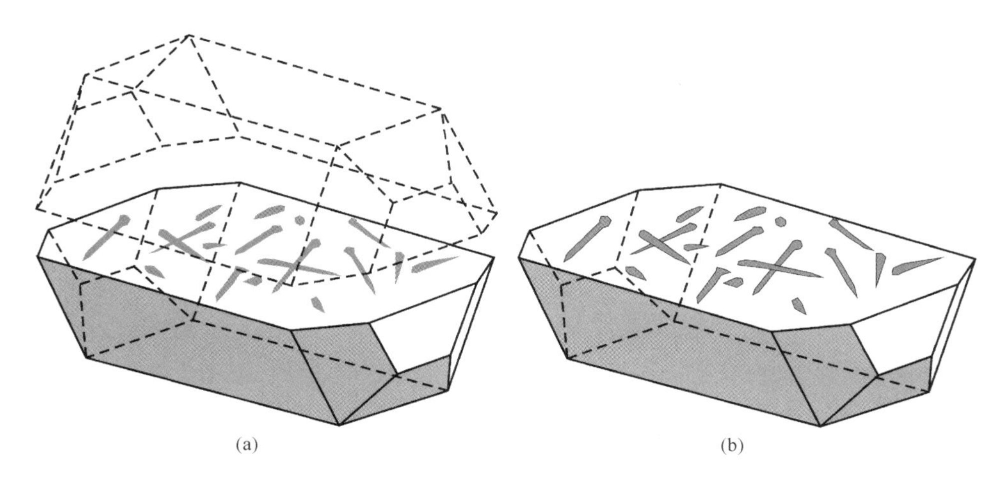

图 2.3　磷灰石晶体中裂变径迹分布(据 Gleadow and Brown,2000)

(a) 过晶体的切面截断了一定数量的^{238}U自发核裂变放射性损伤痕迹;(b) 抛光表面蚀刻放大的裂变径迹

素年龄公式 $dN/dT=-\lambda N$，可以推导出

$$t=\frac{1}{\lambda_D}\ln\left(1+\frac{\lambda_D\phi\sigma I}{\lambda_f}\frac{\rho_s}{\rho_i}\right) \tag{2.1}$$

式中，$\lambda_D=1.55125\times10^{-10}$,为$^{238}U$总衰变常数;$\lambda_f$为$^{238}U$自发裂变径迹衰变常数;$\phi$为热中子通量(单位为$cm^{-2}s^{-1}$);$\sigma=580.2\times10^{-24}cm^{-2}$,为$^{235}U$热中子截面积;$I=7.2527\times10^{-3}$,为$^{235}U/^{238}U$同位素丰度比值;$\rho_s$为自发径迹密度;$\rho_i$为诱发径迹密度。

热中子通量可以用与样品一起照射的标准铀含量的玻璃诱发径迹密度测量,公式如下:

$$\phi=B\rho_d \tag{2.2}$$

式中，B是常数;ρ_d是标准玻璃中诱发径迹的密度。

裂变径迹定年在计算过程中由于^{238}U自发裂变径迹衰变常数(λ_f)的不确定性(^{238}U自发裂变的半衰期为$8.5\times10^{15}\sim9.9\times10^{15}$年),热中子通量($\phi$)难以准确测量,以及实验程序、实验仪器的差异和个人因素等,常会造成不同实验室或不同人测量的结果差异很大,缺乏可比性。为了对不同实验室之间裂变径迹定年数据进行比较,Hurford 和 Green(1982,1983)、Hurford(1990)提出了 Zeta(ξ)常数校正法。

将式(2.2)代入式(2.1)中,并令

$$\xi=\frac{BI\sigma}{\lambda_f}$$

年龄式(2.1)变为

$$t=\frac{1}{\lambda_D}\ln\left(1+\lambda_D\xi\frac{\rho_s}{\rho_i}\rho_d\right) \tag{2.3}$$

可以利用已知年龄的标准样品(如 Durango 和 Fish Canyon 磷灰石),由式(2.3)推

导得

$$\xi = \frac{(e^{\lambda_D t_{STD}} - 1)}{\lambda_D(\rho_s/\rho_i)_{STD}\rho_d} \tag{2.4}$$

式中，t_{STD}为已知标准样品的年龄；$(\rho_s/\rho_i)_{STD}$ 为标准样品自发径迹与诱发径迹的密度比。这样，利用得出的 Zeta(ξ)值及式(2.3)，即可计算未知年龄样品的裂变径迹年龄。

Zeta(ξ)值是一个经验参数，它消除了参数 λ_f 和 B 的影响，并包含了实验室的系统误差和个人误差，因此它因人而异，因实验条件不同而不同。实践中，每一个分析测试者需测定 30～50 个标样以确定同一照射条件下个人的 Zeta(ξ)值。测量必须是在相同的反应堆和裂变径迹实验室进行，由同一测试人员完成。1988 年，第六届国际裂变径迹测定地质年代学术讨论会通过了裂变径迹测年标准化刻度 Zeta(ξ)法的推荐意见。裂变径迹测年技术中 Zeta(ξ)方法的应用，使得这一技术在测量精度上与其他同位素测年方法处于相同的水平上。

三、裂变径迹的退火

由于裂变径迹是在矿物晶格结构中造成的一种辐射损伤，它处于不稳定的状态，并可以在能量状态下(如加热)被复原，从而使辐射损伤得到不同程度的愈合。宏观上，表现为径迹长度的变短、消退，以致最终消失。研究表明，所有矿物中的裂变径迹都具有这种随温度而径迹数量(密度)减少和径迹长度缩短直到完全消失为止的特性，这一特性称为退火。裂变径迹在沉积盆地古地温研究中的应用，就是建立在裂变径迹退火的基础上(图 2.4)。

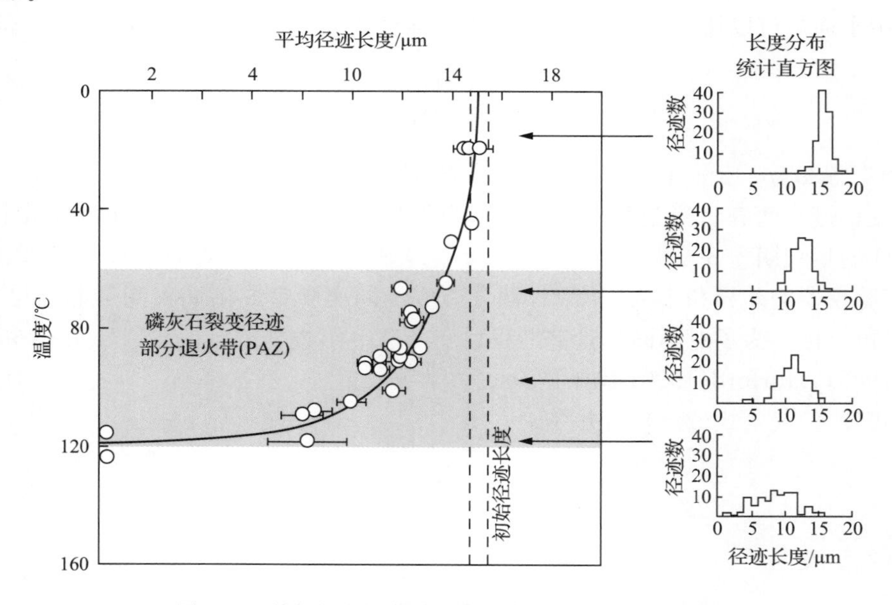

图 2.4　裂变径迹长度随温度升高发生退火的示意图

在矿物(如磷灰石、锆石)加热退火过程中，裂变径迹除密度降低外，径迹长度也缩短。

磷灰石中新形成的裂变径迹平均长度通常被认为是一个常数，为 16.3mm±0.9mm。根据磷灰石中裂变径迹长度的分布，也可以获得许多有关岩石热历史的重要信息，因为磷灰石中的每一条裂变径迹，实际上是在不同时期形成的。在岩石的整个历史中，不断有新的裂变径迹产生，而且它们几乎都有一个固定的原始长度，因此不同的裂变径迹经历了不同的热历史。不同裂变径迹所表现的缩减程度反映了它们所经历的退火状态的变化。因此，裂变径迹长度分布可提供一个研究热历史的直接和强有力的依据。

Naeser(1979，1981)研究了磷灰石等几种矿物中裂变径迹在地质时间内退火时间-温度关系，表明温度对径迹的消退起了决定性的作用，温度在几度至十几度范围内的变化，相当于地质历史上几百万年时间的变化。Green 和 Duddy(1989)的研究表明矿物内裂变径迹的最终长度是由它在地质历史时期内所经历的最高温度所决定的。在他们的研究中，磷灰石的总体退火温度在 120℃±10℃。

封闭温度(closure temperature)和部分退火带(partial annealing zone，PAZ)是描述磷灰石裂变径迹的退火常用的两个概念。封闭温度是指裂变径迹能被有效保存的温度界限。根据 Dodson(1973)的模式，封闭温度一般指 50%径迹被保留时的温度。对于 1～100Ma 的地质退火时间，目前有研究者采用 110℃±10℃的磷灰石矿物封闭温度。部分退火带通常指径迹保留率由 0 逐渐增加到 100%的部分稳定温度带，它通常对应于地下温度为 60～120℃的深度范围(图 2.4)。裂变径迹部分退火带的顶、底部温度分别对应于完全保留的最高温度和完全丢失的最低温度。温度高于退火带，不但没有新的径迹形成，而且已有径迹亦将全部退火消失，其裂变径迹年龄为零；当温度低于退火带时，则新径迹不断形成；在部分退火带中既有老径迹的缩短、丢失，也有新径迹的不断产生，因此在部分退火带中经历过复杂热历史或长期退火的样品其长度变短，长度分布也比较分散。

实验室退火实验及实际地质条件下的退火可以满足阿伦尼乌斯(Arrhenius)关系，即磷灰石裂变径迹退火的温度-时间关系：

$$\ln t = \ln a + \frac{E}{RT} \tag{2.5}$$

式中，t 为退火时间；a 为与物质退火程度有关的常数；E 为径迹退火的活化能；R 为玻尔兹曼常数；T 为绝对温度。

目前，研究认为磷灰石样品的退火速率与其化学成分密切相关。其中主要的制约因素是 Cl/(F+Cl)值(Green and Duddy，1986；Green et al.，1989)。实验表明，含 Cl 的磷灰石比含 F 的磷灰石更耐退火。

四、裂变径迹的长度

裂变径迹的退火会导致径迹长度的缩短，这使裂变径迹长度成为裂变径迹分析中的一个基本参数。

当径迹形成时，它们随机分布在晶体的三维空间中。但是，计算年龄用的径迹密度是在矿物内切开的二维面上进行的。径迹年龄由与某个内表面相交的径迹数决定，长径迹与随机面相交的可能性要比短径迹高，要更好地理解裂变径迹年龄的意义，必须要知道径迹的长度分布。径迹长度的分布通常用统计直方图来表达(图 2.4)。

裂变径迹长度分析包括投影径迹长度和封闭径迹长度分析。投影长度是与表面相交的自发径迹在水平面上的投影长度,呈三角形分布,含较高比例的短径迹,偏离度较大。目前,研究中主要使用的是封闭径迹。封闭径迹是指那些位于观测表面以下且与观测面平行或近平行(交角小于 15°)的径迹,其长度相当于全射程的长度,能反映更多的热历史信息。

图 2.5 为显微观察下的封闭径迹。平行于水平面的封闭径迹,被称为水平封闭径迹,由于不需测量垂直分量就能提供足够的精度,是目前长度测量采用的方法之一。封闭径迹长度分析的内容包括长度分布、平均长度和长度偏差。

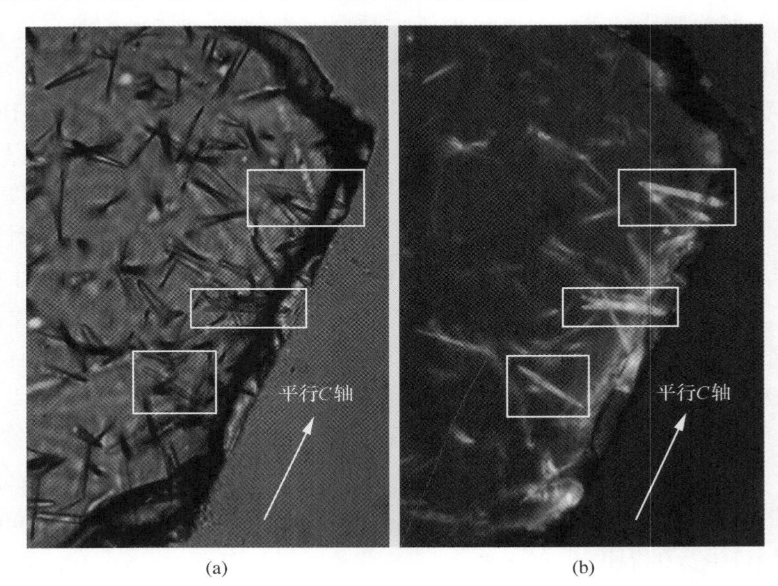

图 2.5 在反射光(a)和透射光(b)下显微镜观察的封闭径迹特征
晶体抛光的观察面平行于晶体结晶 C 轴

由于蚀刻及退火在矿物的不同晶轴方向是各向异性的,在裂变径迹分析中,径迹数量、封闭径迹长度、径迹蚀刻和退火能力等与晶体结晶轴或观察面的方位是相关的(Laslett et al.,1982;Green et al.,1986;Donelick,1991)。对磷灰石来说,平行于结晶 C 轴方向的径迹退火相对慢,但蚀刻时相对快。实验分析中,径迹数量(密度)和封闭径迹长度、数量的测量均需在平行晶体结晶 C 轴的观察面上进行。

第二节 裂变径迹实验技术及流程

一、裂变径迹分析样品取样要求

裂变径迹定年本质上属于单矿物定年分析。适用于裂变径迹法年龄测定的矿物要满足一定要求:一般样品中含铀矿物必须占有一定丰度;矿物颗粒不含包裹体,没有或较少有裂纹和擦痕等痕迹;矿物颗粒要大于裂变径迹长度;矿物中铀的分布要均匀,而且要尽量选择新鲜、未风化的矿物。

用于裂变径迹分析的矿物通常为铀含量较高、粒度至少大于 50μm 的重矿物,如磷灰石、锆石、榍石等。磷灰石主要用于确定温度小于 110℃的低温热历史,锆石和榍石主要用于研究温度小于 300℃的低温历史。由于磷灰石在岩石中分布广、对温度较敏感、技术处理的流程简单,因此,在裂变径迹热年代学研究中磷灰石的应用比较广泛。

(一) 取样对岩性的要求

1. 适用的岩性

结晶岩类如花岗岩、花岗闪长岩,变质岩类如长英质片麻岩、片岩,火山喷发岩类如凝灰岩,以及中等粒级的砂岩等岩石通常均可获得磷灰石和锆石重矿物,用于裂变径迹定年。

2. 不适用的岩性

沉积质的碳酸盐岩和蒸发岩,岩浆质的碳酸岩和硅质火山岩等,这些岩石通常不含磷灰石、锆石、榍石等副矿物,因而不适用于裂变径迹定年。此外,经历强化学风化蚀变和酸侵蚀的岩石,如高岭石化、绿泥石化等,也不适合用定年分析方法。

(二) 地表及井下样品的取样要求

1. 地表样品

样品的理想质量为 2～5kg。采样通常需考虑具有区域代表性,兼顾岩性、构造、地貌等研究信息。根据分析地质问题的差异,可侧重于垂向高度取样或空间区域面分布取样。对分析地貌或研究岩体抬升-剥露的构造问题,垂向高程的取样间距通常为 100m 左右,且尽可能保证岩性或构造分层特征一致,样品数一般不应少于 5 个。而空间区域面分布取样需要注重数据点 GPS 信息记录,取样的平面间距通常根据研究区域的比例尺度、岩性及构造关系等可作适当变化。

2. 井下样品

钻井样品由于成本高、取样条件有限,用于测试分析的样品通常为岩屑,少数情况下可获得岩心样品。此外,由于样品质量可能小于 0.5kg,因此分析中通常要求选矿(磷灰石或锆石单矿物)数量在 500～1000 个颗粒。岩心样品要优于岩屑样品。同时,需要注重井位、深度、层位、岩性、井底温度(或地温)等的详细信息记录。如果可能,最好有可参考的 R_o 数据。井下样品的取样间距取决于岩性及地温梯度,通常为 100m 左右。

二、裂变径迹分析流程

常规裂变径迹分析常用的有总体法和外探测器法,近年来还发展了激光熔蚀的 ICPMS 法(Donelick et al.,2005)。本章在此仅介绍常规裂变径迹分析技术。

总体法是指在辐照过的光薄片上统计裂变径迹,在未经辐照的光薄片上统计自发裂变径迹,求出每个样品自发和诱发裂变径迹的总数。总体法在技术上要求:在相同的矿物颗粒内表面上具有同等的记录径迹效率;用相同的蚀刻条件去揭露自发和诱发裂变径迹,确保两者的蚀刻条件相同；当用于低径迹密度小颗粒矿物的测定时，不考虑颗粒之间与颗粒内部铀含量不均匀的影响。该方法多适用于单物源的火成岩类，现在已逐步被外探测器法取代。

外探测器法是指在单颗粒矿物内表面上统计自发裂变径迹，用紧贴其内表面的低铀白云母片作为外探测器，在云母片上与矿物相对应的部位统计诱发裂变径迹，二者分别记录每颗矿物上的自发和诱发裂变径迹数。外探测器法的优点是：照射后处理的要求简单；可以得到单颗粒矿物的年龄和样品的总平均年龄。外探测器法是目前磷灰石裂变径迹定年的常用方法。

图 2.6 为磷灰石裂变径迹外探测器法的分析流程图，主要包括以下过程。

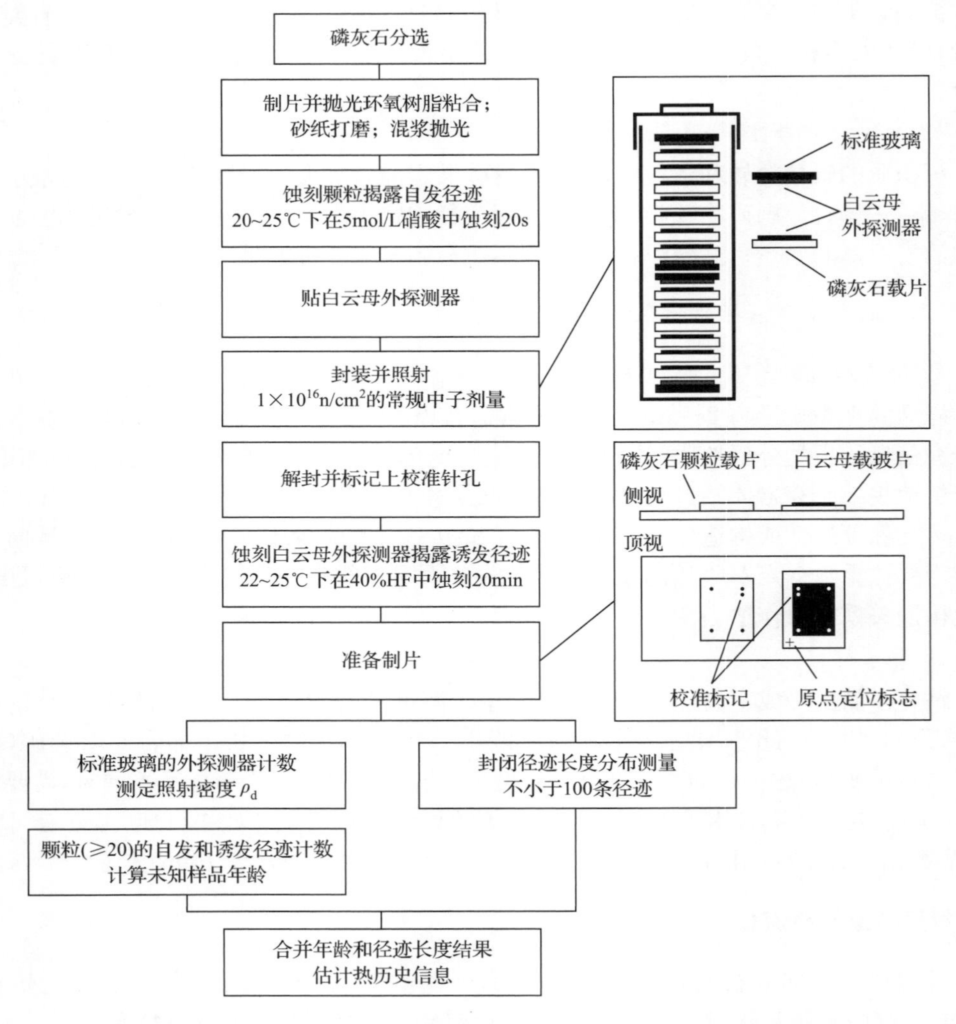

图 2.6　磷灰石裂变径迹外探测器法分析流程（据 Kohn and Raza，2002）

（1）取样：每个样品质量为 1.5～2.0kg。经过破碎、分选和热吹风烘干后，在双目镜下人工挑选磷灰石 100～150 颗。

（2）制备光薄片：用金刚砂打磨、抛光。光薄片要厚度适当，对透明度好的磷灰石，最好磨成厚为0.05～0.06mm的薄片，矿物要尽量在一个平面内。要确保矿物表面高度光洁，不要有麻点和擦痕，以便蚀刻后径迹的区分。粘胶采用耐酸耐腐蚀的环氧树脂。

（3）化学蚀刻：不同的矿物其蚀刻条件是不同的，同种矿物不同物源的矿物蚀刻条件也可能不同，一般说来，磷灰石在室温下（25℃），用5当量的硝酸蚀刻20s即可。

（4）样品包装和辐照：可用白云母作为探测器，将其与标准玻璃及蚀刻后的测试样品分别贴合；将样品封装后送至快中子反应堆中辐照，再将样品装入铅罐中放置至少三个星期。

（5）蚀刻白云母：剥离白云母片，用40%的氢氟酸在室温下蚀刻约20min。

（6）统计径迹密度和长度。目前，AUTOSCAN裂变径迹分析显微镜是国内外通用和常规的观察、统计和分析设备。在矿物表面统计自发的径迹参数；在白云母表面统计诱发的径迹密度及长度。径迹的鉴别基于以下几个相互联系的检验标准：①裂变径迹一般形成直线；②裂变径迹的长度一般小于20μm；③径迹延伸方向的排列是没有规则的，而节理、劈理或擦痕的延伸方向排列是规则的；④平行于矿物结晶C轴的径迹在观察面上的开口端明显且方向大致一致。

三、裂变径迹统计年龄的混合问题

对沉积岩来说，如果沉积后样品没有经历退火过程，则其单颗粒年龄实际上可能包含各物源区母岩组分的混合记录。此外，对于经历多阶段退火（热）过程的样品（岩性不限），其裂变径迹的记录也可能是混杂的，可能同时存在早期退火事件与晚期退火事件的记录。针对上述情况，Galbraith和Laslett（1993）提出了用卡方（χ^2）检验来判断颗粒年龄是否服从泊松分布，即检验所有颗粒是否属于同一组分或来源。如果样品的年龄未能通过卡方概率检验，即$P(\chi^2)<5\%$，则表明数据质量较差，被测的矿物颗粒可能来自不同的物源区，或者具有不同的化学热动力行为。在这种情况下，需对样品作进一步的分析，如矿物化学组分分析、物理分析及结构特征分析等。

对于具有混合年龄记录特征的单样品年龄数据，目前最常用的检验和区分年龄组记录的方法是用高斯和二项式峰值拟合的概率密度统计法。当然，这也同样适用于多样品年龄数据集的分离（分组）。对于高斯峰值拟合法，裂变径迹颗粒年龄首先要进行概率密度坐标图解，然后进行高斯曲线与概率密度曲线拟合，所拟合的高斯峰的数值即为所需的结果。这种方法的缺点是常常造成不同年龄组分峰值的偏移和重叠。二项式峰值拟合则无需先进行概率密度坐标图解，其年龄峰值可直接通过测年数据进行拟合。二项式峰值拟合法的优点在于它直接基于二项式分布，能更好地符合裂变径迹测年的统计学原理，对不确定的峰值年龄能给出更精确的拟合（图2.7）。实际上，两种拟合方法的最终结果都非常相似，每一单个拟合峰可给出其峰值年龄和峰值宽度，峰宽代表该峰值作为峰年龄一部分的相对标准差。

判断样品的裂变径迹年龄是否是由多个组分构成的另一种方法是Galbraith（1990）提出的放射图（图2.8）。在放射图上，矿物单颗粒的裂变径迹年龄精度和标准方差及一批矿物颗粒的中值年龄及其标准方差均一目了然。

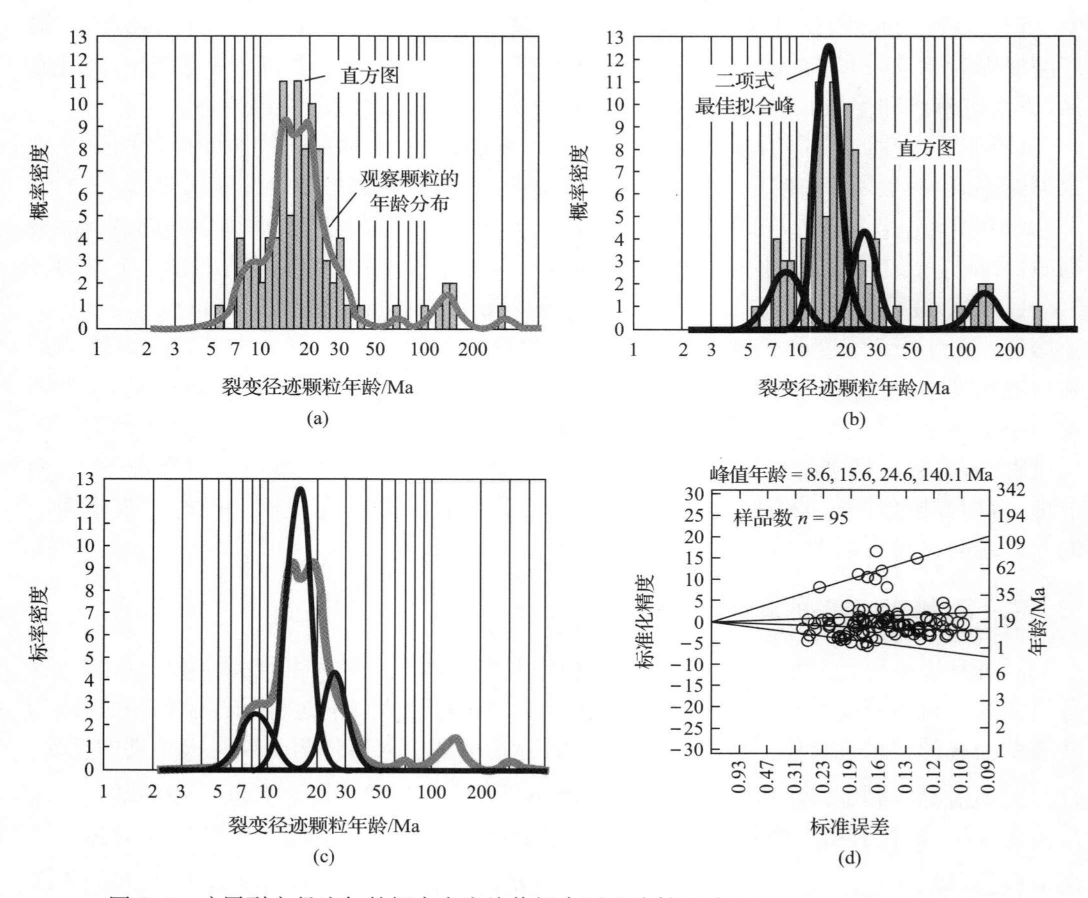

图 2.7 碎屑裂变径迹年龄概率密度峰值拟合图及放射图(据 Bernet and Garver,2005)

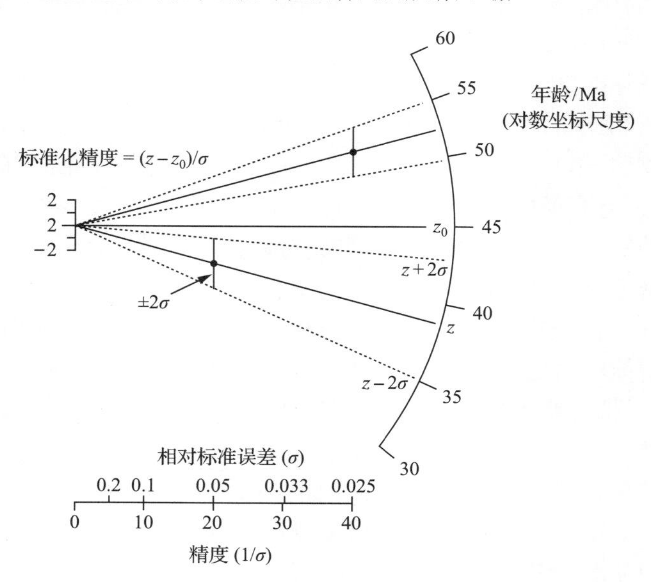

图 2.8 矿物单颗粒的裂变径迹放射图(据 Galbraith,2005,修改)

第三节 裂变径迹数据解释及分析

在裂变径迹分析中，通常情况下，单颗粒的矿物(如磷灰石、锆石、榍石)通过测量裂变径迹数量所获得的计算年龄在未作地质意义解析之前通常被称为“表观年龄”。同时，为了满足单个样品(包含多个矿物颗粒)年龄分析结果的需要，需要通过统计计算给出一定的年龄分析值。测试中，由多颗粒统计获得的样品表观年龄主要有三种表述方式，即“组合年龄或池年龄(pooled age)”“均值年龄(means age)”和“中值年龄(central age)”。一般说来，从组合年龄、平均年龄、中值年龄和数据的 $P(\chi^2)$ 检验以及数据集的概率分布中可初步尝试区分有地质意义的年龄(Galbraith and Laslett，1993；Brandon，2002；张志诚和王雪松，2004)。

对于自形成以来没有发生热退火的矿物而言，统计计算的年龄可代表矿物的真实年龄。但矿物自形成以来往往可能经历过不同的热历史，从而造成径迹不同程度的退火，因此，统计计算的年龄值可能具有不同的意义。对于经历过巨大热事件而完全退火然后又骤然冷却的矿物，该年龄是该矿物骤然冷却的年龄，可称为事件年龄。对于缓慢冷却或经历复杂热史的矿物，计算获得的年龄一般不具有与特殊地质事件相关联的直接指示意义。表观年龄只能给出热史影响的最终结果，不能反映受热过程的细节，而长度分布却能反映受热过程的细节，因此，要理解年龄的意义，必须结合长度分布特征进行分析，单纯的分析年龄意义不大。一般说来，研究中可以通过对径迹的长度分布模式、高程-年龄模式、平均径迹长度-年龄模式、径迹年龄谱模式及热史反演模拟的结果进行综合分析(雷永良等，2008)，获取更加准确、全面的热年代学参数和热演化历史信息。

一、裂变径迹长度分布模式

裂变径迹长度的分布特征反映了不同的热演化类型。径迹长度的分布特征通常使用1μm 宽度间隔的直方图模式来表征。Gleadow 等(1986)系统分析了磷灰石中封闭径迹长度的分布特征，并划分了五种类型：诱发型、未受干扰的火山岩型、未受干扰的基岩型、双峰型和混合型(图 2.9)。其中诱发型是通过将磷灰石置于 500℃的高温完全退火后，经辐照诱发和蚀刻得到的统计分布，可反映磷灰石裂变径迹形成的初始长度特征，其平均径迹长度约为 16.3μm，长度标准偏差约为 0.9μm；未受干扰的火山岩型反映岩石的快速冷却，平均径迹长度为 14.5～15μm，标准偏差约为 1.0μm。这两种类型习惯上也被称为“单峰分布”，均具有正态“狭窄”的峰宽特征；在未受干扰的花岗质基岩中，实验上获得的平均径迹长度为 12～13μm，标准偏差为 1.2～2μm，这一类型反映了岩体经历过缓慢而持续的冷却过程；双峰型分布是混合型的一种特殊表现形式，而混合型往往来自于经受了冷却史干扰或叠加了热事件的岩体，峰形复杂，平均径迹长度往往小于 13μm，且长度标准偏差大于 2μm。

Green 等(1986)指出，径迹一旦形成，其退火也随时发生。因而，在分析表观年龄的指示意义的过程中，更应注重径迹长度的分布特征。在以上的这些分布样式中，只有具有诱发型和火山岩型长度分布特征的磷灰石裂变径迹年龄才可被视为直接反映岩体快速冷

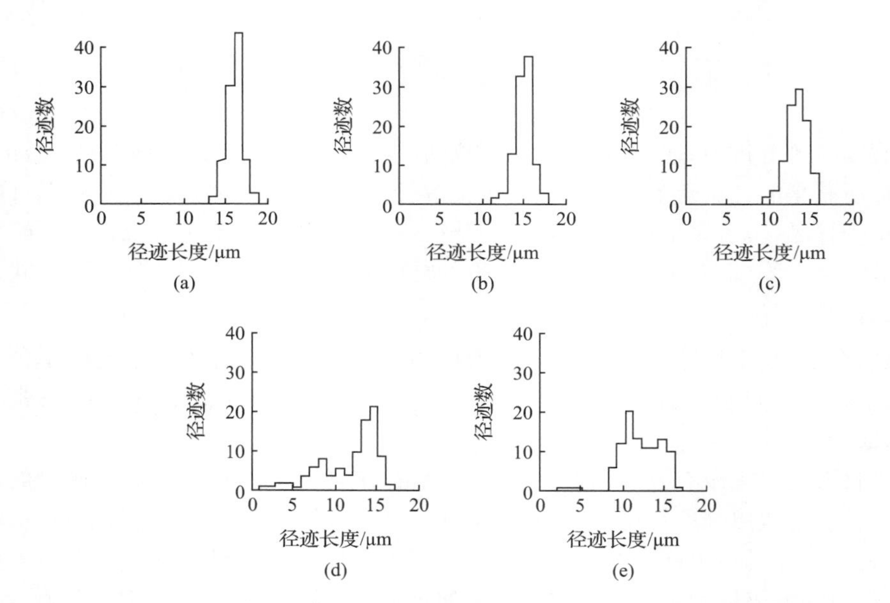

图 2.9 五种封闭径迹长度分布样式(据 Gleadow et al.,1986)

(a)诱发型;(b)未受干扰的火山岩型;(c)未受干扰的基岩型;(d)双峰型;(e)混合型

却时期的"事件年龄"(Gleadow and Brown,2000)。而基岩型的分布样式意味着岩体存在部分退火的累积效应,是与任何特殊地质事件不相关的"冷却年龄"(Gleadow and Brown,2000)。混合型的分布和年龄仅能指示岩体存在构造干扰的热效应,确定热事件或构造活动的时限需要结合其他模式或模拟来进一步分析。

二、高程-裂变径迹年龄模式

裂变径迹分析的高程-年龄模式通常用于沿垂向剖面取样的样品,由此建立样品在垂向上的时-空分布和变化关系。在理想的假定中,由于认为样品间的内在空间关系不变,那么高海拔处的优先剥蚀去顶将使高程-年龄关系表现为正相关,这同时也反映构造活动相对宁静,而侵蚀剥蚀占优势的过程(Johnson,1997)。只有显著的构造干扰才能使这一关系发生变动。因而,模式中高程-时间梯度出现急剧转变的节点(break in slope)常可用来推导快速冷却(或剥蚀)事件的时间(Fitzgerald et al.,1995)(图 2.10)。

在这一模式中,节点之上的封闭径迹通常含有较多的短径迹组成,反映样品在部分退火带的驻留特征,在节点之下则出现较长的封闭径迹(大于 14μm),并具有较小的标准偏差(小于 1.6μm),意味着可能的快速冷却启动事件。Fitzgerald 等(1995)指出,这样的剖面关系实际上记录了一个剥露的部分退火带,即古部分退火带(或称为化石部分退火带),节点标志了它的底界,而该处的年龄数据可近似代表发生显著快速冷却事件的时间,也即反映造山带剥蚀的启动时间。对不连续的冷却事件,则可能存在多个变动的节点。

在许多情况下,利用高程-年龄关系模式来判别明显的冷却(剥蚀)事件往往具有局限性。其原因可能在于取样的高程范围不够或垂向抬升作用不显著,因而难以揭示磷灰石裂变径迹在完全退火和部分退火之间的转变,也就得不到可靠的、不连续冷却事件的启动

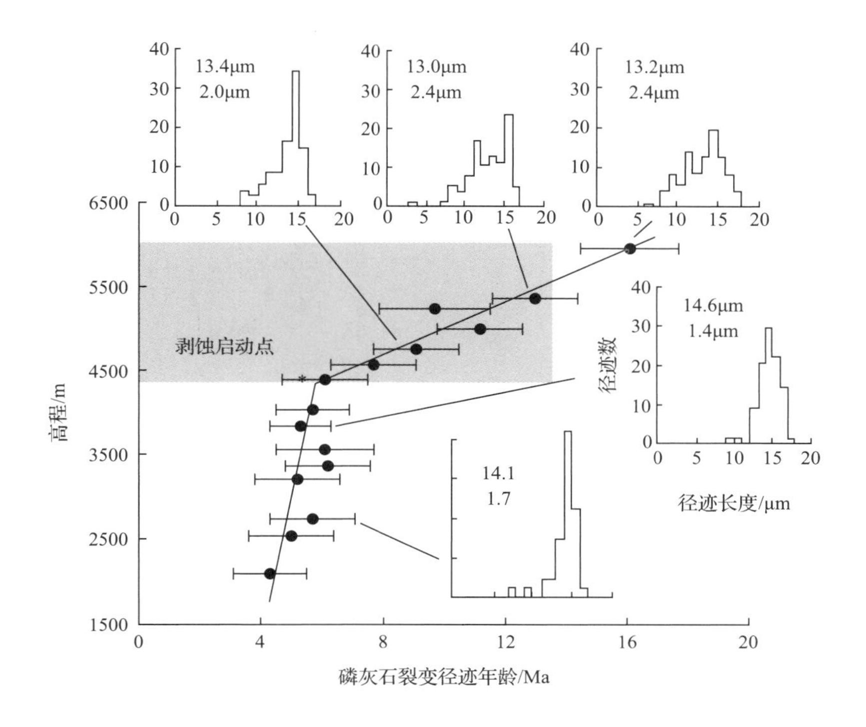

图 2.10 高程-年龄的一种关系模式(据 Fitzgerald et al.,1995)
阴影部分示意“剥露的部分退火带”(或化石部分退火带),节点可指示快速冷却事件的剥蚀启动时间;
径迹长度-径迹数图中上边的数据是长度,下边的数据是标准差(STD)

时间。另一方面,在地质上,假定地质体仅作垂向上的剥蚀和剥露的合理性是难以保证的。尤其在碰撞造山带,褶皱和断层作用可能在岩体冷却期间或冷却之后切穿部分退火带,由此可改变样品之间的空间关系,造成高程-年龄模式的负相关或不相关(Johnson,1997)。一些研究者也强调低温热年代计的高程-年龄关系会受地势变化和近地表热流扰动的影响,在地貌演化中地势的强烈降低可导致这一模式呈负相关(Braun,2002;Dempster and Persano,2006)。在这些情况下,根据其他模式或冷却史模拟的数据更可取,而直观观察数据显然难以确定冷却事件的明确时间(Gallagher et al.,2005)。

三、平均径迹长度-年龄模式

平均径迹长度-年龄模式又被称为“香蕉图”或“飞镖图(boomerang plot)”。这是由于这一模式在反映差异冷却史的情况下通常会表现出平均径迹长度随年龄的减小起初先下降,中间年龄的平均径迹长度最小,长度标准偏差较大,随后在更年轻端元的年龄部分出现平均径迹长度逐渐变长,长度标准偏差变小的凹形演变特征(图 2.11)。因而,在存在不连续加速剥蚀阶段的地区,这一特征模型能反映出差异冷却(或剥蚀)的记录(Green,1988),它实际上也是已剥露的部分退火带的一种表现形式。Gallagher 等(1998)认为,如果样品的封闭径迹长度达到 14~15μm,那么通常可以用来估计最后一次冷却幕的时间。目前,这一模式已被成功应用于被动陆缘和褶皱造山带演化的研究中(O'Sullivan et al.,

1996；Menzies et al. ，1997)。

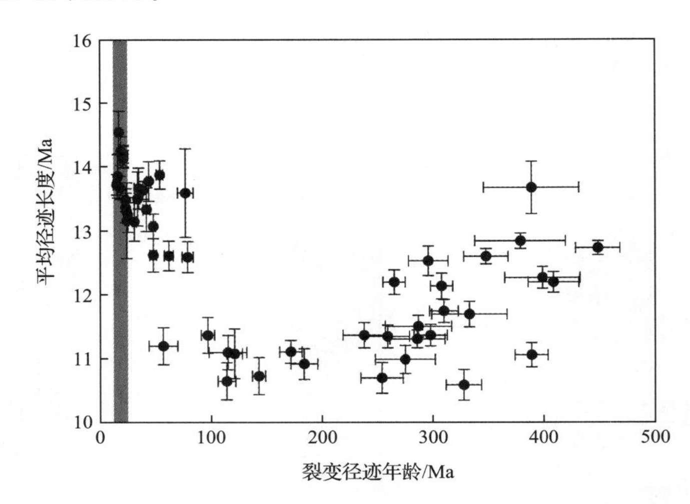

图 2.11 磷灰石裂变径迹的“香蕉图”模式(据 Menzies et al. ，1997)

对于存在多阶段冷却幕的造山带来说，“香蕉图”模式可呈现多个长径迹分布的波峰。但较老的冷却事件往往会受后期的快速冷却事件(或热事件)的干扰或改造(Gallagher et al. ，1998)，其径迹长度分布可能不具单峰特征，冷却启动的时限也偏小。这种年龄的地质意义变得相对复杂，可能近似代表岩体(或地质体)首次冷却启动的时间或一次热事件变动的时限。

这一模式与高程-年龄模式相同的是，如果地质取样信息不完整、受构造热干扰的改变不明显或岩体受断裂的控制和影响，则不能定量地限定构造活动的时间。

四、径迹年龄谱模式

磷灰石中，混合型的径迹分布通常表现出不同的长、短径迹组合。较长的径迹对应较年轻的年龄组分，较短的径迹则可能与较早期的冷却事件相关联(Belton，2005)。假定磷灰石中^{238}U 的裂变是一个连续过程，如果将样品开始记录径迹以来的时段按长度分布的间隔数来划分，那么每一单位长度区间可以被指配到同比间隔的对应年龄段，这种关系是构建长度年龄谱的基础框架(图 2.12)。

在径迹年龄谱的构建中，最短径迹所代表的最老年龄被定义为冷却启动年龄，它的确定是基于无偏差的长度分布校正(Laslett et al. ，1982；Green，1988)。利用初始径迹长度(通常情况下可采用 16.3μm)对测量径迹长度标准化后校正的径迹密度可计算这一冷却启动时间。目前，已有研究者开发了基于 Excel 工作表的 TASC(track age spectrum calculator)程序来简化这种运算和制图(Belton，2005；Ehlers et al. ，2005)。

径迹年龄谱模式的优势在于其保留了所有来自长度直方图的原始热历史信息，且经长度校正后年龄分布谱线更能容易地揭示出冷却历史转折的时限。同时，这也可以用来限制热史反演模拟的时段。

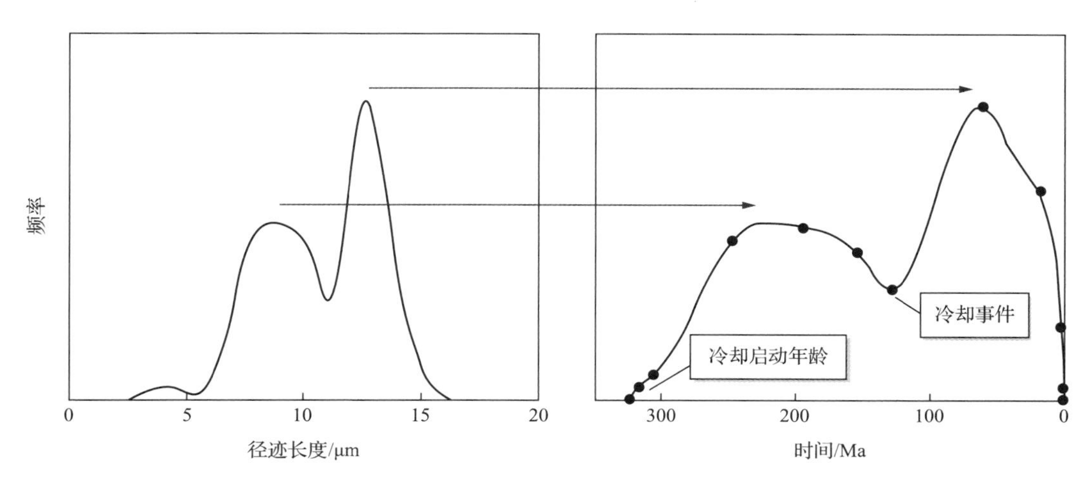

图 2.12 径迹年龄谱框架示意图(据 Belton,2005)
横坐标转换成时间尺度后,自冷却启动年龄始,与径迹长度分布具有等同的分段间隔数

五、裂变径迹退火的热模拟分析

利用单个样品的磷灰石径迹长度数据集进行的岩石冷却历史(或热历史)推导在于揭示出古地温随时间的演化路径,即 *T-t* 路径。尤其对于混合型的年龄和长度分布数据,通过模拟可以揭示快速冷却幕的时间、冷却前的温度及样品首次进入退火带的时间,同时,对揭示上地壳可能经历过的构造干扰效应尤其有意义(Gleadow and Brown,2000)。

目前,热历史的正、反演模拟主要基于已建立的相关计算模型并通过软件(如 Monte Trax、AFTINV、AFTsolve 和 HeFTy 等)来实现。在早期的经验模型中(如 Laslett 模型),主要将磷灰石退火当做一个单动力体系来处理,即设定磷灰石的初始径迹长度和封闭温度为常数。而国外的一些研究者提出磷灰石的径迹长度内在地与磷灰石的化学组成、径迹与晶体结晶 *C* 轴方位的夹角密切相关,这可反映不同磷灰石退火性质的差异(Donelick et al.,1999;Barbarand et al.,2003;Ketcham,2005)。这些研究强调将磷灰石退火行为考虑为一个多动力体系的群组(如 Ketcham 模型),其初始径迹长度和封闭温度应随相应的动力指示参数变化(Ketcham et al.,2000;Ketcham,2005),通过将磷灰石按不同动力群分选,可得到更可靠的模拟。尤其对于原岩为沉积岩的样品而言,这样的模拟结果应更具说服力。多动力体系的指示参数可来自测量的 D_{par} 值、Cl 和 OH 含量(Carlson et al.,1999;Ketcham et al.,1999,2000)。其中,D_{par} 值是平行于磷灰石颗粒结晶 *C* 轴的蚀刻径迹开口端的平均直径,它可在显微镜下直接测定。研究表明,通过测定 D_{par} 区分出不同动力学组分,从而使样品内具有相似动力学行为的磷灰石颗粒的裂变径迹长度的差别主要反映所经历热史的差别。不同磷灰石的初始径迹长度各不相同,蚀象可很好地预测初始径迹长度。D_{par} 提供了不依靠化学成分而对磷灰石裂变径迹退火行作出估计和分类的新手段,而又不必像用电子微探针测定 Cl 含量那样花费昂贵和麻烦,具有很强的实用性。

因此,在对磷灰石的温度历史模拟中,除了年龄、长度等因素外,D_{par} 是一个重要的参数。因此,磷灰石的退火温度实际上取决于裂变径迹所经历的加热时间及磷灰石的化学动力学参数,磷灰石裂变径迹的部分退火区间(PAZ)和完全退火区间也就不是原先许多研究者所设想的一个简单的固定值(如通常所认为的60～120℃)。在110℃的温度下,当D_{par}为1.5μm的磷灰石(典型的富氟磷灰石)的裂变径迹发生完全退火时,对于D_{par}值为3.0μm的磷灰石(典型的富氯磷灰石)来说,其裂变径迹才刚进入部分退火区间(其完全退火温度在160℃)。虽然这给裂变径迹年龄的直接解释带来了困难,但它为磷灰石所经历的温度历史的恢复提供了可能。

Carlson等(1999)研究表明,Cl的含量和参数D_{par}的大小是影响磷灰石裂变径迹退火的主要因素,且它们具有相同的效果。一般D_{par}越小或Cl的质量分数越小,则D_{par}径迹退火速率越快。基于Carlson等(1999)的实验,Ketcham等(1999)建立了多组分退火模型,即先将同一样品各个磷灰石颗粒的径迹分成不同的组分,对每个组分采用扇形退火模型计算各自的平均径迹长度及其标准方差,再据此综合得出所有组分的径迹长度分布函数。这一方法扩展了扇形退火模型,使之适用于具有复杂化学动力学成分的磷灰石。

多组分退火模型先将同一样品各个磷灰石颗粒的径迹分成不同的动力学组分,对每个动力学组分采用扇形退火模型计算各自的平均径迹长度及其标准方差,再据此综合所有组分的径迹长度分布函数。当存在两个或多个动力学组分的样品,经由单一动力学组分的模拟混合模糊了各个组分所记录的热史,尤其在部分磷灰石已完全退火而另一部分抗退火的磷灰石仍保留有一些径迹时,问题会变得更严重,而多组分退火模型解决了这一问题,扩展了扇形退火模型,从而适用于复杂成分磷灰石。

Gleadow和Brown(2000)总结了模拟的几种可能的温度-时间(T-t)路径,并分出冷却样式和热事件样式(图2.13)。前者具有随年龄减小温度递减的单调性,路径的转折节点可指示冷却变动的时间,可用于解释火山岩型、花岗质基岩型和具简单冷却史的岩石演化过程;后者通常经历了复杂的热干扰,产生部分退火,温度-时间路径不具有单调性,可视为多种冷却路径的组合,其节点可提供热干扰的参考时限。而模拟的优势就在于它对各冷却组合敏感。

样式的区分可作为一种正演模拟(forward modeling)过程来考虑,并为反演模拟(inverse modeling)提供制约。需要指出是,在热干扰条件下,如果最后一期热效应能够造成磷灰石完全退火重置,温度-时间路径可能表现为简单的冷却样式,而无法反映早期的冷却过程。

反演模拟的一个技术难点在于需要预先约束节点的可能温度-时间(T-t)范围。Ketcham(2005)评价这种约束具有"科学与艺术参半(part art and part science)"的特点。因此,在模拟过程中,结合地质背景和地质问题并利用可能的热年代学数据和手段来限定其约束条件是取得合理模拟样式的关键。

在部分退火带内的热史路径表现为:a快速冷却;b线性缓慢冷却;c缓慢冷却后有一个明显的快速冷却阶段,出现冷却史变动的节点;d同c,为冷却样式下的热史路径;e稍微冷却后受热干扰,加热后出现冷却史变动的节点;f较大幅度冷却后受热干扰,加热后出现冷却史变动的节点。

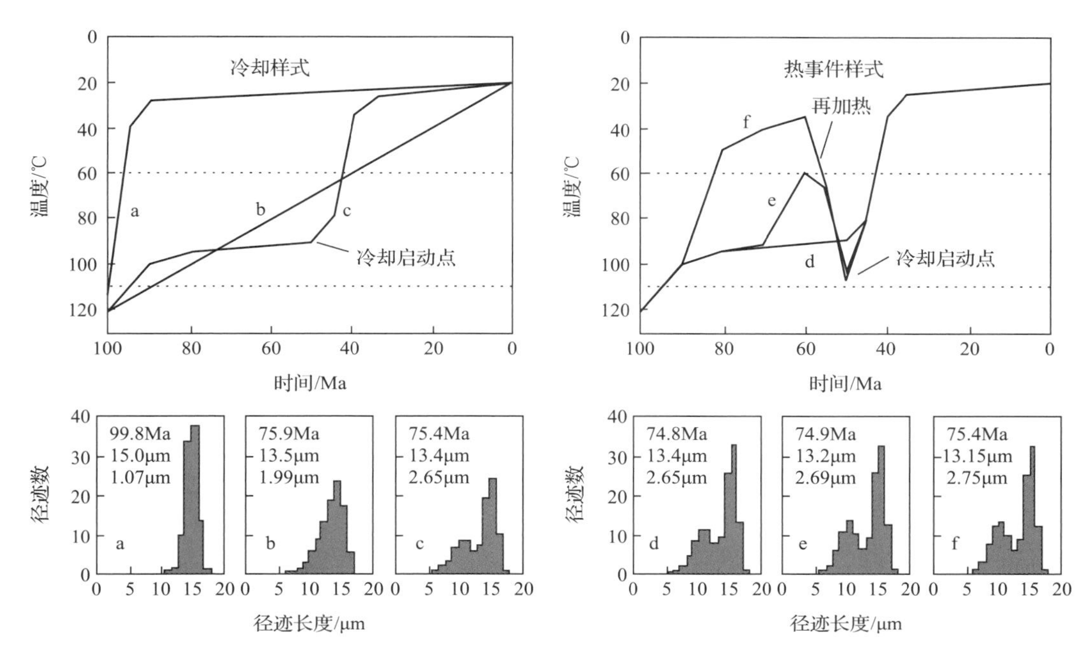

图 2.13 磷灰石裂变径迹模拟分析的样式(据 Gleadow and Brown,2000)

第四节 裂变径迹热年代学的地质分析

裂变径迹低温热年代学不仅能测定矿物的年龄,还可以重塑地壳上部 3～5km 内数百万年以来的热历史,加之方法简单,所需样品较少,实验费用相对低,因此这一技术发展较快,应用广泛,在沉积盆地热历史、岩体抬升-剥露热历史、区域构造分析、沉积物源分析等方面取得了不少可喜的成果。同时磷灰石裂变径迹的退火带与石油大量生成所需要的最佳温度恰好一致(70～125℃),这种巧合使磷灰石裂变径迹成为对油气勘探非常有用的地质温度计。对裂变径迹热年代学本质和部分退火带的深刻理解是该技术地质应用的前提。

一、沉积盆地热史分析

盆地在沉降埋藏过程中,随着埋深加大温度逐渐升高,当温度升高到部分退火带的范围时,裂变径迹发生退火,这些过程在磷灰石裂变径迹中会有所体现。径迹的长度及其分布关系可以对沉积盆地的热历史评估提供重要的限定。

以单一物源的沉积地层来考虑,裂变径迹反映的沉积盆地热历史可能存在四种状况、七种模拟温度-时间(T-t)路径(图 2.14)。第一,埋藏加热:对于正常的沉积埋藏过程,地层受等温加热,热状况通常随埋藏的加深而变化(图 2.14 路径①～③),在未达部分退火带的浅埋藏沉积中,样品的径迹长、分布窄(路径①);随着埋深加大(温度升高),进入部分退火带温度/深度范围的沉积,其样品的平均径迹长度将明显变短,分布明显变宽(路径②

和③)。第二,抬升冷却:对于埋深超过部分退火带温度范围的沉积,其抬升-剥露的路径即为冷却过程(路径④和⑤)。经历这一状况的样品,平均径迹长度往往较长,长度的统计分布显示为负偏态,且冷却速率越快径迹长度分布越窄(路径⑤)。第三,先埋藏后抬升:对于先经历埋深加热,后剥露冷却的沉积状况,样品的裂变径迹长度分布可表现为双峰态(路径⑥),这是由于样品在埋藏加热阶段的径迹往往会变短,之后的冷却阶段则有新生的长径迹混合所造成。第四,快速深埋:对于经历快速埋藏或加热的沉积状况,其样品的平均径迹长度将相对较短(路径⑦),但长度的分布不会很宽(相对于路径②和③)。

澳大利亚 Otway 盆地是一个处于正常等温沉积热状态的典型案例。该盆地主要为早白垩世 Otway 群火山岩,厚度大于 3.5km。钻孔的裂变径迹分析显示(图 2.15),径迹年龄和长度随温度和埋深的增大而减小,径迹长度的分布由浅至深从单峰到宽峰的变化指示该盆地未受明显的构造-热扰动,热历史路径类似于图 2.14 中路径①～③的序列演变,因而反映该盆地具有简单的受埋藏加热的沉积热演化特征(Gallagher et al.,1998)。

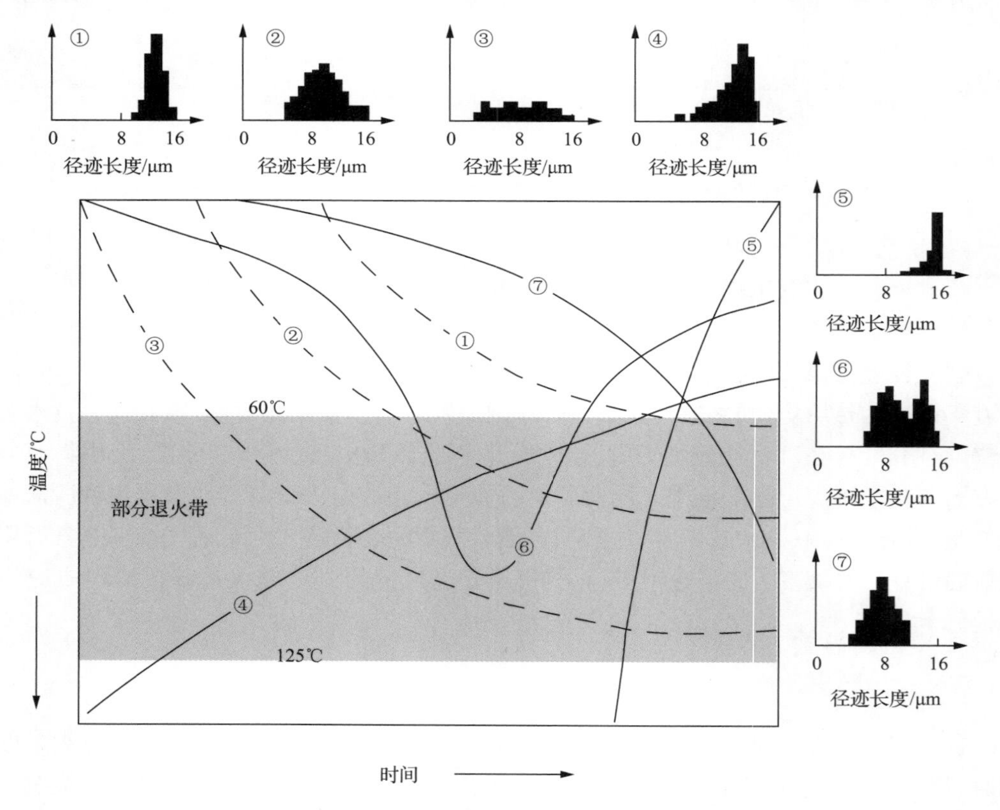

图 2.14 径迹长度分布与埋藏/温度历史关系(据 Gleadow et al.,1983)

路径①～③为沉积物近等地温加热穿过部分退火带;路径④和⑤表示沉积从部分退火带底部抬升冷却;路径⑥表示沉积物先埋藏加热,后冷却脱离出部分退火带;路径⑦表示沉积在部分退火带中快速加热

当然,地质中绝大多数盆地的热历史并非都如此简单,往往受多阶段复杂的沉积、构造、剥蚀、甚至岩浆作用事件影响。例如,四川盆地的一钻孔资料显示(图 2.16),中生界沉积受构造抬升的影响存在两个阶段的热记录,43Ma 以前盆地为缓慢抬升冷却过程,约

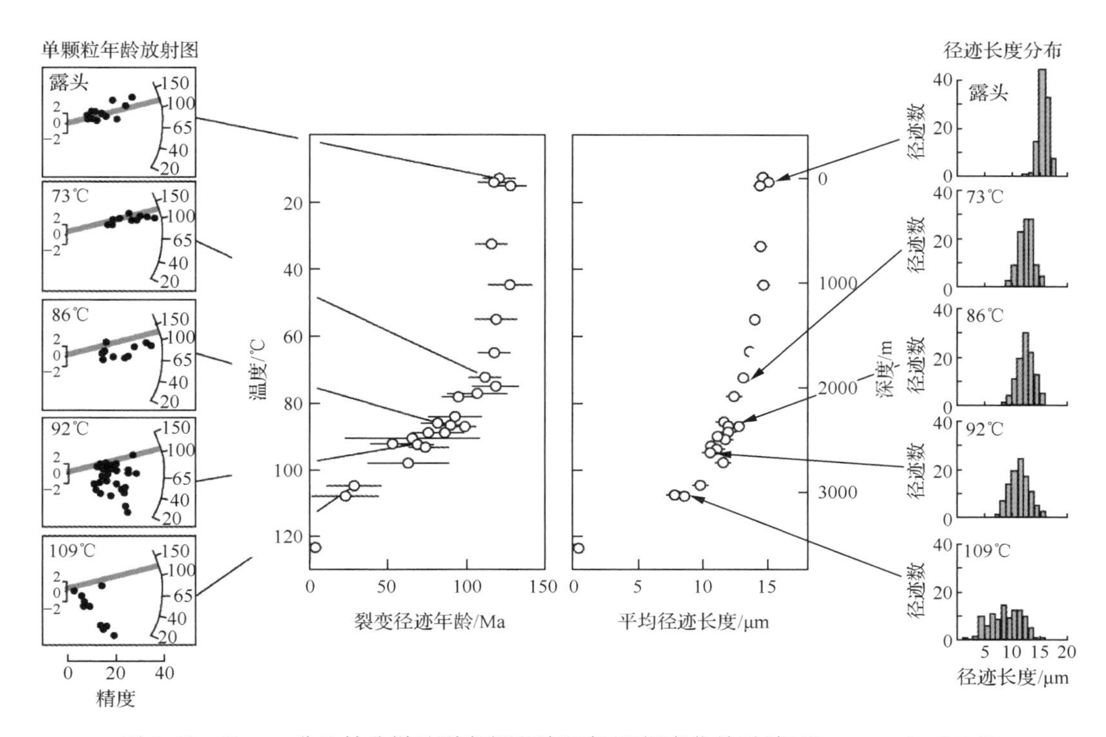

图 2.15 Otway 盆地钻孔样品裂变径迹随温度/埋深变化关系(据 Braun et al.,2006)

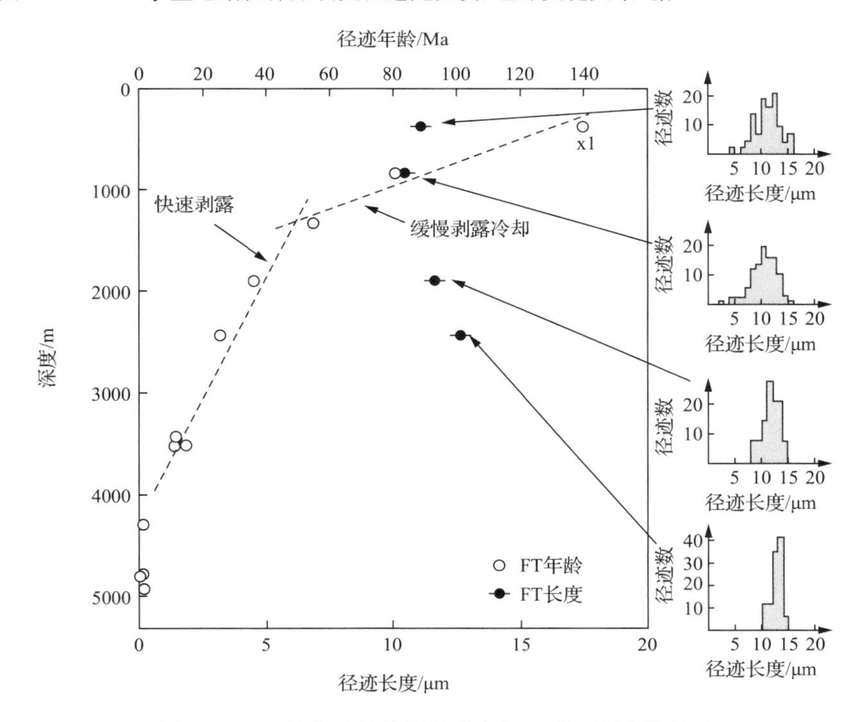

图 2.16 四川盆地钻孔样品裂变径迹随埋深变化关系

43Ma 以来启动快速剥露。一般说来，沉积盆地先埋藏后抬升剥露的地质过程往往是比较常见的地质作用方式(图 2.14 路径⑥)。在叠合复合型盆地，热历史过程甚至可能更复杂，表现出多种简单热演化(T-t)路径的混合。这类盆地的热史通常需要在径迹长度分布和年龄特征的基础上，结合退火模型的反演才能更好地认识。

值得注意的是，由于裂变径迹存在"热退火"的物理本质，事实上，它所能记录和反映的地质热事件往往是有限的。通常情况下仅能反映沉积盆地经历最高古地温以来的热事件记录(仅保留 1 期或 1～2 期的热事件记录)。因此，利用裂变径迹技术分析盆地热历史，我们不主张将盆地热史过程的模拟和解释过度复杂化。例如，从单一物源样品的磷灰石裂变径迹分析中获得超过 3 期以上的热事件记录有时是不可思议的，这种情况往往存在研究者对裂变径迹数据的过度解读。因此，在盆地分析中，对多阶段、多期次热史事件的合理认识往往需要结合多样品分析以及埋藏史、R_o、包裹体、构造分层特征、构造组合关系、其他年代学证据(如 U-Th/He 定年、Ar-Ar 定年、锆石 U-Pb 定年等)、数值模拟或热模拟等技术手段进行分析。

二、基岩抬升-剥露热史分析

对于上地壳 3～5km 内基岩的剥露历史，磷灰石裂变径迹是一种敏感的分析手段。基岩抬升-剥露的热史通常考虑的是垂向一维问题，它需要对裂变径迹"部分退火带(PAZ)"的垂向变动有充分理解。当岩体发生垂向抬升-剥露，之前的 PAZ 将会随之向上迁移，如果该 PAZ 没有被完全剥离，则形成残留的"化石部分退火带"。化石部分退火带不仅是岩体抬升-剥露事件的残留记录，还是古地温的残留记录。研究中样品通常需要进行近垂向方向的取样。

England 和 Molnar(1990)提出，在用磷灰石裂变径迹分析岩石与构造活动有关的剥露抬升历史时，必须明确三个基本概念：地表抬升(surface uplift)，岩体抬升(rock uplift)和岩体剥露(rock exhumation)。地表抬升(U_s)是指大地基准面的相对位移，"地表"指面积至少在 1000～10000km^2 的地区；岩体抬升(U_r)指岩石随大地基准面变动的位移；岩体剥露(E)是岩石向地表方向运动的位移。三者的关系是

$$U_r = U_s + E \tag{2.6}$$

图 2.17 显示了构造抬升-剥露作用与裂变径迹年龄的关系。从图 2.17 可看出，假定岩体在抬升-剥露时有样品穿过裂变径迹的部分退火带底界，抬升-剥露后该样品将成为剥露的化石部分退火带底界记录。因此，岩体抬升(U_r)实际上相当于考虑裂变径迹部分退火带(或其底界)的抬升-剥露。在这一记录中，考虑垂向间距的裂变径迹数据可得以下信息：①求取剥露事件发生的时间(t)；②计算岩体剥露的位移(E)，由这二者可获得岩体剥露速率(E/t)；③模拟古地温梯度并估计古地表海拔(高程)。其中，剥露事件的启动时间(t)可根据取样数据的高程-年龄关系的转折点(拐点)来确定(图 2.10、图 2.16)，或其他模式、模拟的分析结果确定。理想情况下，在高程-年龄满足垂向正相关关系的剖面中，拐点所对应的高程可指示剥露的化石部分退火带底界(D_t)。结合现今部分退火带底界(D_0)，可获得岩体剥露的位移($E=D_t-D_0$)。

理论上，如果由垂向取样的系列样品能确定化石部分退火带，其反映的温度范围（设磷灰石为(60～110)℃±10℃）和取样位置对应的高程范围之比即为估计的古地温梯度。由此，结合部分退火带底界温度（如110℃±10℃）可粗略估计古埋深或古地表海拔(h_i)。然而在实践中，古地温梯度的计算往往还需要结合反演模拟进行厘定（Gleadow and Brown，2000）。

利用裂变径迹热年代学可以对垂向的基岩剥露/冷却史加以约束，但通常它所揭示的是岩体剥露(E)而并非严格意义上的岩体抬升(U_r)过程。讨论岩体抬升(U_r)需要对地表抬升(U_s)作用加以约束。而地表抬升(U_s=现今高程－古高程$=h_0-h_i$)计算的难点在于古地表海拔(h_i)的厘定，需要结合其他技术手段来完成（如氢、氧同位素古高程计，古生物高程计，古环境分析等）。

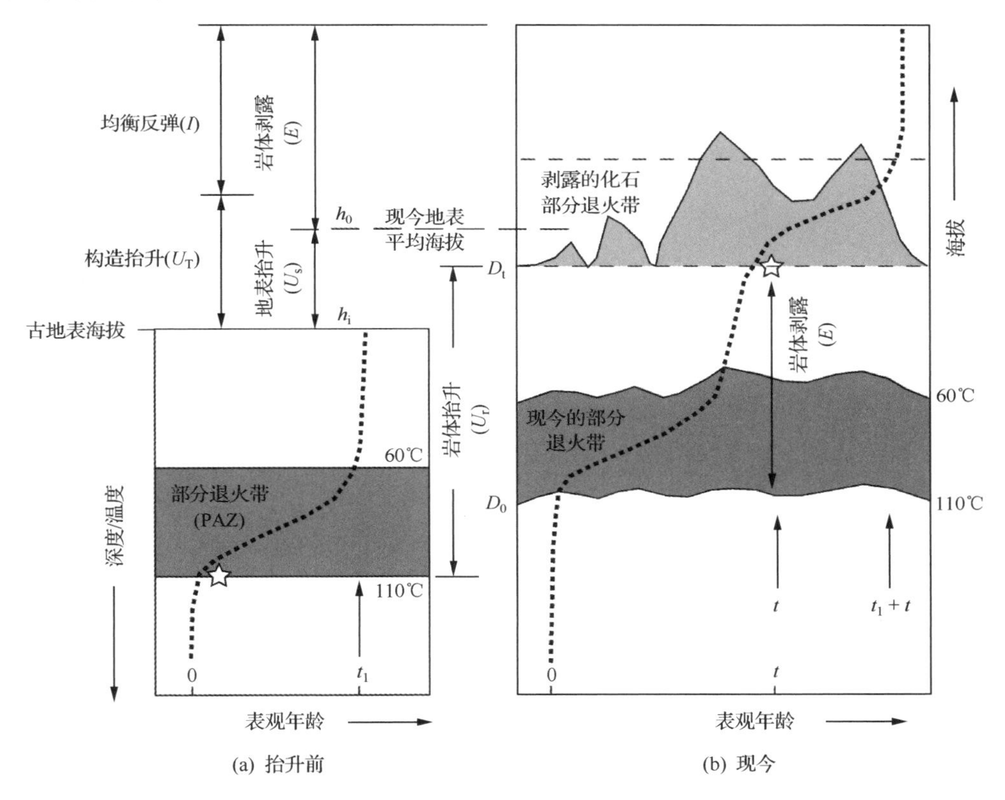

图 2.17 构造抬升和剥露作用对裂变径迹年龄影响示意图（据 Braun et al.，2006，修改）

(a)抬升前的年龄-深度关系，部分退火带(PAZ)底界深度依赖于古地温梯度；(b)现今的年龄-深度（或高程）关系，抬升前的PAZ被剥露，形成“化石部分退火带”，由年龄-高程关系的转折点可确定其底界，并对应剥露启动事件的年龄(t)，该底界与现今部分退火带底界的间距为岩体剥露的位移(E)。现今部分退火带的底界通常根据地温梯度来确定

此外，从地球动力学成因分析，岩体的抬升通常考虑两方面的作用因素：基岩构造抬升（tectonic uplift，U_T）和由地表侵蚀卸载导致的均衡反弹（isostatic rebound，I）。即有

$$U_r = U_T + I \tag{2.7}$$

简单情况下，均衡反弹(I)与剥蚀作用或岩体剥露(E)相关(Braun et al.，2006)，即

$$I = \frac{\rho_c}{\rho_m} E \tag{2.8}$$

式中，ρ_c 和 ρ_m 分别代表地壳和地幔的密度，如其分别取值 $2750 kg/m^3$ 和 $3300 kg/m^3$，则由地表侵蚀卸载导致的均衡反弹(I)约相当于岩体剥露(E)量的 5/6。

因此，在一些研究中，如果能获得初始地表高程(古高程 h_i)的相关资料，在一定程度上可简单推导构造抬升(U_T)的作用量(Braun et al.，2006)：

$$U_T = U_r - I = h_0 - h_i + E\left(1 - \frac{\rho_c}{\rho_m}\right) \tag{2.9}$$

三、区域构造分析

除了研究垂向一维的岩体抬升-去顶剥露问题，裂变径迹热年代学可通过剖面数据集和空间离散数据集分析区域构造问题。事实上，很多研究由于受构造变形(褶皱、掀斜、断层分割等)影响，尽管试图采用垂向取样策略来分析构造运动，但往往并不成功或得不到理想的分析结果，此时可结合剖面数据集或空间离散数据集分析进行尝试。

剖面数据集是指沿地质结构剖面分布的热年代学数据。与近垂向取样的数据不同，剖面数据集通常由于受构造变形作用的影响，样品的年龄-高程一般不具有相关性，因而不宜用高程-年龄模式(图 2.10)来揭示构造事件或变形记录。实际上，由于取样方式沿地质结构剖面进行(图 2.18)，剖面数据集的分析通常借助标注年龄分布的地质剖面(图 2.19)或年龄-取样间距(age-distance)关系来研究区域构造过程。

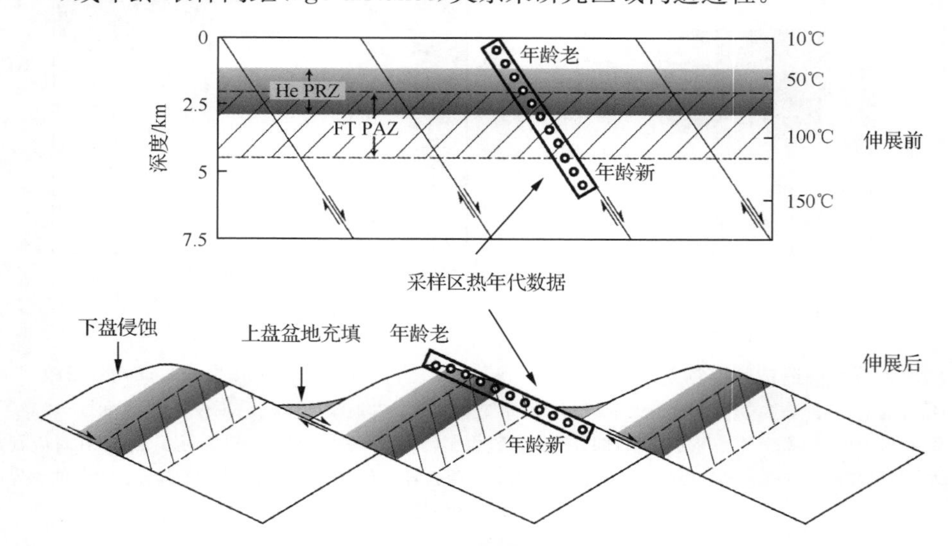

图 2.18 伸展变形剥露剖面的热年代学数据分布特征概念模型(据 Stockli，2005)

图 2.18 为伸展变形地质结构剖面中年龄分布的一个概念模型。理论上，假定构造变形前的地质剖面结构具有正常的层位关系，那么其剖面的裂变径迹热年代学记录通常会

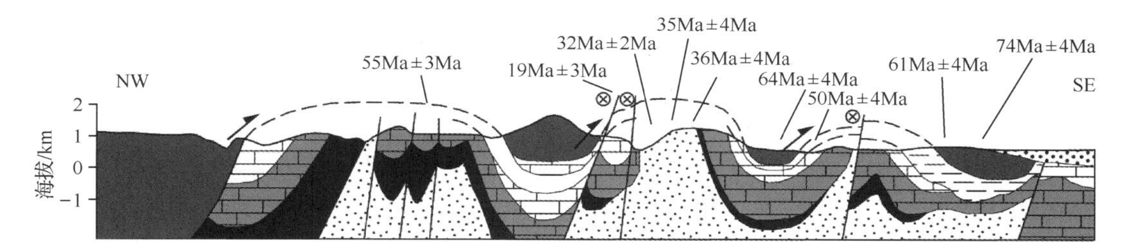

图 2.19 中欧喀尔巴阡山变形剖面的表观裂变径迹年龄分布(据 Bojar et al.,1998,修改)

随部分退火带的范围变化,呈现出垂向自上而下(由浅至深)年龄值变小的带状分布趋势。但当发生构造变形后,这种热年代学(或退火带)记录往往因地层产状变化、断层或构造地块的分割、地表侵蚀剥露等而发生结构性调整(图 2.18 中的阴影部分),出现弯曲、截断、间断或重复。因此在沿剖面线方向形成年龄分布的不连续,甚至离散或杂乱、不具有年龄-高程的相关性。合理的剖面年龄数据集解释需要结合采样位置的层位关系、校正后的相对深度(厚度)、构造样式和断层几何学特征等分析(Stockli,2005)。这一模型有几个特征值得注意:①可用于具有部分退火带(如 FT)或部分保留带(如 U-Th/He)特征的热年代学数据分析;②变形可截断残留部分退火带(构造层年龄记录),但不影响残留构造层(或块体)内已形成的年龄分布趋势;③构造变形的时间较残留部分退火带的形成时间晚;④构造变形(或剥露事件)的时间可根据校正后的样品层位关系和相对深度(厚度)-年龄关系来厘定,或利用模拟结果来厘定。层位关系校正后的相对深度(厚度)-年龄模式的拐点可指示构造剥露事件的时间;⑤该模型实质上等价于地温等温面因受构造和剖面方向的影响而造成年龄分布的调整,因而也适用于岩体构造变形的分析。

图 2.19 为中欧喀尔巴阡山一条地质结构剖面上磷灰石裂变径迹的年龄分布图。该地区构造变形复杂,无论从简单的高程-年龄关系或年龄-距离关系都无法反映出年龄的分布规律或构造意义。但结合剖面地质结构和构造层关系可知,裂变径迹年龄的分布符合构造层内自上而下年龄变小的趋势(Bojar et al.,1998),指示构造层受部分退火带影响的特征。结合多种年代学证据和反演模拟结果,该剖面的热年代学记录可反映出两阶段构造事件:晚白垩世推覆体的构造剥露和渐新世—新近纪期间的构造冲断(Bojar et al.,1998)。

空间离散数据集是指在一定地理空间范围内分布的热年代学数据。一般说来,这种数据集通常利用空间统计作图来分析年龄的区域变异特征,但由于地质上取样数据点往往不密集,分散性较大,需要进行插值计算(如最近邻点法插值)。统计作图数据包括年龄、年龄/高程、径迹长度及长度标准偏差等(雷永良等,2009)。裂变径迹数据的宏观分布可以从区域的尺度提供构造活动和地表过程相联系的信息(Gleadow et al.,2002)。

图 2.20 和图 2.21 所示分别为澳大利亚大陆和青藏高原东缘的磷灰石裂变径迹年龄和长度分布。图 2.20 显示,澳大利亚大陆的裂变径迹年龄和长度分布存在明显的东、西差异。西部前寒武克拉通占大陆面积的 2/3,磷灰石裂变径迹年龄相对较老,而东部显生宙大陆裂谷边缘的年龄相对较新(小于 150Ma)。Gleadow 等(2002)认为,这种热年代学分布反映了澳大利亚大陆的剥露模式在西部克拉通为缓慢冷却剥露,而在东部为快速冷

却剥露。另外,在青藏高原东缘(四川盆地西缘),裂变径迹的年龄和长度分布在空间上表现为以松潘—安县一带为界的北东、南西差异(图 2.21)。南西段的裂变径迹年龄较新(小于 50Ma)、长度较短(小于 12μm)以及长度标准偏差较大(大于 2μm),指示该段存在明显的新生代构造——热的改造;而北东段的年龄较老(大于 50Ma)、长度较长(12~14μm)和长度标准偏差较小(1~2μm),指示该段自晚白垩世以来经历了缓慢冷却-剥露的过程(雷永良等,2009)。进一步地,也反映出青藏高原东缘的新生代构造活动具有南强北弱,西强东弱的差异运动格局。

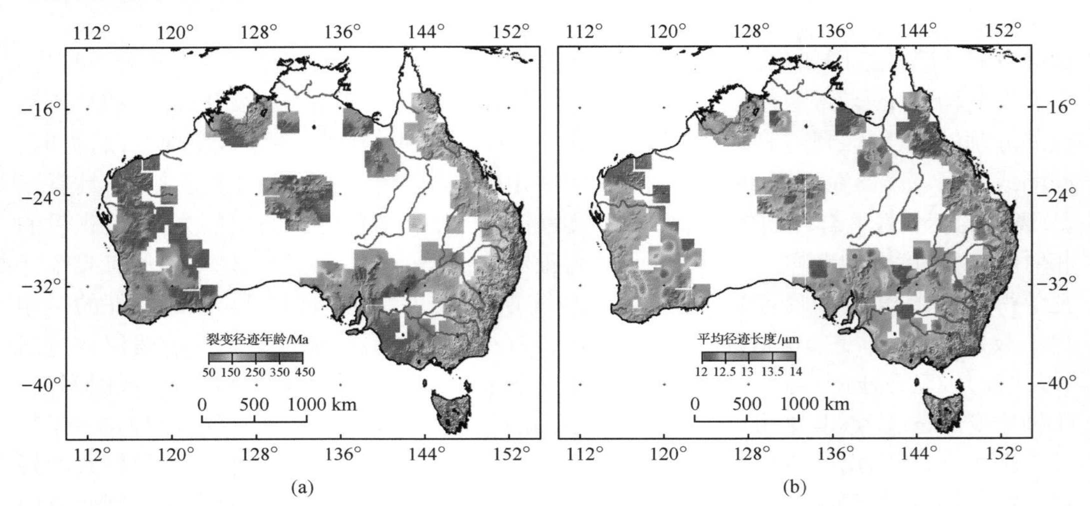

图 2.20 澳大利亚大陆磷灰石裂变径迹数据分布特征(据 Gleadow et al. ,2002)
(a) 磷灰石裂变径迹年龄;(b) 平均径迹长度

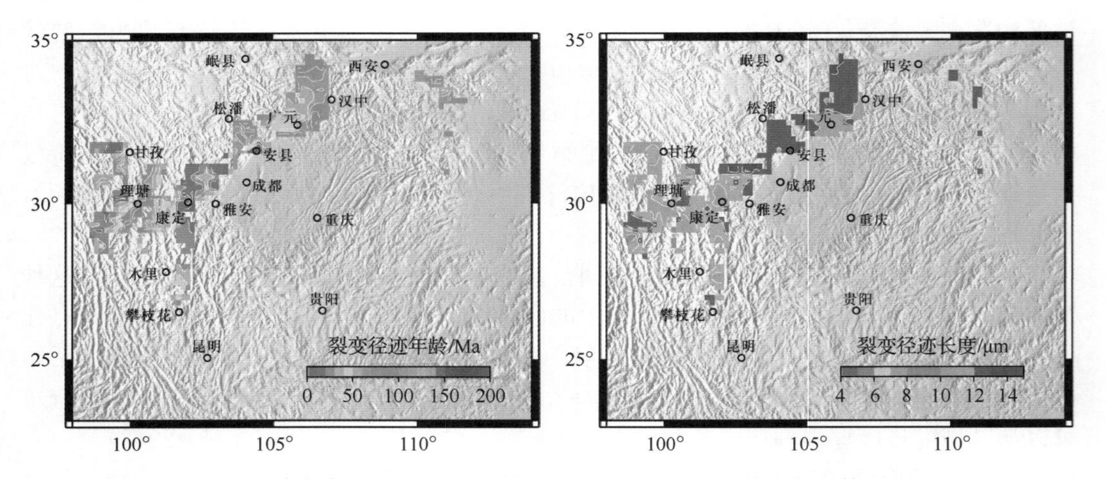

图 2.21 青藏高原东缘磷灰石裂变径迹数据分布特征(据雷永良等,2009)

四、沉积物源分析

在造山作用过程中,山体的抬升与盆地的沉积密不可分,是一个耦合过程。造山过程中的剥露作用使浅部表层的岩石被剥蚀搬运到与造山带相邻的盆地中沉积，如果这一部分沉积(如松散沉积、河沙)没有经历过退火作用，则其碎屑颗粒的热年代学记录在一定程度上可指示物源区或揭示源区的剥露过程。

图 2.22 示意了盆-山作用中热事件的潜在联系。物源区的碎屑颗粒从封闭温度带开始启动计时系统，然后被抬升-剥露到地表，并从源区进入盆地。一般说来，如果物源区稳定，沉积盆地的碎屑颗粒年龄或相关热事件与正常地层层序下老上新($t_1>t_2>t_3>t_4$)的特征相匹配，镜像地反映源区由老到新的去顶剥露序列。传统的碎屑热年代学物源分析法就是基于这一联系，通过解析沉积区碎屑颗粒的年龄组或热事件分布特征，与潜在源区的基岩年龄或热事件进行对比来指示可能的物源信息。其中，由于沉积碎屑样品通常存在混源或混合热动力的影响，其颗粒年龄或热事件通常需要利用高斯或二项式概率密度峰值拟合进行分离(或分组)(图 2.7)。传统的物源分析以应用锆石 U-Pb 定年居多，这是由于锆石的物理化学性质稳定、抗风化、抗蚀变、对 U 同位素及其产物的封闭性好、同位素体系的封闭温度相对高等。但对于低温的裂变径迹或更低温的(U-Th)/He 热年代学的应用而言，除在一定范围内可用于检验地层层序外，主要用于揭示源区热演化或剥露历史(Garver et al.，1999)。

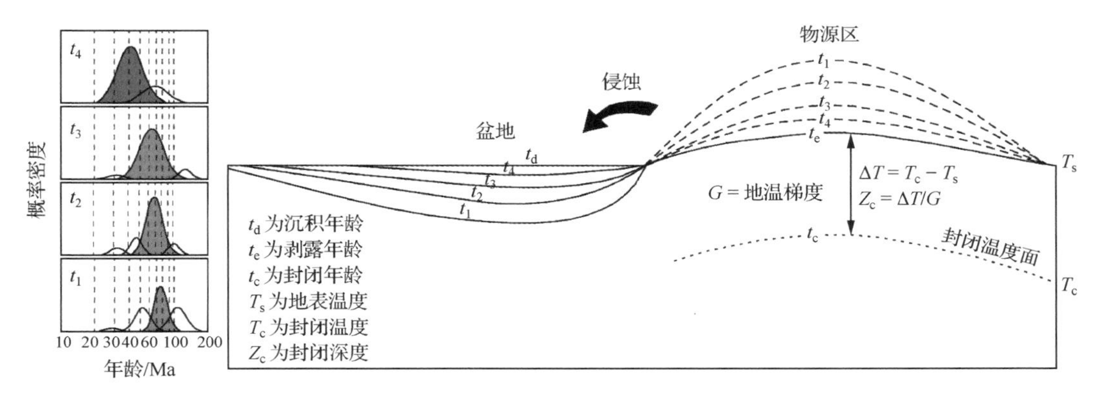

图 2.22 盆-山作用热事件的年代学关系示意图(据 Garver et al.，1999，修改)

从图 2.22 可看出，盆-山作用热事件的对比通常有几个参考的地质时间/年龄和温度点值得考虑：碎屑颗粒的封闭时间/年龄(t_c)和封闭温度(T_c)、剥露于地表的剥露时间/年龄(t_e)和地表温度(T_s)、碎屑被搬运到沉积盆地的地层沉积时间/年龄(t_d)。其中，碎屑颗粒的封闭时间/年龄(t_c)可通过高斯或二项式峰值拟合厘定，不同峰值的冷却/热事件代表不同时期的封闭时间/年龄(t_c)。沉积时间/年龄(t_d)可通过生物地层年龄或古地磁年龄约束。碎屑颗粒在源区的封闭时间/年龄(t_c)和进入沉积盆地后的地层沉积时间/年龄(t_d)之差被定义为延时年龄(lag time，Lg)(Garver et al.，1999；Bernet et al.，2001)，即

$$\mathrm{Lg} = t_c - t_d \tag{2.10}$$

一般说来，在较长的地质尺度上，如果碎屑颗粒从剥露于地表到被搬运沉积的时差可忽略，即考虑 $t_e=t_d$，那么延时年龄(Lg)就相当于物源区剥露事件的持续时间。延时年龄短反映源区的构造活动和快速侵蚀(剥露)作用强，而延时年龄长则意味着碎屑颗粒在源

区经历了相当长的缓慢剥露过程(Ruiz et al.,2004)。剥露速率(ε)可通过延时年龄(Lg)和碎屑颗粒矿物在源区开始计时的封闭深度(Z_c)粗略估算,即

$$\varepsilon = Z_c/\mathrm{Lg} \tag{2.11}$$

其中,封闭深度(Z_c)可粗略估算为封闭深度的温差($\Delta T = T_c - T_s$)与线性地温梯度(G)之商:

$$Z_c = \Delta T/G = (T_c - T_s)/G \tag{2.12}$$

由此获得的源区剥露速率(ε)可认为是考虑一维尺度的平均剥露速率。

利用沉积年龄(t_d)-碎屑颗粒峰值年龄(t_c)关系图(图 2.23)可分析延时年龄(Lg)的变化趋势,评估物源区的剥露过程。图 2.23 中的纵坐标为样品的地层沉积年龄(t_d),横坐标为样品的高斯或二项式峰值拟合的峰值年龄(t_c),虚线为等延时线($t_d = t_c$)。地层自下而上不同样品碎屑颗粒峰值年龄的变化构成了延时年龄(Lg)的变化路径。当延时年龄 L_g<0Ma(图 2.23 阴影部分),意味着地层的沉积年龄可能没有很好地约束或样品经历过完全退火重置,不能反映物源区信息。

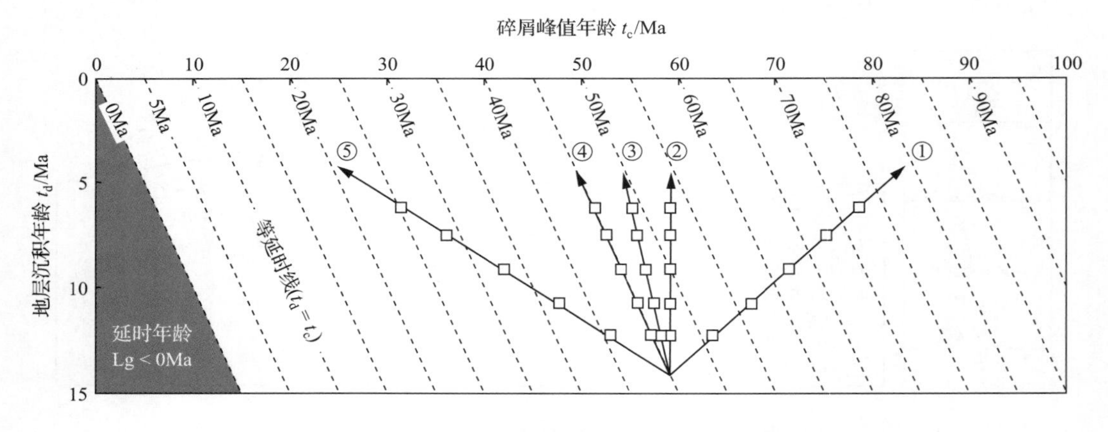

图 2.23 沉积年龄-碎屑颗粒峰值年龄关系图

虚线为等延时线($t_d = t_c$)。①～⑤为碎屑峰值年龄和延时年龄的变化路径。延时年龄 Lg<0Ma(阴影部分),意味着地层的沉积年龄可能没有很好地约束或样品经历过完全退火重置,不能反映物源区信息

Ruiz 等(2004)及 Bernet 和 Garver(2005)归纳了几种可能的碎屑峰值年龄和延时年龄变化路径(图 2.23)。

路径①:地层自下而上的碎屑峰值年龄和延时年龄变大。这一路径意味着物源区存在下老上新的地质层序结构或火山岩层序、盆地为二次沉积或非单一物源,而物源区未遭受完全退火作用影响,造成碎屑颗粒残留了更早的继承性年龄/热事件记录。这种路径不能用于推导源区的剥露速率。

路径②:地层自下而上的碎屑峰值年龄保持不变。意味着碎屑峰值年龄记录了快速淬火的冷却事件(玄武岩熔岩)。

路径③:地层自下而上的碎屑峰值年龄减小,但延时年龄增加。如果源区的封闭深度假定不变,这意味着源区的剥露速率减小;如果源区的剥露速率不变,则意味着地温梯度

下降。

路径④:地层自下而上的碎屑峰值年龄沿着等延时线变化,即延时年龄不变。在不考虑(或忽略)地表抬升的情况下,这意味着源区处于“稳态的冷却/剥露”状态,源区的物质流出和盆地的物质流入相平衡。源区可能为成熟的造山带。如果延时年龄 Lg≈0Ma,代表源区的冷却/剥露过程非常快,但这也可能是由于地层夹杂火山岩而造成快速剥露的假象。

路径⑤:地层自下而上的碎屑峰值年龄和延时年龄减小。延时年龄减小意味着源区的冷却速率增加,源区处于造山作用生长期。源区的平均剥露速率可由式(2.11)和式(2.12)的计算关系获得。

目前,通过沉积碎屑相关的延时年龄(Lg)分析其物源区剥露历史的方法已在阿尔卑斯、安第斯和喜马拉雅等地的盆-山研究中取得了较成功的应用,展示出裂变径迹低温热年代学技术具有较广阔的应用前景。

参考文献

雷永良,龚道好,王先美,等. 2008. 应用裂变径迹不同模式约束岩体冷却史的初步探讨——以滇西独龙江岩体为例. 地球物理学进展,23(2):422-432.

雷永良,贾承造,李本亮,等. 2009. 上扬子西部地区新生代构造活动的低温热年代学特征. 地质科学,44(3):877-888.

张志诚,王雪松. 2004. 裂变径迹定年资料应用中的问题及其地质意义. 北京大学学报(自然科学版),40(6):898-905.

Barbarand J, Carter A, Wood I, et al. 2003. Compositional control of fission track annealing in apatite. Chemical Geology, 198(1):107-137.

Belton D X. 2005. TASC: Theory and application of the track age spectra calculation. Melbourne: The University of Melbourne.

Bernet M, Garver J I. 2005. Fission-track analysis of detrital zircon. Reviews in Mineralogy & Geochemistry, 58: 205-238.

Bernet M, Zattin M, Garver J I, et al. 2001. Steady-state exhumation of the European Alps. Geology, 29: 35-38.

Bojar A V, Neubauer F, Fritz H. 1998. Cretaceous to Cenozoic thermal evolution of the southwestern South Carpathians: evidence from fission-track thermochronology. Tectonophysics, 297(1): 229-249.

Brandon M. 2002. Decomposition of mixed grain age distributions using Binomfit. On Track, 24(8): 13-18.

Braun J. 2002. Quantifying the effect of recent relief changes on age-elevation relationships. Earth and Planetary Science Letters, 200(3): 331-343.

Braun J, van der Beek P, Batt G. 2006. Quantitative thermochronology. Numerical Methods for the Interpretation of Thermochronological Data. New York: Cambridge University Press.

Carlson W D, Donelick R A, Ketcham R A. 1999. Variability of apatite fission-track annealing kinetics I: Experimental results. American Mineralogist, 84(9): 1213-1223.

Dempster T J, Persano C. 2006. Low-temperature thermochronology: Resolving geotherm shapes or denudation histories. Geology, 34(2): 73-76.

Dodson M H. 1973. Closure temperature in cooling geochronological and petrological systems. Contributions to Mineralogy and Petrology, 40:259-274.

Donelick R A. 1991. Crystallographic orientation dependence of mean etchable fission track length in apatite: An empirical model and experimental observations. American Mineralogist, 76: 83-91.

Donelick R A, Ketcham R A, Carlson W D. 1999. Variability of apatite fission-track annealing kinetics Ⅱ: Crystallographic orientation effects. American Mineralogist, 84: 1224-1234.

Donelick R A, O'Sullivan P B, Ketcham R A. 2005. Apatite fission-track analysis. Reviews in Mineralogy & Geochemistry, 58(1): 49-94.

Ehlers T A, Chaudhri T, Kumar S. 2005. Computational tools for low temperature thermochronometer interpretation. Reviews in Mineralogy & Geochemistry, 58(1): 589-622.

England P, Molnar P. 1990. Surface uplift, uplift of rocks, and exhumation of rocks. Geology, 18(12): 1173-1177.

Fitzgerald P G, Sorkhabi R B, Redfield T F, et al. 1995. Uplift and denudation of the central Alaska Range: A case study in the use of apatite fission track thermochronology to determine absolute uplift parameters. Journal of Geophysical Research, 100(B10): 20175-20192.

Fleischer R L, Price P B, Walker R M. 1965. Ion explosion spike mechanism for formation of charged particle tracks in solids. Journal of Applied Physics, 36(11):3645-3652.

Galbraith R F. 1990. The radial plot: graphical assessment of spread in ages. Nuclear Tracks and Radiation Measurements, 17(3): 207-214.

Galbraith R F. 2005. Statistics for Fission Track Analysis. London: Chapman & Hall/CRC: 1-240.

Galbraith R F, Laslett G M. 1993. Statistical-models for mixed fission track ages. Nuclear Tracks Radiation Measurement, 21(4): 459-470.

Gallagher K, Brown R, Johnson C. 1998. Fission track analysis and its application to geological problems. Annual Reviews in Earth and Planetary Science, 26(1): 519-572.

Gallagher K, Stephenson J, Brown R, et al. 2005. Low temperature thermochronology and modeling strategies for multiple samples 1: Vertical profiles. Earth and Planetary Science Letters, 237(1): 193-208.

Garver J I, Brandon M T, Roden-Tice M K, et al. 1999. Exhumation history of orogenic highlands determined by detrital fission track thermochronology. Geological Society. London: Special Publications, 154(1): 283-304.

Gleadow A J W, Brown R W. 2000. Fission track thermochronology and the long-term denudation response to tectonics. Geomorphology and Global Tectonics:57-75.

Gleadow A J W, Duddy I R, Lovering J F. 1983. Fission track analysis: A new tool for the evaluation of thermal histories and hydrocarbon potential. The APEA Journal, 23: 93-102.

Gleadow A J W, Duddy I R, Green P F, et al. 1986. Confined fission track lengths in apatite: A diagnostic tool for thermal history analysis. Contribution to Mineralogy and Petrology, 94(4): 405-415.

Gleadow A J W, Kohn B P, Brown R W, et al. 2002. Fission track thermotectonic imaging of the Australian continent. Tectonophysics, 349(1): 5-21.

Green P F. 1988. The relationship between track shortening and fission track age reduction in apatite: Combined influences of inherent instability, annealing anisotropy, length bias and system calibration. Earth and Planetary Science Letters, 89(3-4): 335-352.

Green P F, Duddy I R. 1989. Some comments on paleotemperature estimation from apatite fission track analysis. Journal of Petroleum Geology, 12(1):111-114.

Green P F, Duddy I R, Gleadow A J W, et al. 1986. Thermal annealing of fission tracks in apatite 1. A qualitative description. Chemical Geology (Isotope Geoscience Section), 59: 237-253.

Hurford A J. 1990. Standardization of fission-track dating calibration: Recommendation by the Fission Track Working Group of the IUGS Subcommission on Geochronology. Chemical Geology (Isotope Geoscience Section), 80(2): 171-178.

Hurford A J, Green P F. 1982. A user's guide to fission track dating calibration. Earth and Planetary Science Letters, 59(2):343-354.

Hurford A J, Green P F. 1983. The zeta age calibration of fission-track dating. Chemical Geology (Isotope Geoscience Section), 41:285-317.

Johnson C. 1997. Resolving denudational histories in orogenic belts with apatite fission track thermochronology and structural data: An example from southern Spain. Geology, 25(7): 623-626.

Ketcham R A. 2005. Forward and inverse modeling of low-temperature thermochronometry data. Reviews in Mineralogy & Geochemistry, 58: 275-314.

Ketcham R A, Donelick R A, Carlson W D. 1999. Variability of apatite fission-track annealing kinetics Ⅲ: Extrapolation to geological time scales. American Mineralogist, 84: 1235-1255.

Ketcham R A, Donelick R A, Donelick M B. 2000. AFTSolve: A program for multi-kinetic modeling of apatite fission-track data. Geological Materials Research, 2(1): 1-32.

Kohn B P, Raza A. 2002. Appendix: Note on safety issues, sample preparation techniques, equipment and consumable requirements and suppliers// Fission Track Dating Methods: Principles and Techniques. Third Edition. Melbourne: School of Earth Sciences, The University of Melbourne: 1-38.

Laslett G M, Kendall W S, Gleadow A J W, et al. 1982. Bias in measurement of fission-track length distributions. Nuclear Tracks and Radiation Measurements, 6: 79-85.

Menzies M, Gallagher K, Yelland A, et al. 1997. Volcanic and nonvolcanic rifted margins of the Red Sea and Gulf of Aden: Crustal cooling and margin evolution in Yemen. Geochimica et Cosmochimica Acta, 61(12): 2511-2527.

Naeser C W. 1979. Thermal history of sedimentary basins: fission-track dating of subsurface rocks. Aspects of Diagenesis. Tulsa, Oklahoma: Society of Economic Paleontologists and Mineralogists: 109-112.

Naeser C W. 1981. The fading of fission tracks in the geologic environment: data from deep drill holes. Nuclear Tracks and Radiation Measurements, 5(1): 248-250.

O'Sullivan P B, Foster D A, Kohn B P, et al. 1996. Multiple postorogenic denudation events: An example from the eastern Lachlan fold belt, Australia. Geology, 24(6): 563-566.

Ruiz G M H, Seward D, Winkler W. 2004. Detrital thermochronology-A new perspective on hinterland tectonics, an example fromthe Andean Amazon Basin, Ecuador. Basin Research, 16(3): 413-430.

Stockli D F. 2005. Application of low-temperature thermochronometry to extensional tectonic settings. Reviews in Mineralogy and Geochemistry, 58(1): 411-448.

第三章　储层自生伊利石 K-Ar 同位素年代测定技术

自生伊利石常常是在油气注入前形成最晚的胶结矿物或形成最晚的胶结矿物之一。由于油气代替地层水从而引起硅酸盐成岩作用，包括自生伊利石生长作用终止，所以自生伊利石年龄将会记录油气注入事件的发生时间并代表油气藏形成的最大年龄。由于可以为油气成藏史研究提供重要的年代学数据，自生伊利石 K-Ar、Ar-Ar，特别是 K-Ar 同位素测年技术受到了国内外广大油气成藏史研究学者的广泛重视并已逐渐成为油气成藏历史研究中的一项重要手段。本章对储层自生伊利石分离提纯和 K-Ar 测年的分析步骤、技术现状进行了详细介绍，并介绍了自生伊利石 K-Ar 同位素定年技术在塔里木盆地志留系、石炭系典型砂岩油气藏中的具体应用实例，最后对该项技术在分析测试和应用中存在的问题进行了讨论。

第一节　自生伊利石分离提纯

自生伊利石分离提纯是油气储层自生伊利石 K-Ar 同位素测年分析的关键环节之一。使自生伊利石得到最大程度的富集和最大限度地剔除碎屑钾长石和碎屑伊利石等碎屑含钾矿物污染是自生伊利石分离提纯的主要目的。从目前情况来看，尽量提取较细粒级的黏土组分可能是实现这一目的的唯一有效途径。

一、国内外技术发展现状

自生伊利石分离提纯及其 K-Ar 同位素年代测定是一项包含内容较多的综合分析测试技术，图 3.1 是其综合分析流程图。该分析流程主要由六个部分组成，包括洗油、利用扫描电镜和 X 射线衍射技术进行样品黏土矿物特征研究、自生伊利石分离提纯、K 含量测定、Ar 同位素比值测定、纯度检测、K-Ar 年龄计算、年龄结果评价和数据处理及“校正年龄”计算等多个环节。

关于小于 2μm 自生伊利石黏土组分的分离与提纯，国内外大多采用高速、超高速离心分离技术，如 Hamilton 等(1989)，首先采用沉降技术分离出小于 2μm 粒级组分，然后采用超高速离心分离技术进一步分离出 2～1μm、1～0.5μm、0.5～0.1μm 和小于 0.1μm 粒级组分(图 3.2)。胡振铎等(1999)采用真空抽滤技术也获得了较好的分离提纯效果。张有瑜和罗修泉等(张有瑜等，2001；张有瑜和罗修泉，2009，2011b)发明的微孔滤膜真空抽滤装置和技术发挥了重要作用，成为中国石油勘探开发研究院石油地质实验研究中心自生伊利石分离提纯实验室的重要基础保障设施之一。该项装置和技术，既设备简单、操作简便、效率较高，又性能可靠、质量较高、稳定性、实用性较强，已获得中国发明专利(ZL 200610090591.1)。

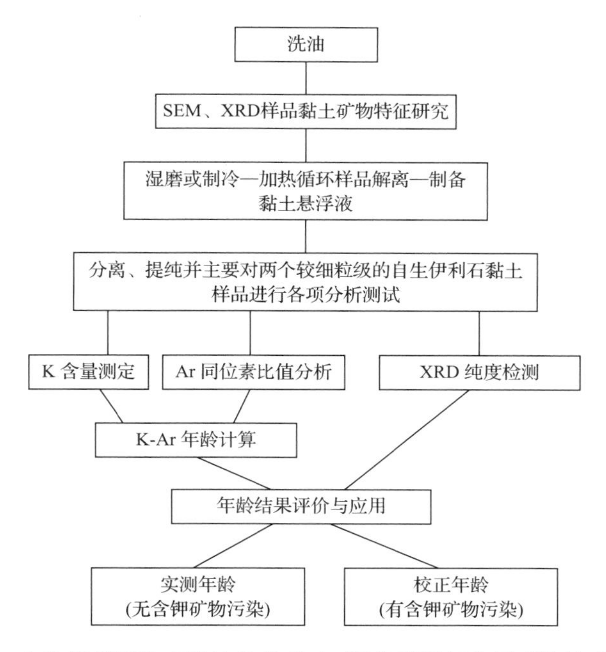

图 3.1 自生伊利石分离提纯及其 K-Ar 同位素测年分析系统技术流程图

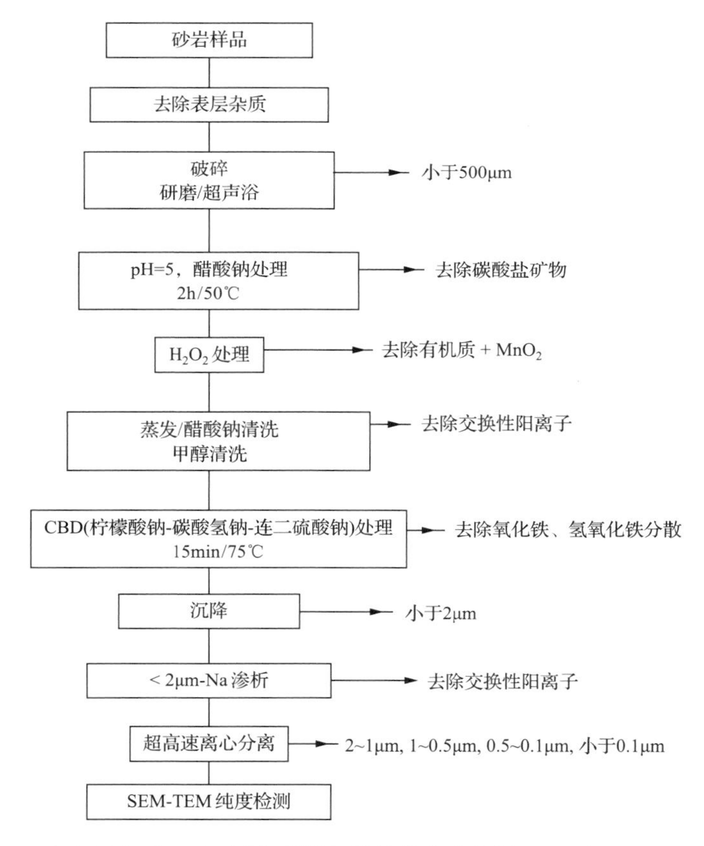

图 3.2 自生伊利石 K-Ar 同位素测年样品分离流程图(Hamilton et al.,1989)

二、技术流程

图3.3是盆地构造与油气成藏重点实验室的自生伊利石分离提纯基本技术流程图。该技术流程充分发挥了沉降分离技术、离心分离技术和微孔滤膜真空抽滤技术的技术特点并使之形成有机结合，从而获得最佳效果，既效率高，又质量好。利用本技术流程可以分别提取1～0.5μm、0.5～0.3μm、0.3～0.15μm和小于0.15μm等连续不同的粒级组分。在实际操作中可根据所欲分离提取的粒级、实验室设备条件和具体样品情况对本技术流程进行适当调整。

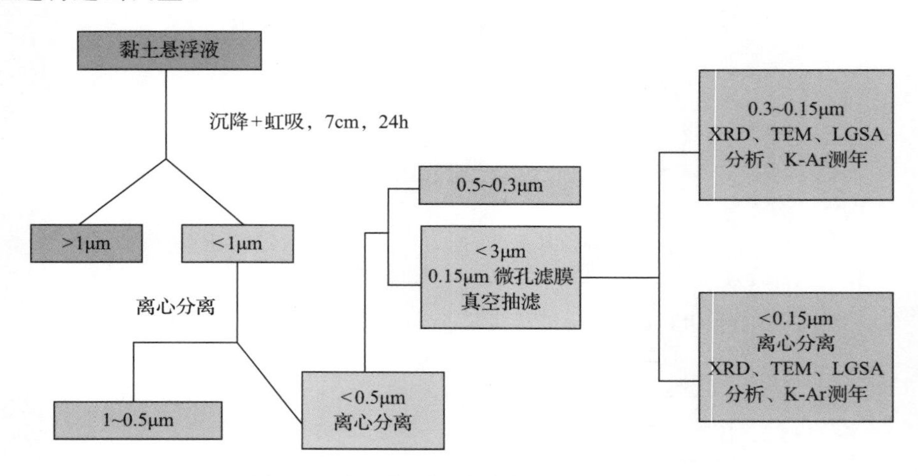

图3.3　自生伊利石分离提纯技术流程图

XRD为X射线衍射；TEM为透射电镜；LGSA为激光粒度

图3.4是实验室自行设计组装的自生伊利石分离提纯真空抽滤装置，主要由以下六部分组成：①真空泵；②缓冲瓶；③电磁阀；④双咀三角抽滤瓶；⑤不锈钢微孔滤膜真空抽滤漏斗；⑥混合纤维素酯微孔滤膜（滤膜直径φ=150mm，孔径分别为0.45μm、0.3μm、0.15μm）。图3.5是不锈钢微孔滤膜真空抽滤漏斗结构示意图。

混合纤维素酯微孔滤膜应按照产品说明经过处理后才可使用，处理方法是先将滤膜平放在盛有70℃左右蒸馏水容器中浸泡约4h，将水倾出后，再用上述方法浸泡12h。

抽滤过程中，应及时用油画板刷（2cm）对黏土样品进行收集，避免黏土样品积累过多，从而影响抽滤效果。收集时，应小心仔细，以免将滤膜划破。

真空抽滤系统在提取较细粒级（0.3～0.15μm）自生伊利石黏土组分方面具有非常明显的优越性，因为对于储层砂岩来说，0.3～0.15μm粒级组分含量较少，其黏土悬浮液浓度非常低，采用高速离心机分离既相当繁琐又非常费时，而采用微孔滤膜真空抽滤技术则可以较为轻松地达到目的。

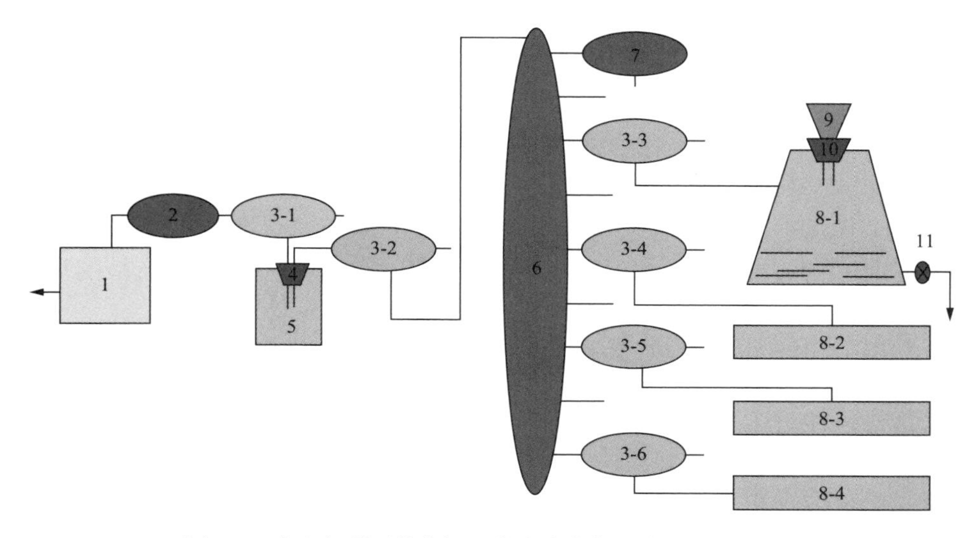

图 3.4 自生伊利石分离提纯微孔滤膜真空抽滤系统示意图

1. 机械真空泵；2. 电磁隔断放气阀；3-1、3-2、3-3、3-4、3-4、3-6. 三通玻璃阀，6 个，其中 3-1～3-6 均为三通玻璃阀；4. 胶皮塞，13 号；5. 缓冲瓶；6. 九通电磁阀；7. 二通玻璃阀；8-1、8-2、8-3、8-4. 双嘴三角抽滤瓶，4 个，8-2、8-3、8-4 的构成和连接同 8-1；9. 不锈钢微孔滤膜真空抽滤漏斗；10. 胶皮塞，12 号；11. 止水夹

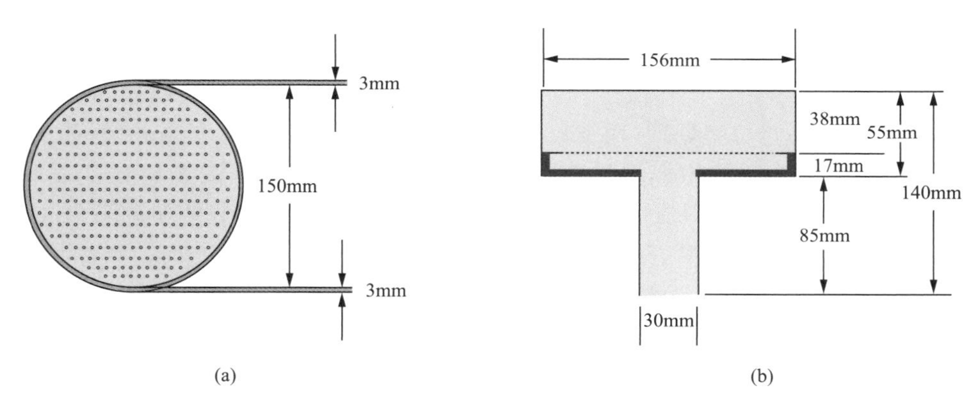

图 3.5 不锈钢微孔滤膜真空抽滤漏斗结构示意图

(a) 俯视图；(b) 剖视图

三、纯度检测

对于自生伊利石 K-Ar 同位素测年技术，自生伊利石黏土样品的分离提纯质量是决定其成功与否的关键。最为理想的样品是基本上由自生伊利石组成，不含或基本不含碎屑钾长石和碎屑伊利石。所以，在进行 K-Ar 年龄测定之前，必须对待测黏土粉末（自生伊利石）样品进行纯度检测，即利用 X 射线衍射分析（XRD）和透射电子显微镜（TEM）对待测样品进行伊利石成因类型定性、定量分析，并对碎屑钾长石的分布情况进行定性分析。自生伊利石的分析鉴定，说到底是属于黏土和黏土矿物的分析鉴定范畴。关于黏土

与黏土矿物的扫描电镜(SEM)分析技术和X射线衍射定性、定量分析技术以及常规黏土分离技术包括黏土悬浮液的制备、Stokes沉降法则、沉降虹吸分离技术和离心分离技术等,感兴趣的读者请参考有关专著和文献,如赵杏媛和张有瑜(1990),这里不作介绍。

对于自生伊利石K-Ar年代学研究,纯度检测具有非常重要的意义。因为从理论上讲,对于任何一个地质样品来说,一般都会测出一个实测年龄,而且由于各种复杂因素的综合影响,这个实测年龄还可能会与期望值比较接近,从而产生错觉。因此,只是在具体数值上与期望值接近或一致是远远不够的,没有坚实的矿物学实验数据支持的年龄数据是没有实际意义的。

首先利用X射线衍射仪,如Rigaku D/max-2000 X射线衍射仪等,获取自然定向样品的XRD谱图,然后利用乙二醇饱和处理定向样品进行膨胀性分析与鉴定,并利用MDI(material data incorporated)Jade 5.0 XRD分析软件中的分峰技术,对样品进行伊利石成因类型鉴定。自生伊利石黏土样品XRD纯度检测是黏土矿物常规XRD定性、定量分析的进一步延伸。关于黏土矿物常规XRD定性、定量分析,感兴趣的读者可以参阅《黏土矿物与黏土矿物分析》中的有关章节(赵杏媛和张有瑜,1990),这里不作详细介绍。

黏土矿物,特别是间层黏土矿物,由于其特征衍射峰集中分布在低角度区域,从而产生了非常突出的衍射峰重叠问题。为了得到良好结晶伊利石(well-crystallized illite, WCI),即$2M_1$多型伊利石(通常被称作为碎屑伊利石)的可信面积,必须对XRD谱图进行分峰处理。关于这一问题,Lanson和Velde(1992)、Lanson(1997)、Kirsimae等(1999)及Velde和Peck(2002)进行了详细论述。图3.6是塔里木盆地塔中隆起塔中67井志留系沥青砂岩(S_1^3,4643m)不同粒级伊利石黏土样品的XRD谱图及其分峰处理的成果图。从图中可以看出,通过分峰处理,两个较粗粒级(1~0.5μm和0.5~0.3μm)样品的XRD谱图可以分解出碎屑伊利石峰,含量分别为7%和5%[图3.6(a)、图3.6(b)],而两个较细粒级(0.3~0.15μm和<0.15μm)样品的XRD谱图则分解不出碎屑伊利石峰,表明其为100%的自生伊利石/蒙皂石(I/S)有序间层,即通常所说的自生伊利石[图3.6(c)、图3.6(d)]。与此对应,两个较粗粒级样品的年龄稍大,分别为291Ma和245Ma,两个较细粒级样品的年龄相对较小,分别为234Ma和224Ma,说明含有少量碎屑伊利石可能是导致两个较粗粒级样品年龄偏大的主要原因,两个较细粒级样品的年龄基本上代表的是自生I/S有序间层,即自生伊利石的年龄,可能反映早期油气注入事件,代表古油藏的最早成藏期。由此可见,XRD谱图分峰处理技术为年龄数据的解释与应用奠定了坚实的矿物学基础,具有较好的应用前景。

TEM观察是对伊利石黏土样品进行纯度检测的另外一种有效手段。具体做法是,首先取一滴黏土悬浮液并将其滴到显微炭网(格栅)上,令其自然风干,然后利用透射电镜,如JEOL 2010 TEM(200kV),对矿物颗粒(包括黏土矿物和非黏土矿物)进行形貌观察与研究,并利用联机能谱仪(EDS)进行成分分析,从而作出准确的矿物鉴定。同样,关于含油气盆地黏土矿物的TEM观察与研究,国内开展的相对较少,仅有少量的资料可供参考,如赵杏媛等(2001)、徐同台等(2003)、张有瑜等(2004,2007),感兴趣的读者可以参阅Sudo等(1981)的专著。

对于伊利石黏土样品的纯度检测,XRD可以给出定量数据,但不能给出形貌特征;

TEM 可以给出形貌特征，但不能给出定量信息，两种技术相互结合，则可以获得较好的应用效果。

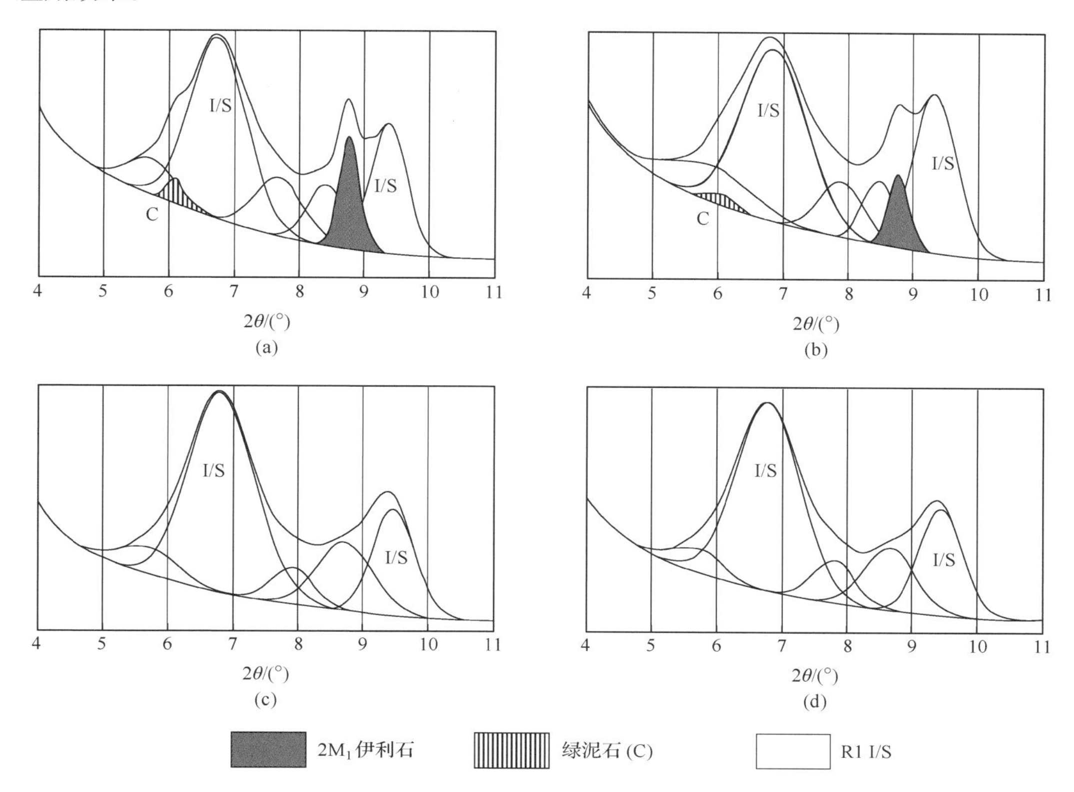

图 3.6 塔里木盆地塔中 67 井志留系沥青砂岩伊利石 XRD 谱图(EG 片)及其成因类型鉴定

(a)1～0.5μm；(b)0.5～0.3μm；(c)0.3～0.15μm；(d)小于 0.15μm。EG 片为乙二醇饱和处理定向样品(片)；R1 代表 ISISISIS 有序间层作用类型(赵杏媛和张有瑜，1990)；图中的三个小子峰(空白峰)可以称之为附加峰，由于 I/S 峰并不总是理想的高斯函数，所以，有时必须要引入附加峰，才能获得最佳的拟合效果

第二节 K-Ar 法年龄测定

自生伊利石 K-Ar 同位素测年在国外是 20 世纪 80 年代中后期发展起来的一项新技术，Lee(1985)、Hamilton 等(1989，1992)和 Hamilton(2003)对该项技术及其在探讨油气成藏史中的应用进行了系统研究。国内，张有瑜(1990)对该项技术进行了简要介绍。从 1998 年开始，中国石油勘探开发研究院石油地质实验研究中心 Ar 同位素年代实验室对该项技术进行了深入全面的系统研究，在理论认识、实验技术及实际应用等各个方面均取得了一系列重要进展(张有瑜等，2001，2002，2004，2007，2014a，2014b；Zhang et al.，2005，2011；张有瑜和罗修泉，2009，2011a，2011b，2012)。王飞宇等(1998)、辛仁臣等(2000)、王红军和张光亚(2001)、高岗等(2002)、赵靖舟和田军(2002)、黄道军等(2004)、张忠民等(2005，2006)、崔军平等(2007)、邹才能等(2007)、肖晖等(2008)、刘四兵等(2009)也都对该项技术进行了探索性研究并获得了较好的应用效果。

从理论上讲，自生伊利石 K-Ar 同位素年龄测定实际上是 K-Ar 法同位素年龄测定技术在测定自生伊利石年龄上的具体应用。因此，自生伊利石 K-Ar 同位素年龄测定与 K-Ar 法同位素年龄测定的方法原理是一致的。

作为同位素年代地质学的一个重要分支，K-Ar 法同位素年龄测早在 1950 年前后就已经成为广泛采用的测量含钾矿物或岩石年龄的重要方法。关于 K-Ar 法同位素年龄测定的方法原理，论述文献较多，比较经典的如福尔(1983)，近期的如陈文寄和彭贵(1991)、李志昌等(2004)的文章，感兴趣的读者可以参阅，这里只作简单介绍。

一、基本原理

钾是自然界中分布最广泛的元素之一。钾元素有三个同位素，分别是^{39}K、^{40}K 和 ^{41}K，其中的^{40}K 是放射性同位素，可以通过放射性衰变产生^{40}Ar。钾的三个同位素的相对丰度在现代实验室分析误差范围内可以认为是一个常数，分别是：$^{39}K=93.2581$、$^{40}K=0.01167$、$^{41}K=6.7302$(原子比，%)(Steiger and Jager，1977)。

氩是惰性气体，自然界中的氩主要存在于大气中。空气中的氩含量为 0.93%(体积比)。氩有三个同位素：^{36}Ar、^{38}Ar 和^{40}Ar。在实验误差范围内，大气氩的同位素组成也可以认为是个常数。Nier(1950)测定的现代空气氩同位素丰度是：$^{36}Ar = 0.337\%$、$^{38}Ar = 0.063\%$和$^{40}Ar = 99.600\%$，$^{40}Ar/^{36}Ar = 295.5$(原子比)。

矿物、岩石等地质体中，由于^{40}K 的放射性衰变不断产生^{40}Ar。这部分自矿物、岩石结晶后形成的氩，称为放射成因氩，通常表示为$^{40}Ar^*$。通过测定岩石、矿物中的母体同位素^{40}K(或钾元素)和子体同位素^{40}Ar(或氩元素)含量和氩同位素比值，根据放射性衰变定律或 K-Ar 年龄计算公式便可以计算出矿物、岩石形成封闭体系以来的时间，即矿物、岩石形成以来的年龄

$$t = \frac{1}{\lambda}\ln\left[\frac{^{40}Ar^*}{^{40}K}\left(\frac{\lambda}{\lambda_e}\right)+1\right]$$

式中，$\lambda=5.543\times10^{-10}/a$；$\lambda_e=0.581\times10^{-10}/a$；$^{40}K=1.167\times10^{-4}mol/g$。

利用上面的年龄公式进行计算，必须在以下假设条件得到满足时，所计算出的 t 值才能代表岩石、矿物的年龄：①恒定的现代$^{40}K/K$ 比值；②自岩石、矿物形成以后，一直保持为封闭体系，没有 K 或 Ar 的获得或丢失，也就是说，在岩石、矿物形成以后没有发生过钾或氩的带入或带出；③岩石、矿物形成时所携带的氩同位素比值，尤其是$^{40}Ar/^{36}Ar$，应与现代大气中的氩同位素比值相同，也就是说可以用现代大气氩同位素比值来校正样品形成时的非年龄意义的^{40}Ar，或者说经过大气校正以后，样品在形成时的放射成因^{40}Ar 应为零，即无过剩氩；④样品中不含其他含钾矿物杂质，即无含钾矿物污染。

对于大多数油气储层中的自生伊利石而言，第①、②、③条假设条件基本上可以满足，第④条则要求所分析的自生伊利石样品的纯度一定要非常高，不含任何碎屑含钾矿物相。

碎屑含钾矿物污染对自生伊利石 K-Ar 同位素年龄具有非常大的影响，即便是含量非常少，也会使自生伊利石的 K-Ar 同位素年龄产生较大的偏差。图 3.7 表明，对于年龄为 50Ma 的自生伊利石样品，如果含有含量仅为 2wt%的年龄为 450Ma 的碎屑白云母污

染物，则实测年龄大约为 59Ma，由此而引起的年龄偏差高达 20%。从图 3.7 还可以看出，污染矿物相的年龄越大，所产生的偏差越大，同样是对于年龄为 50Ma 的自生伊利石样品，如果其污染物为年龄为 1000Ma 的碎屑钾长石，即便是其含量只有 3wt%，也会使实测年龄高达 97.5Ma。由此可以看出，即便是数量非常少的碎屑含钾矿物污染，也会产生极不正确的实测年龄。显然，对于自生伊利石 K-Ar 同位素测年，彻底剔除碎屑含钾矿物污染是决定其成功与否的关键之一。

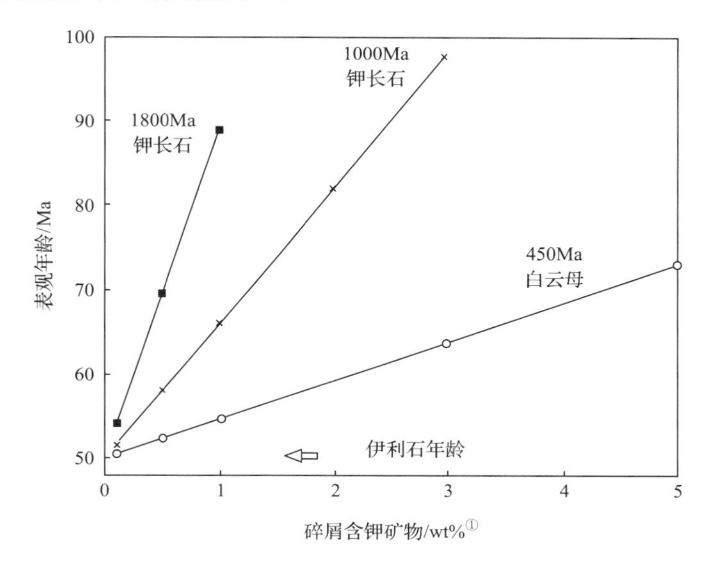

图 3.7 年龄为 50Ma 的自生伊利石(7.5wt%K)与不同含量年龄分别为 450Ma 的碎屑白云母(7.7wt%K)、1000Ma 的碎屑钾长石(10wt%K)和 1800Ma 的碎屑钾长石(10wt%K)混合的样品的表观 K-Ar 年龄(Hamilton et al.,1989)

二、实验方法和技术

在 K-Ar 法的发展过程中，主要采用体积法、同位素稀释法、慢中子法和快中子法等几种实验方法。其中，前三种方法都需要对 K 和 Ar 采用不同的实验手段分别进行测量，而第四种方法则是利用快中子活化反应把 ^{39}K 转化为 ^{39}Ar 后，把它和 Ar 的其他同位素用同一种方法进行测量。前者一般称为常规 K-Ar 法，后者一般称为 ^{40}Ar-^{39}Ar 法或快中子活化法。自生伊利石 K-Ar 法、Ar-Ar 法是常规 K-Ar 法、Ar-Ar 法的发展和延伸。这里重点介绍自生伊利石 K-Ar 法。

从图 3.8 可以看出，对于自生伊利石 K-Ar 测年而言，整个实验流程可以分为四个大的步骤，即自生伊利石分离、测 K、测 Ar 和年龄计算。测 K、测 Ar 指的是直接测定样品中的 K 含量和放射性 ^{40}Ar 含量。^{40}K 含量是通过测定样品的 K 含量，然后利用常数 $^{40}K/K=1.167\times10^{-4}$(原子比)计算得出。

---

①为尊重行业习惯，本书采用 wt%表示质量分数。

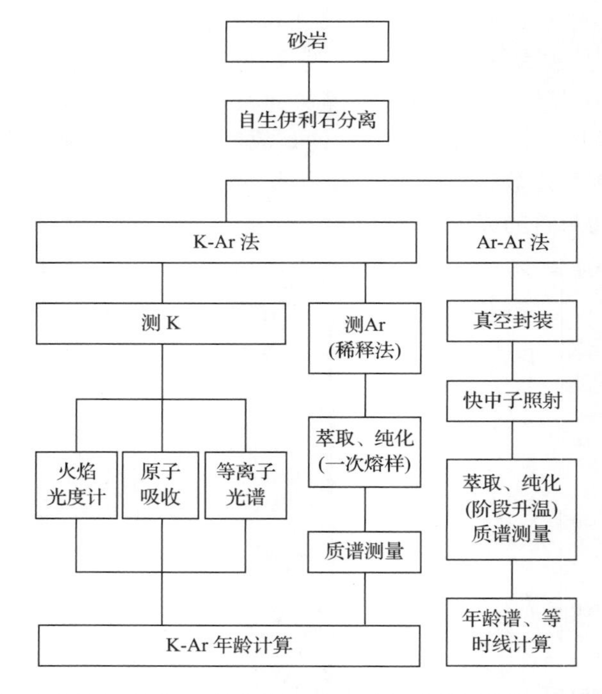

图 3.8 自生伊利石 K-Ar 法和^{40}Ar-^{39}Ar 法同位素年龄测定实验流程图

(一) K 含量测定

K 含量测定是岩石矿物化学全分析中的常规项目之一。由于 K-Ar 法对 K 含量测量值的准确度和精确度有特殊的要求,需要对样品中的 K 含量作专门的单项测定。目前,国内主要采用的是火焰光度计、原子吸收光谱和等离子光谱。原子吸收光谱法是一种使用时间较长的经典方法,具有快速、灵敏、准确等优点,由于各元素具有吸收特定波长谱线的特性,因此一般没有谱线干扰和化学干扰,可以在溶样后,不经化学提纯,直接进行测定。等离子光谱法是近期发展起来的一种新方法,其特点是更加简便、快速,而且精度更高。

K 含量测定精度直接影响 K-Ar 年龄的精确性。对 K 含量很低的年轻样品,这种影响更加明显。根据我国原地质矿产部颁布的行业标准(DZ/T 0184.7—1997),常规 K-Ar 法年龄测定对测 K 精度要求是:在 K 含量不小于 1wt%时,测定误差应小于±1%;当 K 含量为 0.1wt%~1wt%时,测定误差应为±2%~±4%;在 K 含量小于 0.1wt%时,测定误差应为±4%~±10%(罗修泉,1998)。

(二) Ar 同位素比值测定

岩石、矿物中的放射成因 Ar 含量很低,特别是年轻且 K 含量较低的样品更是如此。因此,准确测定 Ar 含量是 K-Ar 法的关键。关于 Ar 含量的测定,目前国内主要使用的是稀释法(图 3.8)。稀释法也就是所谓的同位素稀释法,是同位素测年中最常用的方法。

不同的同位素测年方法采用不同的稀释剂，如氩、锶、铅和钕等。

Ar同位素稀释法的基本原理是在从样品萃取的Ar气中加入已知量的^{38}Ar稀释剂作为标尺，用质谱计测量经过纯化后的混合气体中的^{40}Ar、^{38}Ar和^{36}Ar丰度，对其中的^{40}Ar进行大气氩校正，并以^{38}Ar作为标尺，计算出样品中放射成因氩（$^{40}Ar^*$）的含量。

Ar含量测定一般包括三个步骤，首先是Ar的萃取，其次是Ar的纯化，最后是Ar的测量。Ar的萃取就是利用加热熔样的办法，把Ar从岩石矿物中萃取出来。加热熔样是在高真空系统中进行的，萃取和纯化系统的真空度一般为10^{-6}～10^{-7}Pa，质谱计的真空度为10^{-7}～10^{-8}Pa。同时，在萃取过程中，加入准确定量的^{38}Ar稀释剂。从样品中萃取的气体中含有大量的活性气体，如O_2、H_2、N_2、H_2O、CO_2等，其总量远大于Ar。因此，在测量之前，必须利用海绵钛、锆铝吸气泵等纯化技术和方法把各种活性气体吸附掉。最后则是将经过纯化的混合气体（样品氩和^{38}Ar稀释剂）通入质谱计进行测量。质谱计测量的是Ar同位素比值，即$^{40}Ar/^{38}Ar$和$^{38}Ar/^{36}Ar$。实际样品测量过程中，在每次测量之前，都要用标样对仪器进行稳定性检测。所用标样一般主要为黑云母标样（ZBH-25，国内标样，标准年龄为133.2Ma；或LP-6，国际标样，标准年龄为128.9Ma）。

（三）K-Ar同位素年龄计算

首先根据所测定的K含量和$^{40}Ar/^{38}Ar$、$^{38}Ar/^{36}Ar$比值，分别计算出^{40}K含量和放射性^{40}Ar含量（$^{40}Ar^*$），然后利用年龄计算公式便可以计算出K-Ar年龄。年龄误差考虑了样品称重误差、$^{40}Ar/^{38}Ar$和$^{38}Ar/^{36}Ar$测量误差及K含量测定误差。误差范围可以是$\pm 2\sigma$Ma或$\pm\sigma$Ma，本实验室的年龄数据误差为$\pm\sigma$Ma。

第三节　应用实例——塔里木盆地典型砂岩油气成藏年代探讨

塔里木盆地是一个大型复合叠合盆地，共有12个一级构造单元（图3.9），目前已在寒武系、奥陶系、志留系、泥盆系、石炭系、三叠系、侏罗系、白垩系、古近系和新近系10个层系中发现了工业油气流，除了寒武系和奥陶系主要为碳酸盐岩储层外，其余8套均主要为砂岩储层。

塔里木盆地砂岩油气藏大多是经历过多期生、排烃，多期油气运移，多期成藏和多期调整与破坏的复杂油气藏。油气藏成藏期研究是油气勘探的重要研究内容之一。不同的学者利用不同的方法如供烃中心，运聚方式（王红军和张光亚，2001），成藏模式（田作基等，2001；赵靖舟和李启明，2001），油-气-水界面追溯法（邓良全等，2000；赵靖舟和李启明，2001），含油气系统（李小地等，2000；周兴熙，2000；赵靖舟和李启明，2001）和流体包裹体分析方法（赵靖舟，2002）等从不同的角度对塔里木砂岩油气藏的成藏史进行了深入研究并获得了较为明确的初步认识。张有瑜和罗修泉（2004，2012）利用自生伊利石K-Ar同位素测年技术对塔里木盆地典型砂岩油气藏油气充注史进行了探讨。

这里将重点对志留系沥青砂岩、石炭系东河砂岩段—含砾砂岩段（C_{III}油组）油气储层进行系统分析与研究，并在与邻区、邻井资料进行对比的基础上，结合常规地球化学分析

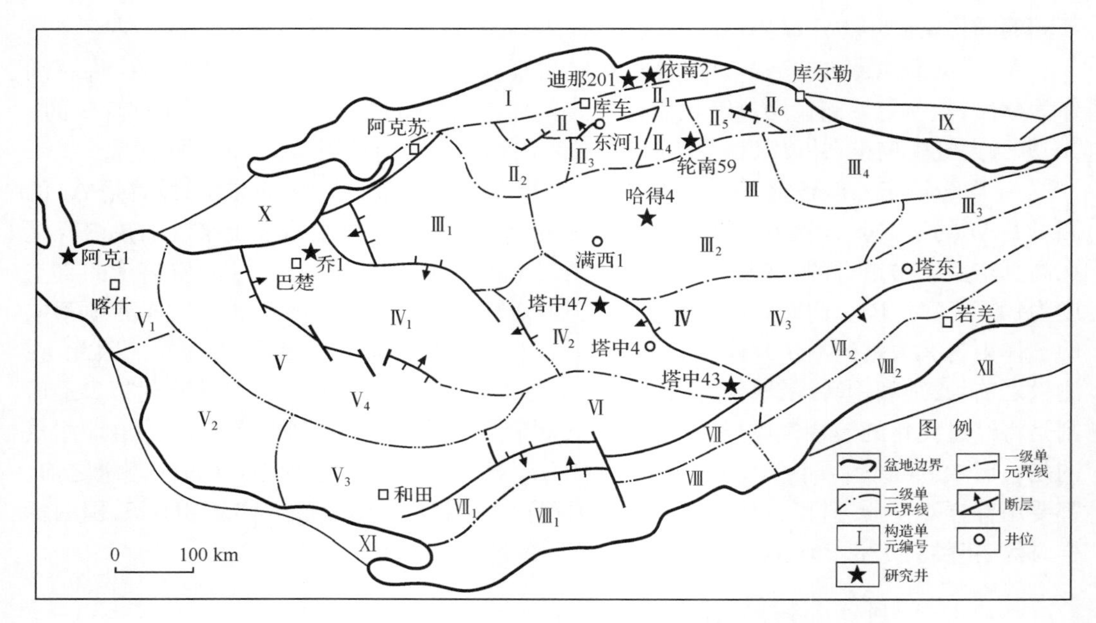

图 3.9　塔里木盆地构造区划图及部分研究井井位图(据贾承造,1997)

Ⅰ.库车拗陷;Ⅱ.塔北隆起:Ⅱ1.轮台凸起,Ⅱ2.英买力低凸起,Ⅱ3.哈拉哈塘凹陷,Ⅱ4.轮南低凸起,Ⅱ5.草湖凹陷,Ⅱ6.库尔勒鼻状凸起;Ⅲ.北部拗陷:Ⅲ1.阿瓦提凹陷,Ⅲ2.满加尔凹陷,Ⅲ3.英吉苏凹陷,Ⅲ4.孔雀河斜坡;Ⅳ.中央隆起:Ⅳ1.巴楚断隆,Ⅳ2.塔中低凸起,Ⅳ3.塔东低凸起;Ⅴ.西南拗陷:Ⅴ1.喀什凹陷,Ⅴ2.叶城凹陷,Ⅴ3.和田凹陷,Ⅴ4.麦盖提斜坡;Ⅵ.塘古孜巴斯拗陷;Ⅶ.塔南隆起:Ⅶ1.民丰北凸起,Ⅶ2.罗布庄凸起;Ⅷ.东南拗陷:Ⅷ1.民丰凹陷,Ⅷ2.若羌凹陷;Ⅸ.库鲁克塔格断隆;Ⅹ.柯坪断隆;Ⅺ.铁克力克断隆;Ⅻ.阿尔金山断隆

方法的成藏史研究成果及黏土矿物特征对其地质意义进行初步探讨,而对三叠系、志留系、白垩系和古近系、新近系等,暂不予讨论。

一、志留系沥青砂岩

志留系沥青砂岩是塔里木盆地的重要砂岩储层之一,主要分布在塔中(中央)隆起、北部拗陷和塔北隆起等部分地区。迄今为止,塔里木盆地志留系油气勘探在三个二级构造带均已获得重要突破。塔中隆起钻遇沥青砂岩的井已达35口以上,并在塔中11井、塔中47井获得工业油气流或低产油气流,塔中10井、塔中12井、塔中30井等井获少量液体原油并可望获得工业油气流,塔中23井、塔中67井、塔中32井等井中见到良好的油气显示;北部拗陷孔雀1井中途测试获日产天然气3941m^3;塔北隆起相继在英买34井、英买35井和英买35-1井等发现高产或工业油气流,并在哈6井获油气显示。

塔中地区志留系地层自下而上主要发育五个岩性段,分别是暗色泥岩段(常缺失)、下砂岩段、红色泥岩段、上砂岩段和上泥岩段,沥青砂岩主要分布在下砂岩段,所以下砂岩段也称为沥青砂岩段。沥青砂岩与上覆地层红色泥岩段、上砂岩段和上泥岩段呈整合接触,与下伏地层寒武系—奥陶系泥灰岩、灰岩(区域主力烃源岩)呈不整合接触。下志留统红色泥岩、沥青砂岩和寒武系—奥陶系泥灰岩、灰岩构成完整的生储盖组合(图3.10)。北部拗陷孔雀河斜坡孔雀 1 井的志留系沥青砂岩也是主要分布在下砂岩段。塔北隆起轮台凸起英买 34 井、英买 35 井、英买 35-1 井和哈拉哈塘凹陷哈 6 井的志留系沥青砂岩均没有作进一步的岩性段划分。

塔中地区的志留系沥青砂岩可以进一步划分为三个岩性段，即上部砂岩、中部泥岩和下部砂岩，也被称为上沥青砂岩段、灰色泥岩段和下沥青砂岩段，其中的下部砂岩，也即下沥青砂岩段是目前志留系最有利的勘探层位（图 3.10）。下沥青砂岩段主要为风暴控制下的一套海侵滨岸-陆棚沉积，岩石类型主要为石英砂岩、岩屑砂岩，储层物性相对较好。下沥青砂岩段主要为低孔、低渗储层，不同井区差异较大，塔中 47 井较好，平均孔隙度为 11.9%（2.9%～20.1%），平均渗透率为 163.84mD（0.03～3063mD），塔中 20 井较差（位于塔中 12 井北西约 45km），平均孔隙度为 4.52%（2.1%～7.8%），平均渗透率为 0.15mD（0.01～0.52mD），塔中 12 井中等，平均孔渗分别为 10.04%（4.82%～15.55%）和 8.02mD（0.1～96.38mD）。自生伊利石 K-Ar 同位素年龄测定样品主要是采自下沥青砂岩段，岩石类型主要为灰黑色含油层状沥青砂岩，具层理构造，含黑色稠油层为黑色，黑色沥青均匀分布在粒间孔隙中，不含油层为灰色、浅灰色[图 3.11(a)、图 3.11(b)]，粒度变化相对较大，粗者为细砂岩如塔中 67 井，细者以粉-细砂岩为主，如塔中 12 井，部分为灰色粉砂岩如塔中 37 井。

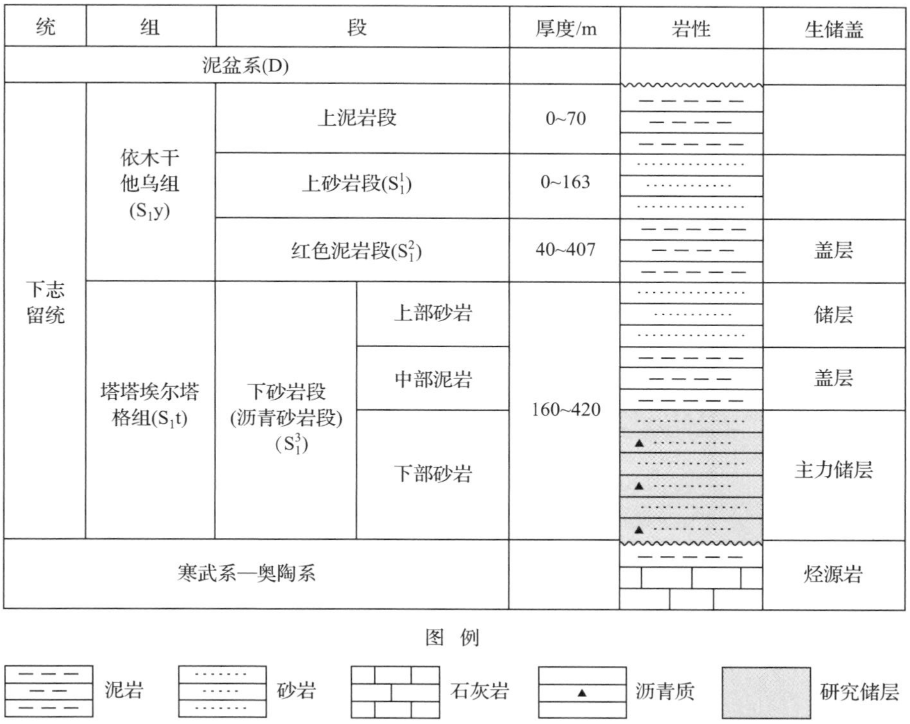

统	组	段		厚度/m	岩性	生储盖
泥盆系(D)						
下志留统	依木干他乌组(S_1y)	上泥岩段		0~70		
		上砂岩段(S_1^1)		0~163		
		红色泥岩段(S_1^2)		40~407		盖层
	塔塔埃尔塔格组(S_1t)	下砂岩段(沥青砂岩段)(S_1^3)	上部砂岩	160~420		储层
			中部泥岩			盖层
			下部砂岩			主力储层
寒武系—奥陶系						烃源岩

图　例

泥岩　砂岩　石灰岩　沥青质　研究储层

图 3.10　塔里木盆地塔中凸起下古生界简化地层柱状图

塔北隆起轮台凸起英买34井、英买35井、英买35-1井志留系沥青砂岩的岩石类型主要为石英砂岩和岩屑石英砂岩，岩石致密、孔渗性较差，平均孔隙度约为5.2%(0.52%～11.2%)，英买35井平均为5.53%；英买35-1井平均为5.18%；平均渗透率为3.83mD(0.011～396mD)，总体为特低孔、特低渗储层。自生伊利石K-Ar同位素年龄测定样品，英买力地区主要为含油、油斑、荧光细砂岩，个别为中砂岩(英买11井)，哈6井为黑色沥青砂岩。

鉴于对志留系沥青砂岩的层位、岩性段划分与命名并未完全统一，并且层位相近，为了便于描述，这里只简单地统一将其划归为下志留统(S_1)。

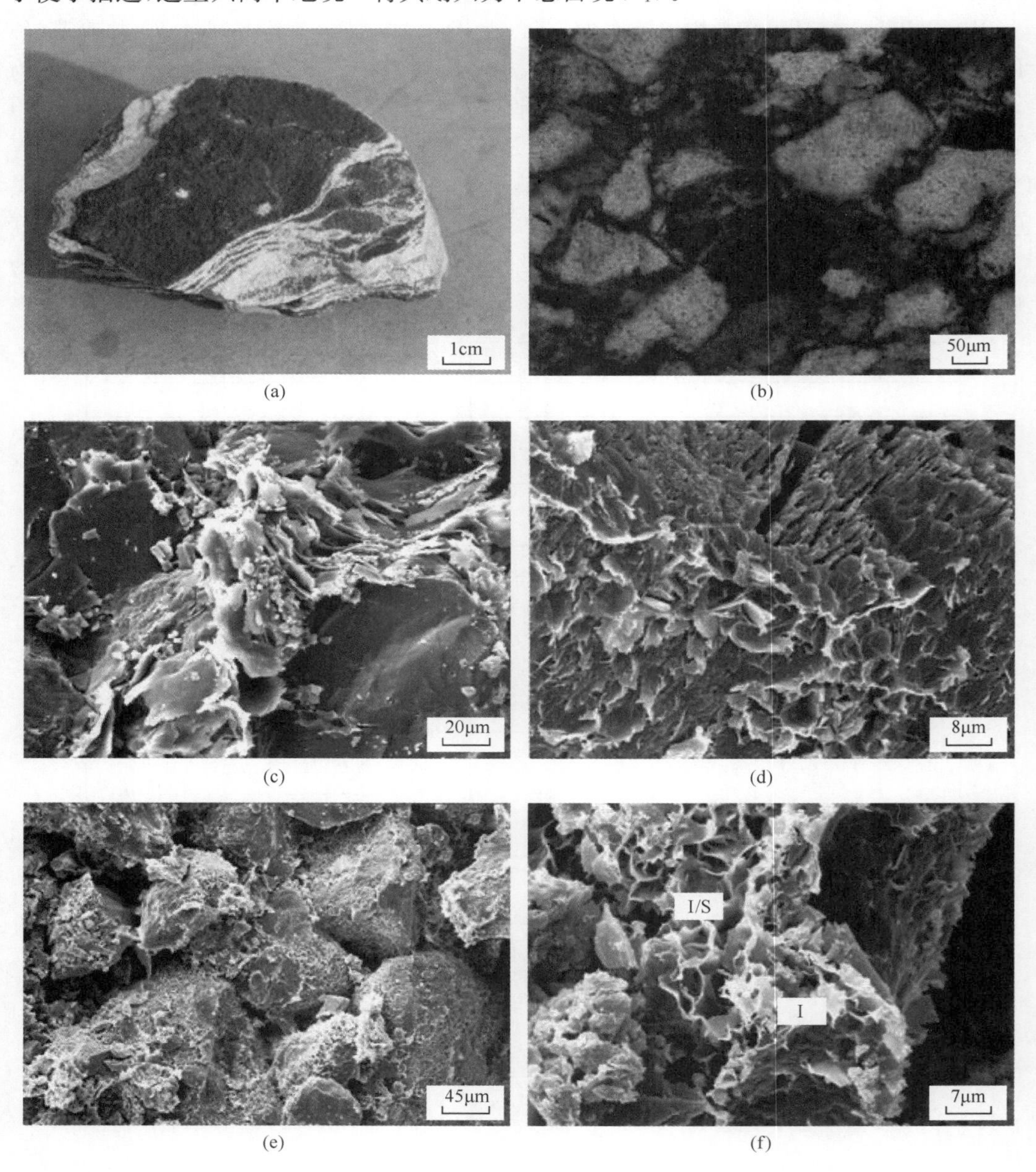

(g)　　　　(h)

图 3.11　塔里木盆地志留系(S_1)沥青砂岩黏土矿物特征

(a)灰黑色层状沥青砂岩,塔中 67 井,4642.78m;(b)沥青质(黑色)均匀分布在粒间孔隙中,灰黑色层状沥青砂岩,塔中 12 井,4380.40m,岩石薄片,单偏光,放大倍数为 20;(c)粒间片状 I/S 有序间层,荧光细砂岩,英买 35 井,5588.70m,SEM;(d)粒表片丝状 I/S 有序间层与长石淋滤,沥青砂岩,哈 6 井,6311.10m,SEM;(e)粒表蜂窝状 I/S 有序间层,灰黑色沥青砂岩,塔中 67 井,4642.78m,SEM;(f)粒表蜂窝状 I/S 有序间层和丝状伊利石(I),灰黑色沥青砂岩,塔中 67 井,4642.78m,SEM;(g) 粒间六方板状、书状、蠕虫状高岭石,含油细砂岩,英买 34 井,5388.70m,SEM;(h)粒间片状高岭石,沥青砂岩,哈 6 井,6307.10m,SEM

SEM 分析表明,塔里木盆地志留系沥青砂岩储层中的黏土矿物主要为 I/S 有序间层,见有少量的丝状伊利石,个别井含有较多的高岭石或绿泥石。I/S 有序间层的形貌特征主要为片状、蜂窝状,其次为片丝状(片+短丝)、丝状,并具有较强的地区性,塔北隆起轮台凸起英买 35 井等、哈拉哈塘凹陷哈 6 井主要为片状、片丝状[图 3.11(c)、图 3.11(d)];北部拗陷孔雀河斜坡孔雀 1 井主要为丝状;塔中隆起巴楚凸起乔 1 井主要为片状,塔中凸起塔中 67 井等主要为蜂窝状[图 3.11(e)、图 3.11(f)]。高岭石,主要为片状、六方板状、书状、蠕虫状[图 3.11(g)、图 3.11(h)]。绿泥石主要呈叶片状。

塔里木盆地志留系沥青砂岩储层中的 I/S 有序间层(间层比为 5%～30%),虽然形貌特征具有一定的差异,但都具有明显的自生成因特征,属于通常所说的自生伊利石,即广义的自生伊利石(包括自生伊利石和自生 I/S 有序间层)。除了孔雀 1 井和塔中 37 井、塔中 67 井、塔中 12 井的丝状、蜂窝状 I/S 有序间层,属于典型的自生成因以外,乔 1 井和英买 34 井、英买 35 井、英买 35-1 井、英买 11 井的片状及哈 6 井的片丝状 I/S 有序间层也应都属于自生成因,主要表现在以下四点:①呈弯曲片状,晶体完整,边缘生长有细小短丝状晶体;②片体较薄、颜色较浅且明亮;③松散堆积,片与片之间存在较多空隙;④主要分布在粒间孔隙或粒表溶蚀孔中。

XRD 分析结果表明,与其形貌特征对应,塔里木盆地志留系沥青砂岩储层中的 I/S 有序间层,在矿物类型上(主要是指间层比大小)同样具有较强的地区分布特征,塔北隆起轮台凸起英买 34 井、英买 35 井、英买 35-1 井等和塔中隆起巴楚凸起乔 1 井间层比较低,为 5%,尤其是英买 35 井基本接近为纯伊利石[表 3.1、图 3.12(a)],形貌特征主要为片状[图 3.11(c)];塔北隆起哈拉哈塘凹陷哈 6 井间层比中等,为 15%～20%,基本接近为纯 I/S 有序间层,相对含量为 91%～92%[表 3.1、图 3.12(b)],形貌特征主要为片丝状[图 3.11(d)];

表 3.1　塔里木盆地志留系沥青砂岩储层自生伊利石 K-Ar 法同位素测年分析数据表

样号	构造单元		井号	井深/m	岩性	样品粒级/μm	黏土矿物相对含量/wt%					I/S间层比/%	钾长石(XRD)	钾含量/%	放射成因氩/(mol/g)	($^{40}Ar^{放}$/$^{40}Ar^{总}$)/%	年龄/Ma±1σ(标准偏差)
							S	I/S	I	K	C						
A1	塔北隆起	轮台凸起	英买 34	5386.90	含油细砂岩	0.3～0.15		92		8		5	未检出	3.00	1.43×10^{-9}	96.68	255.40±2.05
						<0.15		88		12		5	未检出	3.41	1.80×10^{-9}	96.59	281.01±1.80
A2				5388.70		0.3～0.15		92		8		5	微量	3.43	1.80×10^{-9}	96.59	279.90±2.41
A3			英买 35	5588.70	荧光细砂岩	0.3～0.15		100				5	未检出	6.38	3.53×10^{-9}	97.52	293.49±2.08
A4			英买 35-1	5574.00	油斑细砂岩	0.3～0.15		97			3	5	未检出	6.07	3.27×10^{-9}	97.63	286.60±2.58
A5				5631.60		0.3～0.15		94			6	5	未检出	6.71	3.63×10^{-9}	97.01	287.76±2.09
A6			英买 11	5562.00	中砂岩	0.3～0.15		53			47	5	未检出	3.71	1.93×10^{-9}	96.78	277.26±2.04
A7		哈拉哈塘凹陷	哈 6	6307.10	沥青砂岩	0.3～0.15		91	4	5		15	微量	4.34	1.07×10^{-9}	95.72	136.38±1.35
A8				6311.10		0.3～0.15		92	4	4		20	未检出	5.10	1.14×10^{-9}	95.09	124.87±1.11
A9	塔北拗陷	英吉苏凹陷	龙口 1	4601.50	荧光砂岩	0.3～0.15		63	3		34	30	未检出	3.36	1.73×10^{-9}	93.71	274.54±1.99
						<0.15		66	2		32	30	未检出	3.43	1.74×10^{-9}	93.23	271.20±1.96
A10				4725.75		0.3～0.15	因样品量不够,故未进行 XRD 分析							3.81	1.59×10^{-9}	92.57	225.76±1.62
						<0.15		66	3		31	30	未检出	3.89	1.57×10^{-9}	91.12	219.26±1.59
A11			英南 2	3821.40		0.3～0.15	2	88	5		5	35	未检出	4.01	2.15×10^{-9}	96.37	285.67±2.08
						<0.15	2	89	4		5	35	未检出	3.97	2.08×10^{-9}	96.47	279.23±2.04
A12		孔雀河斜坡	孔雀 1	2799.70	砂岩	0.3～0.15		66	11		23	25	未检出	4.95	3.73×10^{-9}	98.17	389.64±2.81
														5.00	3.95×10^{-9}	98.45	406.43±2.60*
A13				2962.10		0.3～0.15	因样品量不够,故未进行 XRD 分析							4.69	3.47×10^{-9}	95.86	383.12±3.19

续表

样号	构造单元		井号	井深/m	岩性	样品粒级/μm	黏土矿物相对含量/wt%					I/S间层比/%	钾长石(XRD)	钾含量/%	放射成因氩/(mol/g)	($^{40}Ar^{放}$/$^{40}Ar^{总}$)/%	年龄/Ma±1σ(标准偏差)
							S	I/S	I	K	C						
A14	中央隆起	巴楚断隆	乔1	1719.10	沥青砂岩	<0.15		72			28	5	未检出	6.02	4.46×10^{-9}	98.18	383.45±2.80
A15		塔中低凸起	塔中23	4774.00		0.45~0.15		75	15	10		20	微量	4.70	2.60×10^{-9}	96.44	293.54±2.11
A16			塔中37	4679.93		<2		78	15	4	3	25		未进行 K-Ar 年龄测定			
						0.3~0.15		99	1			25	未检出	5.58	2.15×10^{-9}	93.59	209.88±1.30
															2.20×10^{-9}	92.47	214.15±1.36*
						<0.15		99	1			25	未检出	5.56	2.60×10^{-9}	93.68	203.96±1.26
															2.18×10^{-9}	93.32	212.72±1.41*
A17			塔中67	4642.78		<2		80	15		5	30		未进行 K-Ar 年龄测定			
						1~0.5		91	7		2	30	未检出	4.90	2.68×10^{-9}	95.77	290.57±2.23
						0.5~03		93	5		2	30	未检出	4.54	2.07×10^{-9}	61.10	245.32±3.04
						0.3~0.15		100				30	未检出	4.42	1.92×10^{-9}	94.91	234.15±1.48
															1.92×10^{-9}	55.52	234.37±1.51*
						<0.15		100				30	未检出	4.50	1.86×10^{-9}	71.61	224.07±1.47
															1.91×10^{-9}	45.87	229.24±6.61*
A18			塔中12	4380.40		<2		64	26	10		30		未进行 K-Ar 年龄测定			
						0.3~0.15		96	1	3		30	未检出	4.21	1.83×10^{-9}	81.02	234.10±2.50
															1.82×10^{-9}	58.62	232.88±1.52*
						<0.15		97	1	2		30	未检出	4.38	1.84×10^{-9}	84.29	227.31±1.44
															1.85×10^{-9}	85.72	228.25±1.47*
A19			塔中30	4162.12		0.3~0.15		80	8		12	25	未检出	4.02	2.25×10^{-9}	89.71	296.31±2.13
A20		塔东低凸起	塔中32	3794.24		<0.15		82	5	8	5	30	未检出	4.09	1.78×10^{-9}	83.96	235.17±1.69

注：S=蒙皂石；I/S=伊/蒙间层；I=伊利石；K=高岭石；C=绿泥石；*—表示该年龄数据为重复测量结果。

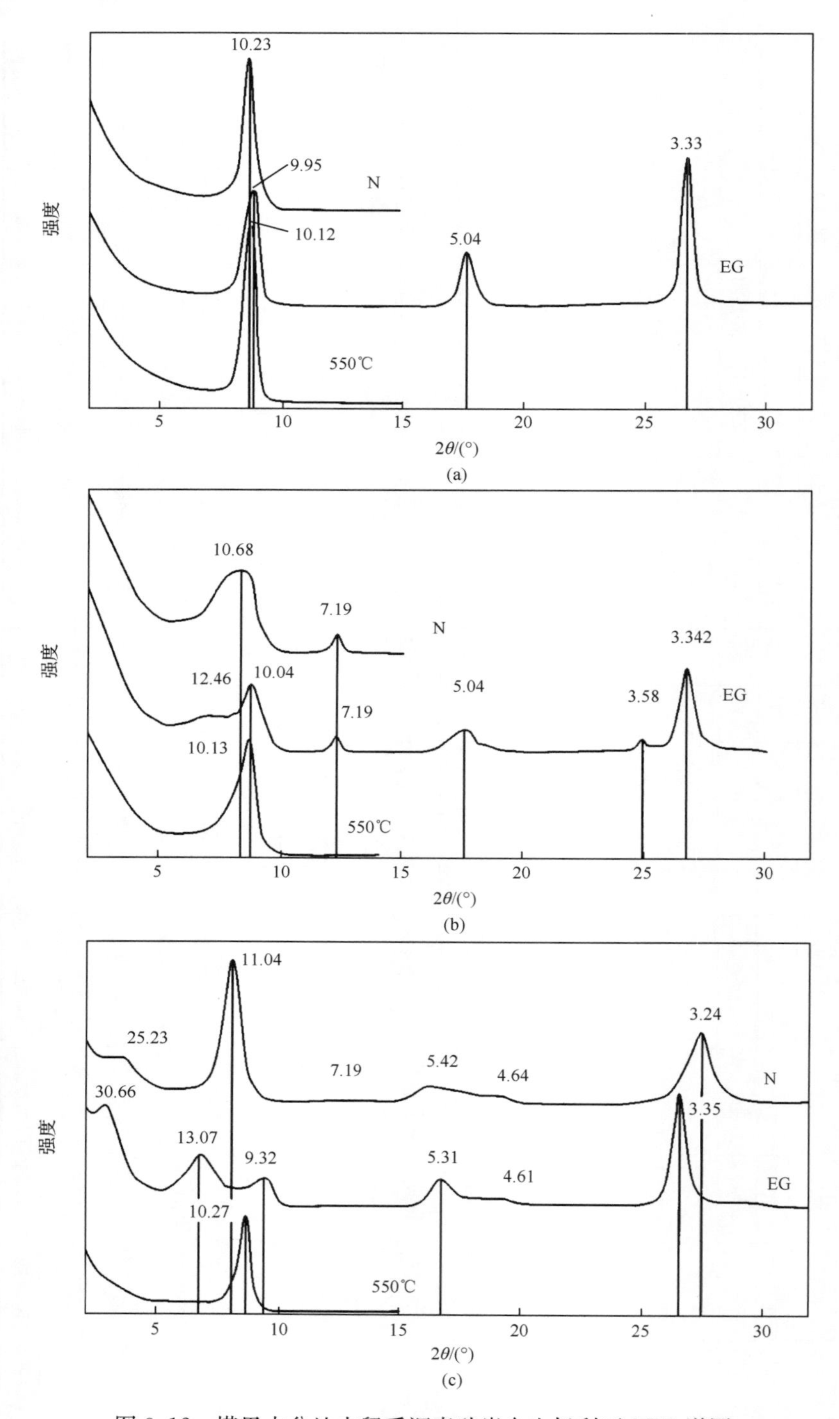

图 3.12 塔里木盆地志留系沥青砂岩自生伊利石 XRD 谱图

N. 自然风干定向样品；EG. 乙二醇饱和处理定向样品；550℃为加热处理(550℃/2h)定向样品；图中的数字为晶面间距，单位：10^{-1}nm。(a)纯自生伊利石，基本不含膨胀层(间层比为 5wt%，A3，张有瑜和罗修泉，2011a)；(b)基本为纯自生 I/S 有序间层，含少量膨胀层(间层比为 20wt%，A8)；(c) 纯自生 R1 型 I/S 有序间层，含较多膨胀层(间层比为 30wt%，A17，<0.15μm，张有瑜等，2007)。A3、A8、A17 为样品编号，见表 3.1

北部坳陷孔雀河斜坡孔雀 1 井和塔中隆起塔中 37 井、塔中 67 井、塔中 12 井等间层比相对较高，为 25wt%～30wt%，特别是塔中 67 井，基本接近为纯 R1 型 I/S 有序间层，相对含量 100wt%[表 3.1，图 3.12(c)]，形貌特征主要为蜂窝状[图 3.11(e)、图 3.11(f)]。

表 3.1 是塔里木盆地志留系沥青砂岩自生伊利石 K-Ar 年龄测定结果，图 3.13 是年龄分布图(张有瑜等，2004，2007；张有瑜和罗修泉 2011a，2012)。从表中可以看出，两个较细粒级(0.3～0.15μm，个别粒度为 0.45～0.15μm 和小于 0.15μm)的年龄范围为 406～125Ma。XRD 纯度检测结果表明，其黏土矿物主要为自生 I/S 有序间层(53wt%～100wt%)，尤其是英买 34 井、英买 35 井、英买 35-1 井、哈 6 井、塔中 37 井、塔中 67 井和塔中 12 井，基本全部由自生 I/S 有序间层组成(88wt%～100wt%，样品 A1～A5、A7～A8 和 A16～A18)；除个别井如孔雀 1、塔中 23 和塔中 30 井(样品 A12、A15、A19)外，碎屑伊利石含量均小于 5wt%，并且绝大多数都在 3wt%以下；除英买 34 井、哈 6 井和塔中 23 井(样品 A2、A7、A15)外，均未检测出碎屑钾长石。据此可以初步认为，测年样品基本不含碎屑含钾矿物(碎屑钾长石和碎屑伊利石)，其年龄基本上代表的是自生 I/S 有序间层，即自生伊利石的年龄，可能反映早期油气注入事件，代表古油藏的最早成藏期。由于高岭石和绿泥石不含钾，部分样品中含有少量的高岭石和/或绿泥石可能不会对年龄数据产生较大影响。对此，作者进行过实验研究并将在本章第四节中详细讨论。

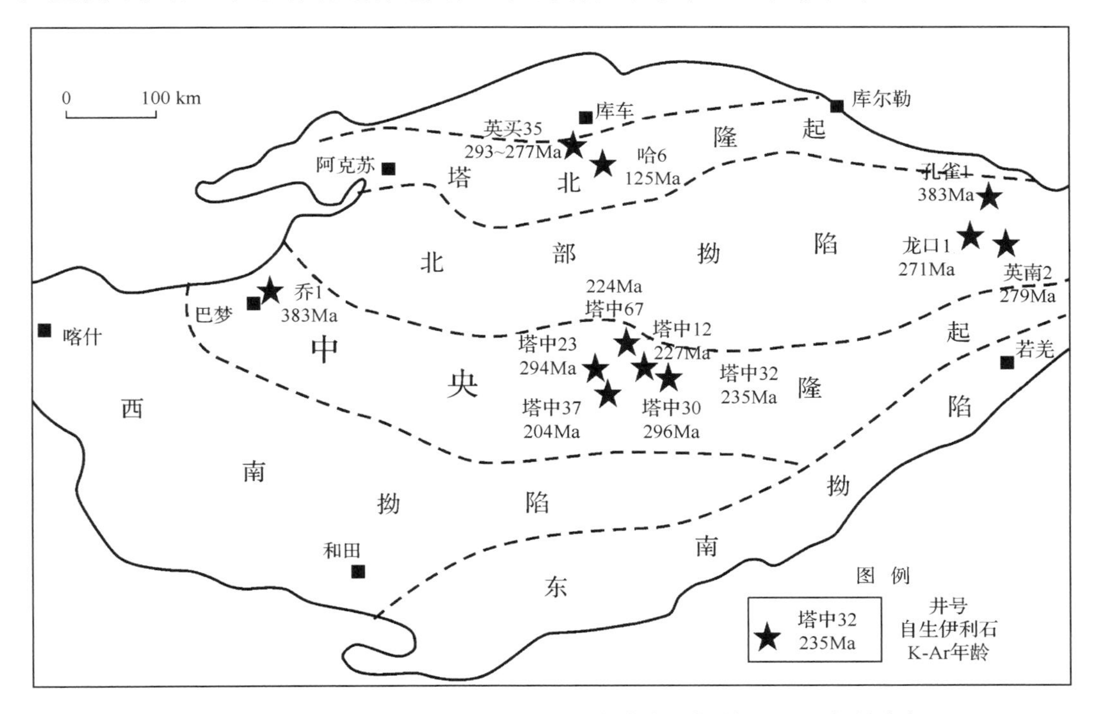

图 3.13 塔里木盆地志留系沥青砂岩油气藏自生伊利石 K-Ar 年龄分布

从图 3.13 可以看出，塔里木盆地志留系沥青砂岩自生伊利石年龄，尽管分布范围较宽，但具有较为明显的分布规律：盆地东西两端相对较大，如乔 1 井和孔雀 1 井(383Ma)，为晚加里东期—早海西期成藏；盆地中心相对较小，如塔中 67 井、塔中 37 井、塔中 12 井、塔中 32 井(210～235Ma,塔中 23 井、塔中 30 井年龄偏大,分别为 294Ma、296Ma,可能与含有少量的碎屑伊利石有关)(表 3.1),为晚海西晚期成藏;英买力地区(英买 34 井、英买 35 井、英买 35-1 井)和英吉苏凹陷(龙口 1 井、英南 2 井)中等(271～293Ma),为早海西晚期—晚海西期成藏;哈 6 井明显偏小(125Ma),成藏期明显偏晚,为燕山中晚期。供烃中心及其演化与变迁、油气运移通道及运移方式和油气运移方向、距离等可能是控制不同地区成藏时间差异的主要原因。

油气系统研究表明,塔里木克拉通盆地古生界复杂油气系统由寒武系烃源岩加里东—早海西期、晚海西期、喜马拉雅期三个时期油气系统及中上奥陶统烃源岩喜马拉雅期油气系统共同组成(张光亚等,2002)。

加里东—早海西期油气系统是最早形成,源灶主体位于满加尔凹陷以东,在中上奥陶统沉积厚度大于 6000m 的凹陷深处烃源岩达到高演化程度进入生气窗,其余大部分地区则处于生油窗内,此外在阿瓦提凹陷和塘古孜巴斯凹陷也分别形成两个供烃中心。围绕这些供烃中心,克拉通盆地古隆起开始形成,早海西期的志留系古油藏的形成与破坏是该期最大规模的成藏事件。乔 1 井位于加里东期—早海西期油气系统阿瓦提供烃中心的古隆起,是油气运移的主要指向之一。孔雀 1 井及龙口 1 井、英南 2 井位于该油气系统主力烃源灶的油灶范围内,具有较好的成藏条件。

晚海西期,克拉通盆地构造格局发生了很大变化,古隆起范围进一步扩大,塔北、塔东、塔中、巴楚古隆起进入强烈发展阶段,构造抬升大,地层剥蚀大。有效烃源岩灶集中分布在克拉通盆地中心地带。寒武系烃源岩灶、古隆起发育和广泛分布的区域盖层——中上奥陶统泥岩、石炭系—二叠系膏泥岩等成藏要素组合在晚海西期形成很好的配置关系。大量古油藏的形成证实晚海西期油气系统是克拉通盆地一期有效的油气系统。塔中 37 井、塔中 67 井和塔中 12 井位于晚海西期油气系统的有效烃源灶的范围内并且还位于构造高部位,有利于油气聚集成藏。

自生伊利石 K-Ar 年龄不仅与油气系统等常规油气成藏史研究认识基本一致,还反映了不同地区志留系沥青砂岩油藏形成时间上的差异。

图 3.14 是志留系沥青砂岩自生伊利石年龄和沥青砂岩厚度分布图。从图中可以看出自生伊利石年龄与沥青砂岩厚度具有较好的对应关系,厚度大、年龄大,说明古构造格局可能是主要的成藏控制因素之一,位于沉降中心(沉积中心)及其周围的古油藏如乔 1 井、孔雀 1 井成藏较早,可能与下伏寒武系烃源岩(泥质碳酸盐岩)埋深相对较大,生、排烃相对较早有关。

与其他地区相比,哈 6 井志留系砂岩的自生伊利石年龄明显偏小(125Ma),表明成藏期明显偏晚,为燕山中晚期。咔唑类含氮化合物研究表明,塔北地区志留系沥青砂岩古油气藏的油气来自其东南侧满加尔凹陷的中—下寒武统烃源岩,油气经历了长距离运移,首先向 NW 方向进入塔北隆起志留系,然后在志留系储层内(或沿不整合面)沿上倾方向,继续向 NW 方向运移进入圈闭(陈元壮等,2004)。由此可初步认为,哈 6 井志留系沥青砂岩古油藏成藏期较晚可能与其距离供烃中心较远有关。

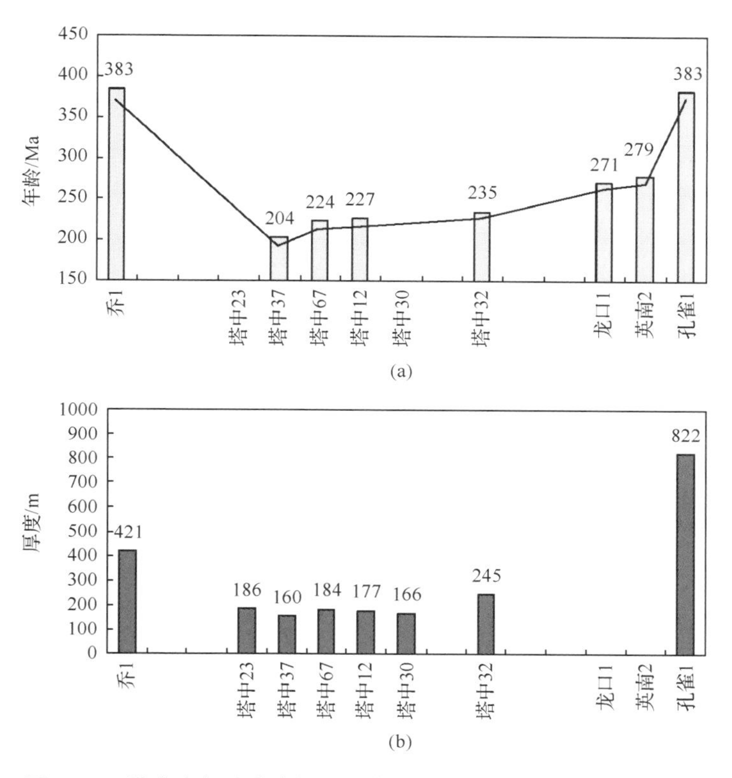

图 3.14 塔中隆起及孔雀河地区志留系沥青砂岩自生伊利石年龄

(a) 沥青砂岩自生伊利石年龄分布图；(b) 沥青砂岩厚度分布图

二、石炭系东河砂岩段-含砾砂岩段($C_{Ⅲ}$油组)

石炭系东河砂岩段和角砾岩段主要分布于塔北隆起、北部拗陷和中央隆起，是哈 6 井、东河塘油田、哈得逊油田和塔中 4 油田等的主力产层(构造单元位置见图 3.9)。由于分布区域较广和不同地区发育、缺失、相变情况变化较大等原因，塔里木石炭系岩性段划分变化较大，岩性段名称和代号不尽统一，并且时代归属也存有异议。鉴于发育较全，这里暂以塔中 47 井为依据简单概述。塔中 47 井石炭系共划分为九个岩性段，分别是含灰岩段(C^1)、砂泥岩段(C^2)、上泥岩段(C^3)、标准灰岩段(C^4)、中泥岩段(C^5)、生屑灰岩段(C^6)、下泥岩段(C^7)、含砾砂岩段(C^8)和东河砂岩段(C^9)。区域上，塔里木石炭系优质储层或主要产层，主要是发育在砂泥岩段、生屑灰岩段、含砾砂岩段及东河砂岩段并分别命名为 $C_{Ⅰ}$、$C_{Ⅱ}$ 和 $C_{Ⅲ}$ 油组，其中的 $C_{Ⅲ}$ 油组(含砾砂岩段和东河砂岩段)是本章的研究重点。

关于东河沙岩的世代归属，目前尚未统一，塔里木现场倾向于早石炭世，即下石炭统巴楚组东河砂岩段，代号因井而异，有的为 C^9，如塔中 47 井；有的为 C^8，如塔中 82 井；有的为 C^7，如哈得 4 井；也有部分学者认为属于上泥盆统东河塘组 D_3d(邹义声，1996；赵杏媛等，2001；朱怀诚等 2002)，此处选用早石炭世的划分方案。为了避免混淆，这里用岩性段名称表示，而不采用岩性段代号(表 3.2)。塔中地区的东河砂岩主要属于滨海相沉积，岩石类型主要为中细粒石英砂岩，成分成熟度和结构成熟度较高，颗粒大小均匀，磨圆好，

表 3.2 塔里木盆地典型砂岩储层自生伊利石 K-Ar 法同位素测年分析数据表

样号	井号	层位		井深/m	岩性	样品粒级/μm		黏土矿物相对含量/%					I/S(C/S)间层比/%	钾长石(XRD)	钾含量/%	放射成因氩/(mol/g)	($^{40}Ar^{放}$/$^{40}Ar^{总}$)/%	年龄/Ma
								S	I/S	I	K	C(C/S)						
A21	塔中 47	C_1b	东河砂岩段	4406.51	含油砂岩	CSIRO	<2		70			30	10	微量	4.90	2.33×10^{-9}	93.01	255.33±5.05
							<0.4*		90	10			25	未检出	4.83	2.13×10^{-9}	91.54	237.47±4.74
A22				4407.13	含油砂岩		<2		30			70	15	未检出	4.90	2.41×10^{-9}	94.36	263.82±5.21
A23				4407.73	荧光砂岩		<2		30			70	10	未检出	4.80	2.33×10^{-9}	94.06	260.01±5.15
A24	塔中 401			3712.30	含油砂岩	RIPED	0.45~0.15	3	92	1	1	3	30	未检出	4.04	1.95×10^{-9}	93.55	258.76±3.22
A25	塔中 24			3810.00			0.45~0.15		77	2		21	25	未检出	4.38	2.35×10^{-9}	88.68	284.96±4.10
A26	塔中 43			3736.66			0.3~0.15		97.8	2	0.2		25	极微量	5.08	1.80×10^{-9}	91.79	193.32±2.79
A27	轮南 59			5369.00			0.3~0.15	1	96	2	1		20	未检出	4.82	2.06×10^{-9}	64.35	231.34±3.67
A28	哈得 4			5080.00			0.3~0.15		97	2	1		10	未检出	5.35	2.40×10^{-9}	94.06	241.93±3.49
A29	哈 6		角砾岩段	5953.40	油浸细砂岩		<2		50	12	38		25	未进行 K-Ar 年龄测定				
							0.3~0.15		94	3	3		20	未检出	4.72	7.93×10^{-10}	89.65	94.35±0.93
							<0.15		94	3	3		20	未检出	5.09	7.76×10^{-10}	50.30	85.79±1.22

注：S. 蒙皂石；I/S. 伊/蒙间层；I. 伊利石；K. 高岭石；C. 绿泥石；C/S. 绿/蒙间层；CSIRO、RIPED 分别表示该样品的各项分析测试工作分别是由澳大利亚联邦科学和工业研究院(CSIRO)石油资源部和中国石油勘探开发研究院(RIPED)实验研究中心 K-Ar 年代学实验室完成；* 为该粒级样品的 XRD 分析是由 RIPED 实验室完成。

胶结物以方解石和铁方解石为主，石英自生加大胶结普遍发育，孔、渗较好（Φ=10%～20%，K=10～200mD）。由于较为纯净，虽然黏土较少，但自生伊利石（I/S 有序间层）较为发育，主要为指状、片丝状、短丝状[图 3.15(a)]，TEM 下呈长纤维状，边界清晰平直，部分样品高岭石和绿泥石较为发育。

关于含砾砂岩段，由于岩性变化，在不同地区的名称也不一致，塔中 47 井、塔中 43 井等称为含砾砂岩段；塔中 12 井、塔中 30 井、哈得 4 井、哈 6 井、轮南 631 井等称为角砾岩段，塔中 32 井等称为砂砾岩段，岩性段代号大多为 C^6，少数为 C^8。同样，为了避免混淆，此处也是用岩性段名称简单表示，而不采用岩性段代号（表 3.2）。塔中地区的含砾砂岩段主要属于滨海相沉积，岩性主要为粉砂岩、细砂岩、含砾粉砂岩、含砾细砂岩、含砾中砂岩，变化较大。哈 6 井角砾岩段砂岩黏土矿物主要为蜂窝状、丝状自生伊利石（I/S 有序间层），见有少量高岭石[图 3.15(b)、图 3.15(c)]。

表 3.2 和图 3.16 给出了塔中油田、哈德逊油田、轮南油田和哈 6 井油气藏 7 口井的东河砂岩段和含砾砂岩段砂岩自生伊利石年龄数据及其分布特征，从中可以看出，年龄数据明显分为两组，一组为东河砂岩，年龄相对较大；一组为角砾岩段砂岩，年龄相对较小。同时可以进一步看出，东河砂岩段，年龄数据基本一致，主要集中分布在 264～231Ma，相当于晚二叠世—早三叠世（海西晚期），其中塔中 24 井略大，为 285Ma，相当于早海西晚期，塔中 43 井略小，为 193Ma，相当于印支晚期。同时从表 3.2 还可以看出，尽管不同井的年龄测定样品的粒级范围不尽统一，但其黏土矿物主要为自生伊利石（90wt%～98wt%）。个别井粒级范围相对较宽、粒级相对较大，主要是因为东河砂岩非常纯净和坚硬（硅化较强），黏土胶结物较少，特别是塔中 47 井，如样品 A22 和样品 A23，由于采用的是模拟自然风化过程的冷冻-加热循环样品解离技术，所提取的黏土组分数量特别少，只有扩大粒级范围或选用相对较粗的粒级，才能获得足够的样品量。结合自生伊利石 XRD 程度检测数据（基本不含碎屑含钾矿物）、钾含量数据（基本一致）和年龄数据（基本一致）综合分析，尽管可能存在一定的误差，但可以初步认为该年龄基本上代表的是自生伊利石年龄，可能反映早期油气注入事件，代表古油藏最早成藏期。由此可以初步认为，东河砂岩油气藏可能主要为海西晚期成藏。

东河砂岩段是塔里木盆地的重要含油气层位之一，不同的学者利用不同的方法如供烃中心、运聚方式（王红军和张光亚，2001）、成藏模式（赵靖舟和李启明，2001）、油-气-水界面追溯法（邓良全等，2000；赵靖舟和李启明，2001）、含油气系统（赵靖舟和李启明，2001；周兴熙，2000）和流体包裹体分析方法（赵靖舟和田军，2002）等从不同的角度对其成藏史进行了深入研究。不同方法的研究结论基本一致，普遍认为东河砂岩油气藏主要形成于海西晚期（古生代末期）并具有多期形成演化史即海西晚（末）期（古生代末期）形成、中生代（印支期—燕山期）调整、新近纪—第四纪（喜马拉雅期）天然气大量聚集。自生伊利石年龄记录了早期油气成藏事件，从另一个方面证实东河砂岩油气藏主要是海西晚期成藏。

与其他地区的东河砂岩段相比，哈 6 井角砾岩段的自生伊利石年龄明显偏小，只有 86Ma，相当于燕山晚期，表明成藏期明显偏晚。从表 3.2 可以看出，该样品基本接近为纯自生伊利石（94wt%），尽管所含有的微量伊利石（3wt%）可能属于碎屑成因，但对年龄数

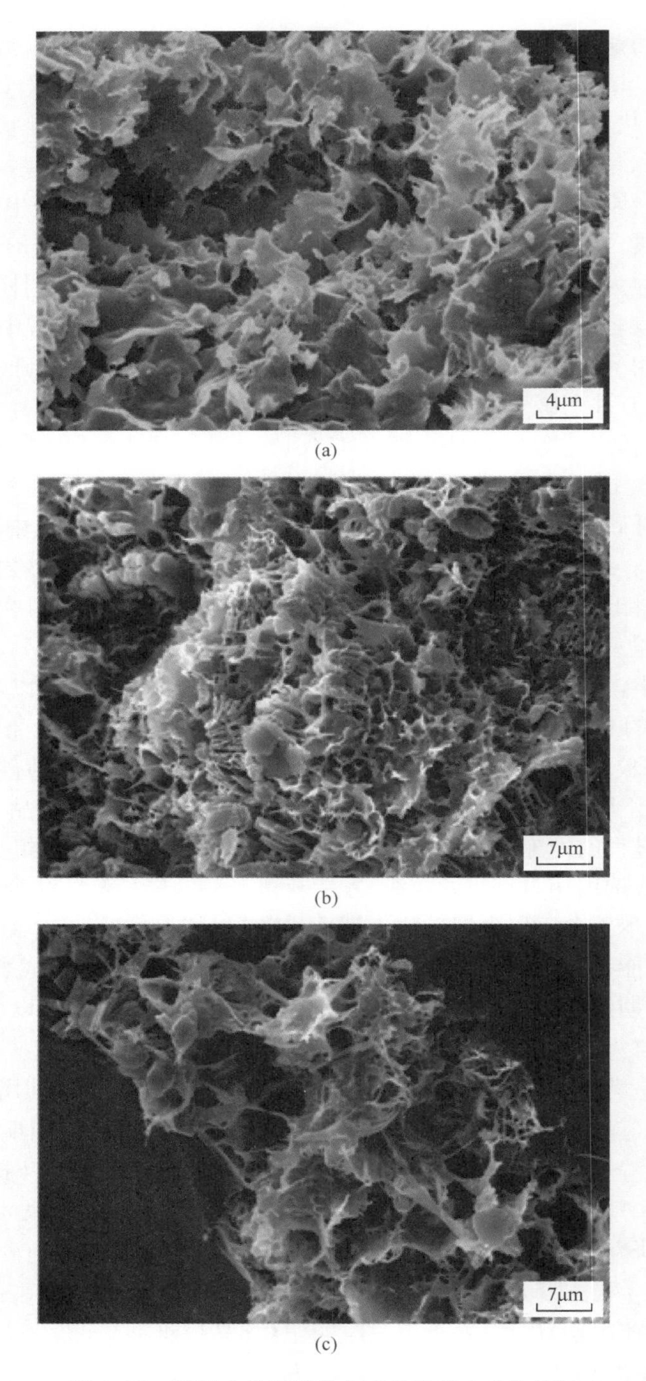

图 3.15 塔里木盆地部分典型砂岩黏土矿物特征

(a)石英晶体间片丝状 I/S 有序间层，油迹细砂岩，塔中 47 井，C^9，4406.51 m，SEM；(b)粒表片状高岭石和蜂窝状 I/S 有序间层，油浸细砂岩，哈 6 井，C^6，5953.4 m，SEM；(c)石英晶体表面溶蚀坑中的丝状 I/S 有序间层，油浸细砂岩，哈 6 井，C^6，5953.4m，SEM

据可能影响较小,因而可以认为基本代表自生伊利石年龄。

哈6井石炭系角砾岩段油气藏是哈拉哈塘地区石炭系的首次发现,属于环哈拉哈塘凹陷含油气系统,其成藏特征可能与环哈拉哈塘凹陷油气藏如东河塘、塔河和哈得逊等油气藏具较强关联性。燕山期、喜马拉雅期是塔北隆起或环哈拉哈塘凹陷石炭系及其以上中浅层油气藏最主要的成藏期(卢玉红等,2007)。哈6井石炭系角砾岩段油气藏可能是该区燕山期成藏作用的产物,推测与海西期油藏的调整和中—上奥陶统及寒武系烃源岩的二次生油有关(崔海峰等,2009)。角砾岩段砂岩自生伊利石年龄数据虽然只有一块样品,但却给出了非常重要的信息,对其在塔里木盆地油气勘探中的意义应加强研究。

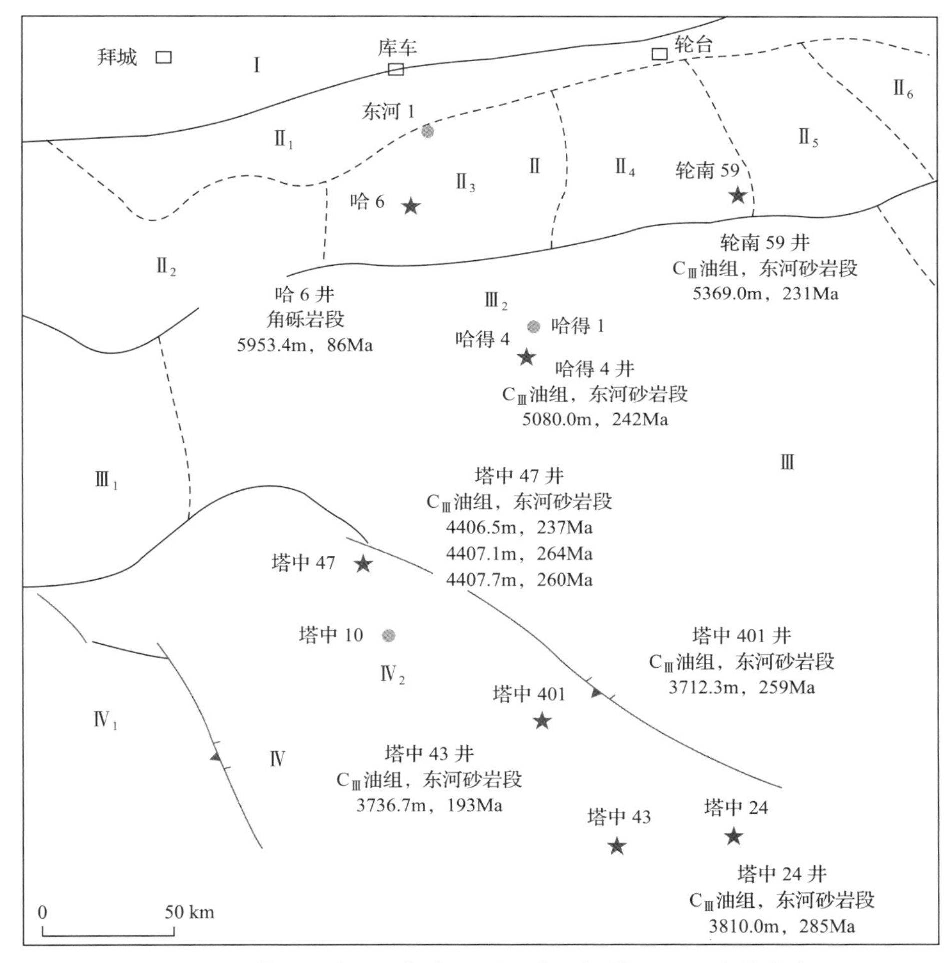

图 3.16 塔里木盆地石炭系 $C_{Ⅲ}$ 油组自生伊利石 K-Ar 年龄分布

第四节 一些重要问题的说明与讨论

油气储层自生伊利石 K-Ar 同位素年代测定是一项包含诸多环节的综合测试技术,利用该项技术进行油气成藏史研究更是一项综合研究课题。要想获得较好的应用效果,必须对该项技术的方法原理,即应用前提条件、样品选择和年龄数据分析等各个环节的理论和技术问题都有一个非常清楚的了解。对于此类问题,张有瑜等(张有瑜等,2002;张有瑜和罗修泉,2004)曾进行过详细论述,下面将把各方面的内容及一些重要的新认识集中起来,进行进一步的系统论述。

一、前提条件

Hamilton 等(1989)认为,因为油气代替地层水从而引起硅酸盐成岩作用终止,所以自生伊利石 K-Ar 年龄将会记录油气注入事件的发生时间并代表圈闭构造形成的最大年龄,因为伊利石类黏土矿物常常是在油气注入之前形成最晚的胶结物或形成最晚的胶结物之一。由此看来,要想利用油气储层自生伊利石 K-Ar 法同位素测年技术解决油气注入时间问题,必须具备两个前提条件:一是所研究的砂岩储层中必须有充分发育的伊利石成岩作用,即砂岩样品中必须含有足够数量的伊利石或 I/S 有序间层,而且必须是成岩自生伊利石或成岩自生 I/S 有序间层;二是所研究的砂岩储层中的伊利石成岩作用必须与油气注入事件具有成因联系。这两个前提条件说起来简单,也很容易理解,但在实际工作中,往往容易被忽略,尤其是第一条,具体表现就是,一旦所获得的年龄数据与自己的预期相差较远时,首先想到的就是数据不准或实验分析有问题,而不是从地质上分析原因。例如,所分析样品中是否存在质和量均达到要求的自生伊利石,该自生伊利石的生长作用是否与油气注入事件具有成因联系等。X 射线衍射分析表明,大多数年龄数据明显不合理的样品,常常是伊利石或 I/S 有序间层相对较少,并且主要不是自生成因。由此看来,要想获得较好的应用效果,首先必须加强样品的岩石学特征和成岩作用特征研究。样品是前提,样品是基础,对此必须给予足够的重视。首先要有理想的样品或符合要求的样品,然后才能获得较好的年龄数据。

二、样品选择

(一) *砂岩岩石类型*

油气勘探实践证明,除了细砂岩、中砂岩以外,粉砂岩、泥质粉砂岩甚至是泥岩均可以构成有效油气储层,但对于利用自生伊利石 K-Ar 同位素测年技术研究碎屑岩储层的油气注入时间而言,作者的实践经验表明,细砂岩、中砂岩相对较好,粉砂岩、泥质粉砂岩则常难度相对较大,其原因主要在于细砂岩、中砂岩分选相对较好、孔隙发育且连通性较好、渗透率较高,当成岩作用类型主要表现为伊利石成岩作用且成岩演化程度较高时,由于具有较为充分的孔隙空间和孔隙流体中的 K^+ 的不断加入,往往是丝状伊利石较为发育,是自生伊利石 K-Ar 同位素年代学研究的最佳选择,而粉砂岩、泥质粉砂岩由于颗粒较细,孔隙度、渗透率均相对较低,即便是埋藏深度较大、成岩演化程度较高,也主要表现为机械压实作用和硅酸盐重结晶作用,成岩黏土胶结物相对较少且碎屑伊利石所占比例较高,尤其是泥质粉砂岩中的泥质主要是陆源碎屑成因,其中的极细粒级碎屑钾长石和碎屑伊利石组分在分离过程中很难彻底剔除,从而使所测年龄常明显偏大,接近或大于所研究储层的地层时代,不具有准确的地质意义。应该说明的是,由于岩性只是砂岩成岩作用特征的主要影响因素之一，粉砂岩有时也可以具有较为发育的伊利石成岩作用，对这种丝状自生伊利石较为发育的粉砂岩同样也可以获得较好的应用效果。

（二）蒙皂石向伊利石转化成岩演化程度

蒙皂石向伊利石转化是砂岩中的最主要的成岩变化之一，具有不同间层比（代号为S%，指的是I/S间层矿物中的蒙皂石晶层的百分含量）的I/S间层矿物是其中间过渡性矿物。由于大多数含油气盆地砂岩储层中的蒙皂石向伊利石转化成岩演化均未达到伊利石（间层比小于10%）阶段，所以对于我国含油气盆地来说，所谓的自生伊利石K-Ar同位素测年更多的应该是自生I/S间层K-Ar同位素测年，更为确切地说应该是自生I/S有序间层矿物（间层比小于40%）K-Ar同位素测年。作者的初步研究结果表明，间层比愈小愈好，间层比小于25%的I/S有序间层的测年结果大都基本合理，间层比大于40%的I/S无序间层的测年结果大都大于其所赋存砂岩储层的地层年龄，不具有确切的地质意义（表3.3）。

表3.3 部分砂岩储层I/S无序间层K-Ar同位素测年结果

样品描述	粒级/μm	黏土矿物相对含量/%				I/S间层比/(S%)	钾长石	钾含量/%	年龄/Ma
		I/S	I	C	K				
南海盆地，XJ24-3-2X井，1904.34 m，E_3zh，油砂	0.3～0.15	63	2	28	6	40	未检出	2.77	133.27
	<0.15	58	4	31	6	40	未检出	2.78	156.22
冀中拗陷，京344井，1300m，Es_4，油浸粉砂岩	0.45～0.15	91	2	7		60	未检出	2.28	158.47
冀中拗陷，泉79井，2452m，Es_3，油浸粉砂岩	0.45～0.15	87	2	7	4	70	未检出	1.96	150.78

注：I/S. 伊/蒙间层；I. 伊利石；C. 绿泥石；K. 高岭石。

间层比愈小，含K量愈高，愈接近为伊利石，这就意味着该I/S间层，要么是由其陆源母体矿物即蒙皂石经过较为彻底的成岩改造而成，要么是由孔隙流体直接沉淀而成，由此所测得的年龄主要反映的是成岩事件（油气注入）的年代信息。如此相反，间层比愈高，含K量愈低，愈接近为蒙皂石，这就意味着，要么其本身就是陆源碎屑成因的I/S间层，要么是受成岩改造的程度较低，在含量较低的K中，陆源吸附K可能占绝对优势，成岩K比例相对较低，由此测得的年龄主要反映的是遭受风化、剥蚀、搬运、沉积的陆源碎屑I/S间层所残存的源区地层的年代信息（不具有实际地质意义）。对于这一点，一定要给予足够的重视。在实际研究中，首先要对所研究砂岩储层的蒙皂石向伊利石转化成岩演化程度有较为清楚的了解。实际样品分析测试结果表明，埋藏相对较浅的砂岩，如渤海湾盆地馆陶组，部分东营组，甚至部分沙三、沙四段、塔里木盆地古近系、新近系；或尚未固结成岩的油砂如南海盆地古近系；或虽埋藏较深，但含有较多的火山物质如准噶尔盆地二叠系砂岩，其黏土矿物主要为蒙皂石或I/S无序间层，可能均不适合进行自生伊利石K-Ar法同位素测年分析。

（三）绿泥石、高岭石含量的影响

高岭石、绿泥石是砂岩储层中的常见成岩自生黏土矿物。在国内目前已发现的砂岩油气储层中，有相当一部分砂岩中的黏土矿物成分主要是高岭石或绿泥石，或以高岭石或绿泥石占绝对优势，如塔里木盆地三叠系，吐哈盆地、准噶尔盆地、焉耆盆地侏罗系，四川盆地、鄂尔多斯盆地三叠系等。由于很难通过分离技术将其彻底剔除出去，所以对这两种矿物，尤其是成岩绿泥石对自生伊利石 K-Ar 同位素测年分析的影响就成为一个必须回答的重要问题。尽管高岭石、绿泥石都不含 K，从理论上讲都不会对自生伊利石 K-Ar 体系产生影响，但有分析结果表明，有的成岩绿泥石含有明显的可测量的 K(Curtis et al.，1985；Whittle，1986；Hillier and Velde，1991)。由于这种 K 可能是其母体矿物——蒙皂石的残余 K，尽管含量很低，仍可能会对自生伊利石 K-Ar 体系产生影响。

为了对该问题进行深入研究，笔者开展了去除绿泥石对比实验研究(张有瑜等，2002)。实验结果表明，绿泥石对所研究样品的自生伊利石 K-Ar 体系没有明显影响，去除绿泥石实验前后的自生伊利石样品的 K-Ar 年龄基本一致。由此可以初步认为，绿泥石的影响可能较为复杂，有待于进一步探索。对于由母体矿物经成岩演化而形成的成岩绿泥石而言，成岩演化程度较高时，不含残余 K，则可能对自生伊利石 K-Ar 体系不会产生影响，反之，则有可能产生不同程度的影响。一般情况下，可以认为绿泥石的存在(尤其在含量较低时)基本不会对自生伊利石 K-Ar 体系构成明显影响。这一结论对自生伊利石 K-Ar 年龄数据评价和使用具有较为重要的指导意义，这就意味着测试样品中含有少量的绿泥石并不影响年龄数据的使用。但是，这里应该强调指出的是，这一结论得以成立的前提是必须含有足够数量的成岩自生伊利石。如果绿泥石含量较高或占绝对优势，则说明成岩自生矿物主要是绿泥石，伊利石成岩作用不太发育或不发育，成岩自生伊利石较少或基本不含成岩自生伊利石。尽管绿泥石对 K-Ar 体系不会产生影响，但因不满足基本前提条件，同样不适合进行自生伊利石 K-Ar 法同位素测年分析。与绿泥石相似，如果高岭石含量过高或占绝对优势，说明成岩自生矿物主要是高岭石，伊利石成岩作用不太发育或不发育，成岩自生伊利石较少或基本不含成岩自生伊利石，同样因不满足基本前提条件而不适合进行自生伊利石 K-Ar 法同位素测年分析。

三、制冷-加热循环解离技术

自生伊利石分离提纯是油气储层自生伊利石 K-Ar 同位素测年分析的关键技术之一。从技术角度上讲，自生伊利石分离提纯主要包括两个方面的内容：一是样品前处理即黏土悬浮液的制备；二是细粒自生伊利石黏土组分分离。相比而言，前者更为重要，因为黏土悬浮液制备的好坏将会直接影响自生伊利石分离提纯效果。样品细碎是制备黏土悬浮液的第一步工作，国内外大都是采取首先用锤子碎成 1cm 大小，然后湿磨的办法，如 Hamilton 等(1989)及作者的实验室等(赵杏媛和张有瑜，1990)。样品细碎对于分离提纯质量具有非常重要的影响。湿磨的办法可能会导致碎屑含钾矿物如钾长石、伊利石等的过渡破碎，从而影响分离提纯质量。Liewig 等(1987)提出了模拟自然风化过程的冷冻-加热循环解离技术，也即采用制冷-加热循环器，模拟自然风化过程，利用水结冰时体积膨胀原理使砂岩样品自动解离，进而制备黏土悬浮液。澳大利亚联邦科学和工业研究院(CSIRO)石油资源部(DPR)K-Ar 测年实验室采用制冷-加热循环技术取得了较好的分离提纯效果(Zwingmann et al.，1998；张有瑜等，2004b)。从 2008 年开始，作者实验室购置了相应设备即制冷-加热循环器，利用分别采自库车拗陷依南 2 气田侏罗系、四川盆地三叠系和塔中隆起石炭系—志留系的典型砂岩样品开展了长达数年的实验对比研究(张有瑜等，2004)。

具体做法是，首先对相同的典型砂岩样品分别采用传统的湿磨技术和制冷-加热循环解离技术，简称冷冻技术，制备黏土悬浮液并利用本章第一节所介绍的分离提纯技术，分别提取 3～4 个连续粒级(＜1μm)的自生伊利石黏土组分；然后利用 XRD 技术对所分离提取的黏土组分进行系统的自生伊利石纯度检测和 K-Ar 年龄测定；最后根据系统配套的实验数据对冷冻技术的解离效率、解离质量、应用效果和应用前景进行全面评价，并同时对湿磨技术可能存在的问题及其应用前景作出评价。

对比实验研究初步表明，不管是冷冻技术还是湿磨技术，均应辩证对待。冷冻技术是一种新技术，既具有较为明显的优越性，也具有较大局限性，既具有较好的发展前景，同时又面临巨大挑战。冷冻技术在有效剔除碎屑钾长石和碎屑伊利石方面的确具有一定的优势，但冷冻技术的最大缺点是解离效率较低，也就是解离速度较慢，需要时间较长，特别对于埋深较大、硅化较强的深层坚硬砂岩，如塔里木盆地东河砂岩和沥青砂岩等，效果很差甚至不能解离。湿磨技术可能会导致碎屑钾长石过度研磨，研磨过程中一定要轻、缓、柔，并且研磨程度一定要适中。同时，过度研磨问题远没有通常认为的那么严重，对年龄数据的影响一般较少或非常少，只要掌握好这种辩证关系并且使用得当，湿磨仍不失为制备黏土悬浮液的一项行之有效的实用技术，既具有较强的生命力，也具有较好的应用前景。

四、伊利石年龄数据分析技术

实际样品分析中，由于用来进行年龄测定的伊利石黏土样品中常常会含有数量不等的碎屑伊利石或碎屑钾长石，所测的年龄实际上是成岩自生伊利石和碎屑伊利石或碎屑钾长石的混合年龄。如果不将碎屑伊利石或碎屑钾长石的影响扣除掉，势必会影响该年龄数据的解释与应用。对于扣除碎屑伊利石/或碎屑钾长石的影响，Pevear(1992，1994，1999)进行过系统研究并提出了 IAA(illite age analysis)技术，即伊利石年龄分析技术。张有瑜等(2001)对此也进行过系统研究并提出了“校正年龄”概念。IAA 技术的具体做法：首先利用 XRD 分析确定各个粒级组分中的碎屑伊利石含量，然后利用不同粒级组分的表观年龄和碎屑伊利石含量进行线性回归求出线性方程，最后利用线性方程求出或外推至碎屑伊利石含量为零时的年龄即成岩自生伊利石年龄。显然，碎屑伊利石 XRD 定量分析是 IAA 技术的关键。

实际分析中，利用 XRD 确定碎屑伊利石含量主要有两种方法：第一种方法是利用(001)衍射峰并认为成岩自生伊利石主要是存在于 I/S 间层中，碎屑伊利石主要是指碎屑云母(Pevear，1992，1994，1999；张有瑜等，2001)；第二种方法是利用伊利石多型并认为成岩自生伊利石为 1M 多型(包括 $1M_d$)，碎屑伊利石为 $2M_1$ 多型(Grathoff et al.，1998)，前者使用的是自然风干定向片(样品)，用样较少，后者使用的是压片(非定向样品)，用样较多。碎屑伊利石 XRD 定量分析同时也是 IAA 技术的主要误差来源。

尽管从理论上讲，不管是 IAA 技术还是"校正年龄"都存在一定的不确定性，如可否将测试样品看成是由自生伊利石和碎屑伊利石组成的二端元体系，该二端元组分是否线性相关等。经验证明，实际样品分析中，碎屑伊利石含量分析误差较大常常是导致"校正年龄"过大或过小的主要原因，有时甚至不能进行"校正年龄"计算。产生这种现象的原因主要有以下两点：一是绝对含量相对较低（小于 10%或更低）时，XRD 定量分析的误差较大，很难达到 IAA 技术或"校正年龄"计算的精度要求；二是利用 XRD 技术，很难将未经成岩改造的风化成因的 I/S 间层矿物与成岩自生 I/S 间层矿物区分开。为了解决这一技术难题，国外许多著名学者利用计算机模拟技术对此进行了深入研究与探索并开发出了相应的专用定量分析软件，如 NEWMOD、WILDFIRE、PolyQuant（Ylagan，2002）等。与国外相比，国内在这一方面的差距可能相对较大，只是根据峰位和结晶度指数，在利用分峰技术方面进行了初步探索（张有瑜等，2007；Zhang et al.，2011），在利用计算机模拟技术方面可能还是一项空白，亟待进一步探索与提高。

五、自生伊利石 Ar-Ar 法测年技术及其与 K-Ar 法的对比

自生伊利石 K-Ar 法、Ar-Ar 法同位素测年技术是常规 K-Ar 法、Ar-Ar 法同位素测年技术的发展与延伸。长期以来，常规 K-Ar 法由于具有适用范围广、简便快捷和费用较低等许多优点而成为应用最广的同位素测年方法之一。常规 Ar-Ar 法是常规 K-Ar 法的进一步发展与改进。常规 Ar-Ar 法由于具有独特的实验技术，如快中子活化、逐级加热（阶段升温）等而受到了越来越广泛的重视和应用。常规 K-Ar 法由于需要利用不同的仪器和方法分别测钾、测氩，容易引起实验误差，尤其是当样品不均一时。此外，常规 K-Ar 法中的氩含量测定采用的是一次熔样，只能给出一个年龄，一是当样品受热历史较为复杂时，不能详细反映样品所经历的受热过程，二是不利于研究过剩氩问题，当样品中含有过剩氩时，所测年龄明显偏大。与常规 K-Ar 法相比，常规 Ar-Ar 法不用分别测钾、测氩，可以避免因样品不均一而引起的实验误差，并可以给出更加丰富的地质信息。$^{40}Ar/^{39}Ar$ 年龄谱、$^{40}Ar/^{39}Ar$ 等时线等年龄数据处理方法可以用于研究样品所经历的受热过程和过剩氩等问题。

但是，由于存在"核反冲丢失"现象，常规 Ar-Ar 法在自生伊利石年龄测定领域遇到了极大的挑战。"核反冲丢失"现象指的是在快中子照射过程中，^{39}K 转变成 ^{39}Ar，^{39}Ar 会获得足够的能量从其母原子的晶格位置上发生位移，反冲到周围的环境中并发生丢失，从而使年龄偏老。研究表明，"核反冲"丢失程度一般为 10%～35%（Dong et al.，1995）。为了解决"核反冲"问题，学者采取了许多办法，如石英管真空封装技术（Foland et al.，1992；Smith et al.，1993；Onstott et al.，1997）、总气体年龄和保留年龄（Dong et al.，1995）等，但效果尚需进一步探讨。"核反冲丢失"现象使伊利石 Ar-Ar 法颇具争议，有的认为"可以测定古老沉积物的成岩年龄"（Dong et al.，1995），有的则并不这么乐观。Hamilton（2003）对砂岩中黏土胶结物放射性测年技术进行了综述，其中写到："Brereton 等（1976）和 Foland 等（1984）的研究表明，对于海绿石来说，^{40}Ar-^{39}Ar 年龄比 K-Ar 年龄大的原因是由于快中子照射过程中的核反冲丢失，核反冲作用使照射后的 ^{39}Ar 分布已经

不能反映母体^{40}K 的分布，并进一步指出，这种由阶段升温所得到的^{40}Ar-^{39}Ar 年龄谱没有意义，即使具有一个貌似合理坪年龄段，因为这种年龄谱是核反冲和真空加热过程中的矿物分解两种效应的综合反映。”

作者认为，核反冲现象非常复杂，对于不同学者的观点和结论均应科学对待，谨慎使用。此外，伊利石又是一个非常宽泛的概念，成因多样，成分多变，结晶度更是千差万别，再加上既有古老的伊利石，也有非常年轻的伊利石。对于有的伊利石，核反冲现象可能没那么严重，而对于有些伊利石，核反冲现象则可能会非常强烈，必须认真对待。不同的学者研究不同的对象，如海绿石、斑脱岩中的伊利石，泥页岩中的伊利石，断层泥中的伊利石和古老沉积物中的伊利石等，所得出的观点和结论，对于其所研究的对象（样品）可能成立，但对于其他的对象可能就未必成立，并不具有普遍性的代表意义，尤其是将其拓展到砂岩油气储层中的自生伊利石时，更应该科学分析，慎重对待，切不可盲目照搬，简单套用。

下面以苏里格气田为例，对比分析储层自生伊利石 K-Ar 和 Ar-Ar 年龄测定结果的差异。苏里格气田位于鄂尔多斯盆地，储层为二叠系下石盒子组石英砂岩，黏土矿物主要为丝状自生伊利石。苏里格气田自生伊利石 K-Ar 年龄、未真空封装 Ar-Ar 总气体年龄、真空封装 Ar-Ar 总气体年龄、真空封装 Ar-Ar 坪年龄分别为 161～141Ma、237～171Ma、152～130Ma 和 190～170Ma（黄道军等，2004；王龙樟等，2004，2005；张有瑜等，2014a）。

关于苏里格气田的成藏期，天然气地球化学和流体包裹体研究结果基本一致，即主要有两期，分别是早侏罗世晚期—晚侏罗世晚期（190～154Ma）和早白垩世（137～96Ma），主要成藏期，即生气高峰期为晚侏罗世—白垩纪（159～96Ma），可能与中生代晚期的燕山期构造热事件有关（刘新社等，2007；林良彪等，2009；张文忠等，2009）。通过对比可以发现，苏里格气田自生伊利石 K-Ar 年龄很好地反映了成藏时代、成藏特征和成藏过程；自生伊利石未真空封装 Ar-Ar 总气体年龄、自生伊利石真空封装 Ar-Ar 坪年龄明显偏老，不能反映成藏时代；自生伊利石真空封装 Ar-Ar 总气体年龄和 K-Ar 年龄基本一致，可能反映成藏时代。

苏里格气田自生伊利石 K-Ar 年龄测定、未真空封装 Ar-Ar 年龄测定和真空封装 Ar-Ar 年龄测定对比研究表明，对于利用自生伊利石同位素测年技术探讨砂岩油气藏成藏时代，K-Ar 法测年技术效果较好，是第一选择并具有较好的应用前景；未真空封装 Ar-Ar 测年技术很难获得理想的年龄数据和较好的应用效果，可以不予考虑；真空封装 Ar-Ar 测年技术，如果运用得当，有可能获得相对较好的年龄数据和相对较好的应用效果，但技术复杂、环节多、周期长和费用高等将会严重制约其发展和应用。

参考文献

陈文寄，彭贵. 1991. 年轻地质体系的年代测定. 北京：地震出版社.

陈元壮，刘洛夫，陈利新，等. 2004. 塔里木盆地塔中、塔北地区志留系古油藏的油气运移. 地球科学：中国地质大学学报，29(4)：473-482.

崔海峰，郑多明，滕团余. 2009. 塔北隆起哈拉哈塘凹陷石油地质特征与油气勘探方向. 岩性油气藏. 20(2)：54-58.

崔军平，任战利，陈金红，等. 2007. 海拉尔盆地乌尔迅凹陷油气成藏期次分析. 西北大学学报（自然科学版），37(3)：465-469.

邓良全，刘胜，杨海军. 2000. 塔中隆起石炭系油气成藏期研究. 新疆石油地质，21(1)：23-26.

福尔. 1983. 同位素地质学原理. 潘曙兰，乔广生，译. 北京：科学出版社.

高岗，黄志龙，刚文哲. 2002. 塔里木盆地依南 2 气藏成藏期次研究. 古地理学报，4(2)：98-104.

胡振铎，欧光习，夏毓亮，1999. 辽河滩海地区下第三系古地温及生烃成藏时间的地球化学研究. 北京：核工业北京地质研究院.

黄道军，刘新社，张清，等. 2004. 自生伊利石 K-Ar 测年技术在鄂尔多斯盆地油气成藏时期研究中的应用. 低渗透油气田，9(4)：37-39.

贾承造. 1997. 中国塔里木盆地构造特征与油气. 北京：石油工业出版社.

李小地，张光亚，田作基，等. 2000. 塔里木盆地油气系统与油气分布规律. 北京：地质出版社.

李志昌，路远发，黄圭成. 2004. 放射性同位素地质学方法与进展. 武汉：中国地质大学出版社.

林良彪，蔺宏斌，侯明才，等. 2009. 鄂尔多斯盆地苏里格气田上古生界天然气地球化学及成藏特征. 沉积与特提斯地质，29(2)：77-82.

刘四兵，沈忠民，吕正祥，等. 2009. 川西坳陷中段须二段天然气成藏年代探讨. 成都理工大学学报（自然科学版），36(5)：523-530.

刘新社，周立发，侯云东. 2007. 运用流体包裹体研究鄂尔多斯盆地上古生界天然气成藏. 石油学报，28(6)：37-42.

卢玉红，肖中尧，顾乔元，等. 2007. 塔里木盆地环哈拉哈塘凹陷海相油气地球化学特征与成藏. 中国科学 D 辑：地球科学，37(A02)：167-176.

罗修泉. 1998. 钾氩同位素地质年龄测定（DZ/T 0184.7 — 1997）//中华人民共和国地质矿产部发布. 同位素地质样品分析方法（DZ/T 0184.1-0184.22—1977）. 北京：中国标准出版社：55-60.

田作基，张光亚，邹华耀，等. 2001. 塔里木库车含油气系统油气成藏的主控因素及成藏模式. 石油勘探与开发，28(5)：12-16.

王飞宇，郝石生，雷加锦. 1998. 砂岩储层中自生伊利石定年分析油气藏形成期. 石油学报，19(2)：40-43.

王红军，张光亚. 2001. 塔里木克拉通盆地油气勘探对策. 石油勘探与开发，28(6)：50-52.

王龙樟，戴橦谟，彭平安. 2004. 气藏储层自生伊利石 $^{40}Ar/^{39}Ar$ 法定年的实验研究. 科学通报，49(增刊Ⅰ)：81-85.

王龙樟，戴橦谟，彭平安. 2005. 自生伊利石 $^{40}Ar/^{39}Ar$ 法定年技术及气藏成藏期的确定. 地球科学：中国地质大学学报，30(1)：78-82.

肖晖，任战利，崔军平. 2008. 塔里木盆地孔雀 1 井志留系含气储层成藏期次研究. 石油实验地质，30(4)：357-362.

辛仁臣，田春志，窦同君. 2000. 油藏成藏年代学分析. 地学前缘，7(3)：48-54.

徐同台，王行信，张有瑜，等. 2003. 中国含油气盆地黏土矿物. 北京：石油工业出版社.

张光亚，等. 2002. 塔中北坡志留系油气藏成藏条件研究. 库尔勒：塔里木油田勘探开发研究院内部研究报告.

张文忠，郭彦如，汤达祯，等. 2009. 苏里格气田上古生界储层流体包裹体特征及成藏期次划分. 石油学报，30(5)：685-691.

张有瑜. 1990. 粘土矿物与粘土矿物分析. 北京：海洋出版社.

张有瑜，罗修泉. 2004. 油气储层自生伊利石 K-Ar 同位素年代学研究现状与展望. 石油与天然气地质，25(2)：231-236.

张有瑜，罗修泉. 2009. 油气储层自生伊利石分离提纯微孔滤膜真空抽滤装置：中国，ZL 2006 1 0090591.1.

张有瑜，罗修泉. 2011a. 英买力沥青砂岩自生伊利石 K-Ar 测年与成藏年代. 石油勘探与开发，38(2)：203-208.

张有瑜，罗修泉. 2011b. 油气储层自生伊利石分离提纯微孔滤膜真空抽滤装置与技术. 石油实验地质，33(6)：671-676.

张有瑜，罗修泉. 2012. 塔里木盆地哈 6 井石炭系、志留系砂岩自生伊利石 K-Ar、Ar-Ar 测年与成藏年代. 石油学报，33(5)：748-757.

张有瑜，董爱正，罗修泉. 2001. 油气储层自生伊利石分离提纯及其 K-Ar 同位素测年技术研究. 现代地质，15(3)：315-320.

张有瑜，罗修泉，宋健. 2002. 油气储层中自生伊利石 K-Ar 同位素年代学研究若干问题的初步探讨. 现代地质，16(4)：403-407.

张有瑜，Zwingmann H，Andrew T，等. 2004. 塔里木盆地典型砂岩油气储层自生伊利石 K-Ar 同位素测年研究与成藏年代探讨. 地学前缘，11(4)：637-648.

张有瑜，Zwingmann H，刘可禹，等. 2007. 塔中隆起志留系沥青砂岩油气储层自生伊利石 K-Ar 同位素测年研究与成藏年代探讨. 石油与天然气地质，28(2)：166-174.

张有瑜，Zwingmann H，刘可禹，等. 2014a. 油气砂岩储层自生伊利石制冷—加热循环解离技术实验研究. 石油实验地质，36(6)：752-761.

张有瑜，Zwingmann H，刘可禹，等. 2014b. 自生伊利石 K-Ar、Ar-Ar 测年技术对比与应用前景展望——以苏里格气田为例. 石油学报，35(3)：407-416.

张忠民，吴乃芩，周瑾. 2005. 东海西湖凹陷中央背斜带油气成藏模式研究. 天然气工业，25(10)：8-10.

张忠民，周瑾，邬兴威. 2006. 东海盆地西湖凹陷中央背斜带油气运移期次及成藏. 石油实验地质，28(1)：30-33.

赵靖舟，李启明. 2001. 塔里木盆地含油气系统特征与划分. 新疆石油地质，22(5)：393-396.

赵靖舟，田军. 2002. 塔里木盆地哈得 4 油田成藏年代学研究. 岩石矿物学杂志，21(1)：62-68.

赵杏媛，杨威，罗俊成，等. 2001. 塔里木盆地粘土矿物. 武汉：中国地质大学出版社.

周兴熙. 2000. 复合叠合盆地油气成藏特征—以塔里木盆地为例，地学前缘，7(3)：39-47.

朱怀诚，罗辉，王启飞，等. 2002. 论塔里木"东河砂岩"的地质时代. 地层学杂志，26(3)：197-201.

邹才能，陶士振，张有瑜. 2007. 松辽南部岩性地层油气藏成藏年代研究及其勘探意义. 科学通报，52(1)：1-11.

邹义声. 1996. 塔北隆起井下巴楚组及东河砂岩段的时代. 新疆石油地质，17(4)：358-363.

Brereton N R, Hooker P J, Miller J A. 1976. Some conventional potassium-argon and ^{40}Ar-^{39}Ar age studies of glauconite. Geological Magazine, 113(04)：329-340.

Curtis C D, Hughes C R, Whiteman J A, et al. 1985. Compositional variation within some sedimentary chlorites and some comments on their origin. Mineralogical Magazine, 49(352)：375-386.

Dong H L, Hall C M, Peacor D R, et al. 1995. Mechanisms of argon retention in clays revealed by laser ^{40}Ar-^{39}Ar dating. Science, 267：355-359.

Foland K A, Linder J S, Laskowski T E, et al. 1984. ^{40}Ar-^{39}Ar dating of glauconites: measured ^{39}Ar recoil loss from well crystallized specimens. Chemical Geology, 46(3)：241-264.

Foland K A, Hubacher F A, Aregart G B. 1992. ^{40}Ar-^{39}Ar dating of very fine-grained samples: an encapsulated vial procedure to overcome the problem of ^{39}Ar recoil loss. Chemical Geology, 102(1)：269-276.

Grathoff G H, Moore D M, Hay R L, et al. 1998. Illite polytype quantification and K/Ar dating of Plaeozoic shales: a technique to quantify diagenetic and detrital illite //Schieber J, Zimmerle W, Smith P. Shales and Mudstones II, E. Schweizerbart'sche Verlagsbuchhandlung (Nägele u. Obermiller), D-70176 Stuttgart：161-175.

Hamilton P J. 2003. A review of radiometric dating techniques for clay mineral cements in sandstones//Clay Mineral cements in sandstones. International Association of Sedimentologists Special Publication, 34：253-287.

Hamilton P J, Kelly S, Fallick A E. 1989. K-Ar dating of illite in hydrocarbon reservoirs. Clay Minerals, 24(2)：215-231.

Hamilton P J, Giles M R, Ainsworth P. 1992. K-Ar dating of illites in Brent Group reservoirs: A regional perspective//Geology of the Brent Group, Geological Society Special Publication, 61(1)：377-400.

Hillier S, Velde B. 1991. Octahedral occupancy and chemical composition of diagenetic (low temperature) chlorite. Clay Minerals, 26：149-168.

Kirsimae K, Jorgensen P, Kalm V. 1999. Low-temperature diagenetic illite-smectite in Lower Cambrian clays in North Estonia. Clay Minerals, 34(1)：151-163.

Lanson B. 1997. Decomposition of experimental X-ray diffraction patterns (profile fitting): A convenient way to study clay minerals. Clays and Clay Minerals, 45(2)：132-146.

Lanson B, Velde B. 1992. Decomposition of X-ray diffraction patterns: A convenient way to describe complex diagenetic smectite-to-illite evolution. Clays and Clay Minerals, 40(6)：629-643.

Lee M, Aronson J L, Savin S M. 1985. K-Ar dating of times of gas emplacement in Rotliegendes Sandstone, Netherlands. AAPG Bulletin, 69(9):1381-1385.

Liewig N, Clauer N, Sommer F. 1987. Rb-Sr and K-Ar dating of clay diagenesis in Jurassic sandstones oil reservoir, North Sea. AAPG Bulletin, 71(12):1467-1474.

Nier A O. 1950. A redetermination of the relative abundances of the isotopes of carbon, nitrogen, oxygen, argon, and potassium. Physical Review, 77(6): 789-793.

Onstott T C, Mueller P J, Vrolijk P J, et al. 1997. Laser $^{40}Ar/^{39}Ar$ microprobe analyses of fine-grained illite. Geochimica et Cosmochemica Acta, 61(18):3851-3861.

Pevear D R. 1992. Illite age analysis, a new tool for basin thermal history analysis//Proceedings of the 7th International Symposium on Water-Rock Interaction(offprint), Park City, UT, Water-Rock Interaction:1251-1254.

Pevear D R. 1994. Potassium-Argon dating of illite components in an earth sample: U. S. Patent, 5288695.

Pevear D R. 1999. Illite and hydrocarbon exploration//Proceedings from the National Academy of Sciences, 96:3440-3446.

Smith P E, Evensen N M, York D. 1993. First successful $^{40}Ar/^{39}Ar$ dating of glauconite: Argon recoil in single grains of cryptocrystalline material. Geology, 21(1): 41-44.

Steiger R H, Jager E. 1977. Subcommission on geochronology:Convention on the use of decay constants in geo- and cosmochronology. Earth and Planetary Science Letters, 36(3):359-362.

Sudo T, Shimada S, Yotsumodo H, et al. 1981. Electron Micrographs of Clay Minerals: Developments in Sedimentology. Amsterdam: Elsevier Science.

Velde B, Peck T. 2002. Clay mineral changes in the Morrow experimental plots, University of Illinois. Clays and Clay Minerals, 50(3):364-370.

Whittle C K. 1986. Comparison of sedimentary chlorite compositions by X-ray diffraction and analytical TEM. Clay Minerals, 21: 937-947.

Ylagan R F, Kim C S, Pevear D R, et al. 2002. Illite polytype quantification for accurate K-Ar age determination. American Mineralogist, (8):1536-1545.

Zhang Y Y, Zwingmann H, Andrew T, et al. 2005. K-Ar dating of authigenic illtes and its applications to the study of hydrocarbon charging histories of typical sandstone reservoirs in Tarim Basin, China. Petroleum Science, 2(2): 12-24.

Zhang Y Y, Zwingmann H, Liu K Y, et al. 2011. Hydrocarbon charge history of the Silurian bituminous sandstone reservoirs in the Tazhong uplift, Tarim Basin, China. AAPG Bulletin, 95(3):395-412.

Zwingmann H, Clauer N, Gaupp R. 1998. Timing of fluid flow in a sandstone reservoir of the north German Rotliegend (Permian) by K-Ar dating of related hydrothermal illite. Geological Society. London: Special Publications, 144(1): 91-106.

第四章　流体包裹体分析技术

流体包裹体是地质流体的重要记录，流体包裹体分析在地质流体研究领域始终起着其他方法不可替代的作用和优势，已广泛应用于矿床学、构造地质学、壳幔演化、石油勘探及岩浆岩系统演化过程等地学领域。流体包裹体应用于油气成藏和石油勘探研究虽然起步较晚，但近些年来，流体包裹体分析技术取得了重要进展，流体包裹体分析向精细化、定量化和综合化的方向发展，使流体包裹体的应用更加广泛、更加成熟，在复杂油气藏油气成藏过程和成藏历史研究中发挥了越来越重要的作用。本章从流体包裹体的分析基础出发，系统介绍了岩相学观察、温盐测试、包裹体成分分析及 PVTX 模拟分析的内容、步骤和技术现状，最后总结了流体包裹体分析在油气成藏研究中的应用情况。

第一节　流体包裹体分析基础

流体包裹体是指成岩成矿流体在矿物结晶生长过程中，被包裹在矿物晶格缺陷或穴窝中的、至今尚在主矿物中封存并与主矿物有着相的界限的那部分物质。包裹体在主矿物结晶生长过程中被捕获之后，便不受外来物质的影响，它与主矿物有着相的界限，并成为独立体系，包裹体与主矿物共存，一直保留至今。在沉积盆地中，在各种岩石中的自生矿物和次生裂隙中存在许多流体包裹体。十种最常见流体包裹体的矿物(按包裹体出现的多少为序)依次为石英、萤石、石盐、方解石、石榴子石、磷灰石、白云石、重晶石、黄玉和闪锌矿。在矿床岩石中流体包裹体的长径一般小于 100μm，通常为 10～20μm；在沉积岩石中，流体包裹体的长径一般小于 10μm，通常为 2～5μm，甚至更小。

研究流体包裹体的根本目的是了解成岩成矿过程中的化学环境和物理化学条件。由于包裹体成因和后期变化的复杂性，并不是任何包裹体都能提供所需要了解的各种信息，因此必须从繁杂多样的包裹体中，选择符合研究条件的包裹体。这些条件就是包裹体研究中一般为人接受的三个基本假设或前提，它们是：①均一体系，即包裹体形成时，捕获在包裹体内的物质为均匀相；②封闭体系，即包裹体形成后，没有物质的进入或逸出；③等容体系，即包裹体形成后，包裹体的体积没有发生变化。一般认为，只有符合这三个前提条件的包裹体的测定结果才是有效的和可靠的。但是，近年来的研究表明，许多包裹体是在非均匀或不混溶的流体体系中捕获的，即捕获时的流体相态就存在两相以上，如沸腾包裹体和部分油气包裹体。对于这些特殊类型的包裹体或不符合三项基本假设的包裹体，在应用中需加以甄别和注意。

一、流体包裹体形成与分类

在一个矿物晶体完整的结晶过程中，任何阻碍或抵制晶体生长的因素都可造成晶体生长缺陷，从而形成包裹体。矿物中保存下来的流体包裹体是多种多样的，它们记录了矿物生长和演化时的各种条件，具有不同的成因意义。目前，主要从成因、相态和形成世代关系上对流体包裹体进行分类。

（一）按照成因分类

根据包裹体与其宿主矿物形成的时间关系可将流体包裹体分为三种成因类型：原生、次生和假次生包裹体。

1. 原生包裹体

原生包裹体是在矿物的结晶过程中被捕获的包裹体，与主矿物同时形成，常沿矿物的生长（结晶）面分布，其中包裹的流体可代表主矿物形成时流体的物理化学条件。

2. 假次生包裹体

假次生包裹体是原生包裹体的一种特殊类型，是在主矿物的结晶过程中，因某种原因使主矿物产生裂隙，而后有成矿流体充填其中，经裂隙愈合而封存的成矿流体。由于晶体的继续生长，这种包裹体分布在晶体内部。因为它是沿愈合裂隙或穿过多层晶带的蚀坑中分布，故有次生包裹体的分布特点，但这类包裹体在时间上是与主矿物同时形成，其成分与原生包裹体没有多大差别，因此称为假次生包裹体，实际上可归于原生包裹体一类。

3. 次生包裹体

次生包裹体形成于主矿物结晶之后。当后期热液流体沿矿物的裂隙、解理、孔洞进来，对矿物进行溶解，使之重结晶，在此过程中捕获形成了次生包裹体。次生包裹体中的流体与形成主矿物的流体不同，并且常沿切穿矿物颗粒的愈合裂隙分布。储层成岩、成藏研究中关注的主要是次生包裹体。

（二）按相态分类

根据室温下包裹体出现的相态不同，可以将流体包裹体分为以下几种相态类型（表 4.1）：纯液体包裹体、纯气体包裹体、液体包裹体、气体包裹体、含子矿物包裹体和CO_2包裹体。其中，尽管油气包裹体只是流体包裹体中的一个小类，但却是油气成藏研究中的重要对象。

表 4.1　流体包裹体的分类及其特征（据刘德汉等，2007，修改）

分类	相数	包裹体类型	特征
物理相态分类	1	纯液体包裹体	在室温下全为液相
	2	纯气体包裹体	在室温下全为气相
	2	液体包裹体	液体占整个包裹体体积 50%以上，均一到液相
	2	气体包裹体	气相占整个包裹体体积的 50%以上，均一到气相
	≥3	含子矿物包裹体	除液相或气相外，含有各种子矿物如 NaCl、KCl、赤铁矿、方解石等
	≥3	CO_2 包裹体	在低于 CO_2 临界温度时可见气体 CO_2、液体 CO_2 和水溶液三相
成因分类		原生包裹体	与主矿物同时形成
		假次生包裹体	位于主矿物裂隙中，与主矿物同时形成
		次生包裹体	位于主矿物裂隙中，晚于主矿物形成

油气包裹体是指主要由石油、烃类气体组成的包裹体，又称为烃类包裹体，相态类型多样。油气包裹体中除油气以外，可能还含有水，称为含烃盐水包裹体。一般认为油气运移充注过程中只要发生成岩作用就会形成油气包裹体。悬浮油滴分布在盐水溶液中，矿物结晶生长时，捕获盐水容易形成盐水包裹体，捕获石油形成油气包裹体，两者一起捕获则形成既含油气又含水溶液的含烃盐水包裹体。油气包裹体，又可按包裹体中烃类物质的物理相态进一步分类(图 4.1)。

(1) 液烃包裹体：室温下，包裹体由液态烃单相组成[图 4.1(g)]。这种包裹体一般透光均匀，颜色新鲜，但色泽深、浅取决于包裹体中液烃的沥青和非烃含量及包裹体的位置。在透射单偏光下，随着石油成分成熟度由低到高，包裹体呈黑褐色-黄褐色-褐黄色-黄色-浅黄色-透明无色变化，在 UV 紫外光激发下，显示暗褐色-褐色-黄褐色-黄色-黄白色-黄绿色-蓝白色-蓝色的荧光变化。

(2) 含沥青液烃包裹体：室温下，包裹体由液态烃和固体沥青两相组成[图 4.1(f)]。这种包裹体被捕获初期的颜色、荧光特征与液烃包裹体特征完全一致，只是由于后期的分异-沉淀作用或一定限度的热裂解作用，导致包裹体中石油成分分布不均匀，沥青发生沉淀堆积、碳化固结，在包裹体中产生了不可逆反的物理化学变化。因此，在透射单偏光下，这类包裹体要么呈黑褐、灰褐或灰黑色，要么可以观察到块状或丝状沥青附着在包裹体壁上。

(3) 气液烃包裹体：室温下，包裹体由气、液态烃两相组成[图 4.1(a)、图 4.1(b)]。包裹体中液态烃的颜色、荧光特征与液烃包裹体类同，气烃以气泡形式存在，呈灰色或深灰色。

(4) 含沥青气液烃包裹体：室温下，包裹体由气、液态烃和固态沥青组成[图 4.1(e)]。包裹体中气、液、固三相明显可见，显然是发生了不可逆反的物理化学变化。

(5) 气烃包裹体：室温下，包裹体由气态烃单相组成，在透射单偏光下呈灰色或深灰色。这类包裹体因具有中心厚、边缘薄的特征而具有“透镜”聚光效应，使包裹体的中心部位透光性较强而发亮。在 UV 激发下不显荧光，或由于包裹体的内边缘仍然覆盖有薄层的液态烃(含芳烃)而显示弱荧光。

(6) 含烃盐水包裹体：室温下，包裹体由液相水溶液和烃类物质组成。根据相态特征可进一步分为水(L)-油(L)、水(L)-气(V)二相包裹体和水(L)-油(L)-气(V)三相包裹体[图 4.1(c)、图 4.1(d)]。含烃盐水包裹体的形成表明油、气、水在地下主要以非混溶或不完全混溶相的形式存在。含油盐水包裹体在紫外光下油相可发荧光而水相不发光，可很好区分。含甲烷盐水包裹体一般较难与纯水包裹体区分，但可以通过激光拉曼光谱检测气泡中是否有甲烷的存在，而且随着甲烷浓度的增加，气泡的颜色逐渐加深变黑，所以通过气泡的颜色也可大致区分含甲烷的盐水包裹体和纯水溶液包裹体。

(7) 沥青包裹体：在油气包裹体中还存在一类以固体沥青形式产出的特殊包裹体，即沥青包裹体。这类包裹体形成于上述各种类型的包裹体后期演化后的泄漏和包裹体中沥青的进一步富集，纯的沥青质包裹体多为不规则形状，封闭性差，呈黑褐色，多数情况下无荧光显示。

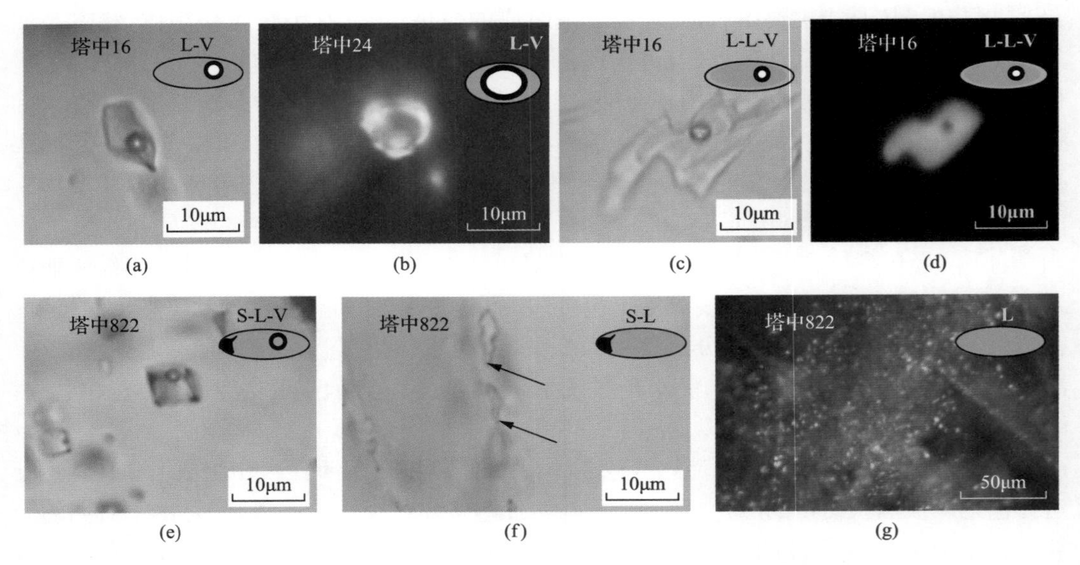

图 4.1 塔中地区奥陶系油气藏油包裹体类型显微照片

L-V. 气-液相；L-L-V. 液-液-气相；S-L-V. 固-液-气相；S-L. 固-液相；L. 液相。
(a)近蓝色气-液两相包裹体；(b)近蓝色气-液两相油包裹体；(c)、(d)近蓝色水-油-气三相包裹体；
(e)含沥青固-液-气相包裹体；(f)含沥青固-液相包裹体；(g)近白色液态单相包裹体

(三) 按照世代关系分类

成岩期的包裹体记录的是各成岩阶段包裹体形成时的温度、压力与成分，因此按成岩矿物世代关系分类更科学。某一世代形成的包裹体一般都具有相似的特征，可称之为流体包裹体组合(FIA)。流体包裹体组合指的是通过岩相学方法能够分辨出来的、代表最细分的包裹体捕获事件的一组包裹体(Goldstein and Reynolds，1994)，每个流体包裹体组合都是建立在岩相学关系基础之上并代表一期包裹体捕获事件。在确定包裹体组合时应该对以下特征分析：①包裹体产状；②荧光颜色及非均质性；③室温下气泡大小；④相态及变化。如果同一个流体包裹体组合捕获了均一的流体相，并且其体积和成分在捕获后未发生变化，这些包裹体应具有相同的成分、密度和均一温度。如果流体包裹体组合内包裹体的测温数据基本一致，可以推测该包裹体组合满足均一捕获和等容体系的假定，测温数据是有效的，所测的均一温度和冰点温度数据才可以放到同一直方图作解释。因此，准确的划分包裹体组合是显微测温和成藏期次研究的基础。

Bondar(1994)对沉积砂岩中可能遇到的各种世代和类型的包裹体组合进行了分类(图 4.2)：在一些石英颗粒中见到气体包裹体和含子矿物包裹体组合，将它们叫做Ⅰa，该包裹体组合提供了石英砂粒的可能来源，即可能来自岩浆岩或高温热流体；在另一些石英颗粒中则见到 H_2O-CO_2 包裹体组合，称之为Ⅰb1，可能反映出原岩是一种中到高等的变质岩；在Ⅰb1 包裹体的边上还有低盐度、排列整齐的次生盐水包裹体组合Ⅰb2，从成分及排列分布推测，它可能是在变质高峰之后沿裂隙形成的假次生包裹体。Ⅰa、Ⅰb1 和Ⅰb2 包裹体均是在沉积岩成岩之前形成的。在沉积岩成岩过程中石英胶结形成石英加大边，在胶结物和石英加大边中可见到第Ⅱ世代包裹体组合，Ⅱa为石英加大边内带中发育的油气包裹体和伴生的盐水包裹体，这是在石英胶结和油气运移过程中形成的包裹体，代表了油气运移和成藏时的条件，Ⅱb为在石英加大边外带中的盐水包裹体，盐度比Ⅱa的盐水包裹体可能要高，代表了油气运移之后和最后一次胶结阶段的流体特征；第Ⅲ世代包裹体是一组低盐度的盐水包裹体，切穿了石英碎屑颗粒、石英加大边和胶结物，沿愈合裂隙分布，为最后一期包裹体，代表了沉积盆地中最后一次热液活动。Pironon(2004)建议将碎屑岩中的包裹体按其赋存位置分类(图4.3)，划分为碎屑颗粒中孤立分布的包裹体、碎屑颗粒裂隙内的包裹体、切穿碎屑颗粒-加大边的裂隙中的包裹体、碎屑颗粒-加大边之间的包裹体、第n期加大边内的包裹体，以及第n和$n+1$期加大边之间的包裹体。对于碳酸盐岩储层，其成岩作用通常包括早期重结晶晶粒、早期胶结或矿物次生加大、晚期亮晶胶结、多期次缝(洞)发育-充填等矿物形成过程，每个阶段都可形成油气包裹体，按照从早到晚的时间顺序，可以依次划分为第一世代油气包裹体、第二世代油气包裹体、……、第n世代油气包裹体。

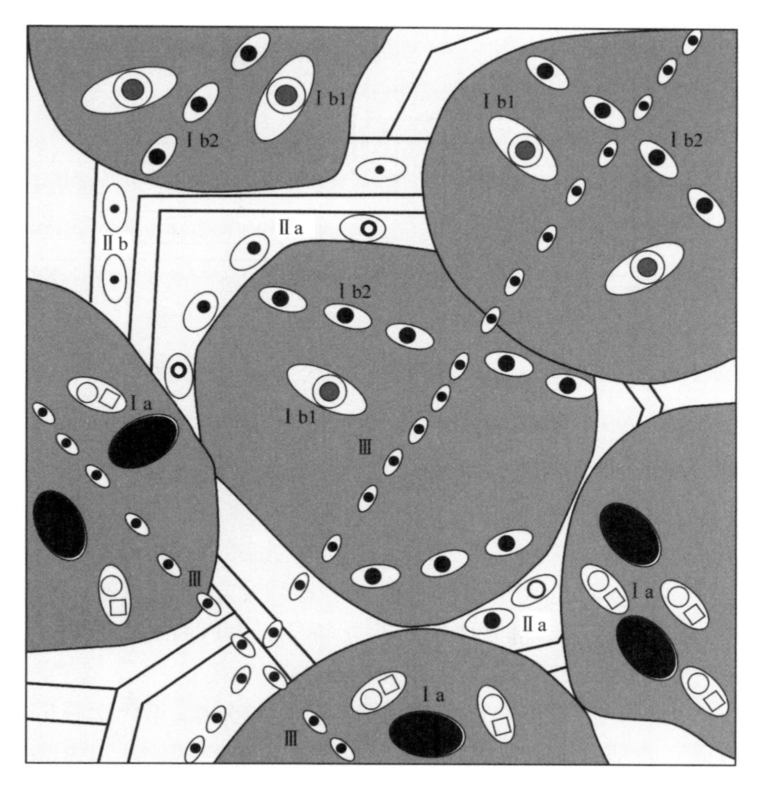

图4.2　一个沉积盆地中可能遇到的各种世代和类型的包裹体(据Bodnar，1994)

简单起见，可将发生成岩作用之前石英颗粒内部形成的包裹体统称为继承包裹体，即沉积岩物源碎屑矿物中的包裹体，在沉积作用前已捕获，仅反映母岩形成和演化的物理化学信息，如Ⅰa和Ⅰb；将在成岩过程中形成的包裹体统称为成岩包裹体，即沉积岩形成之后在后期埋藏成岩过程中捕获于成岩自生矿物(胶结物、交代矿物、重结晶矿物、裂隙充填

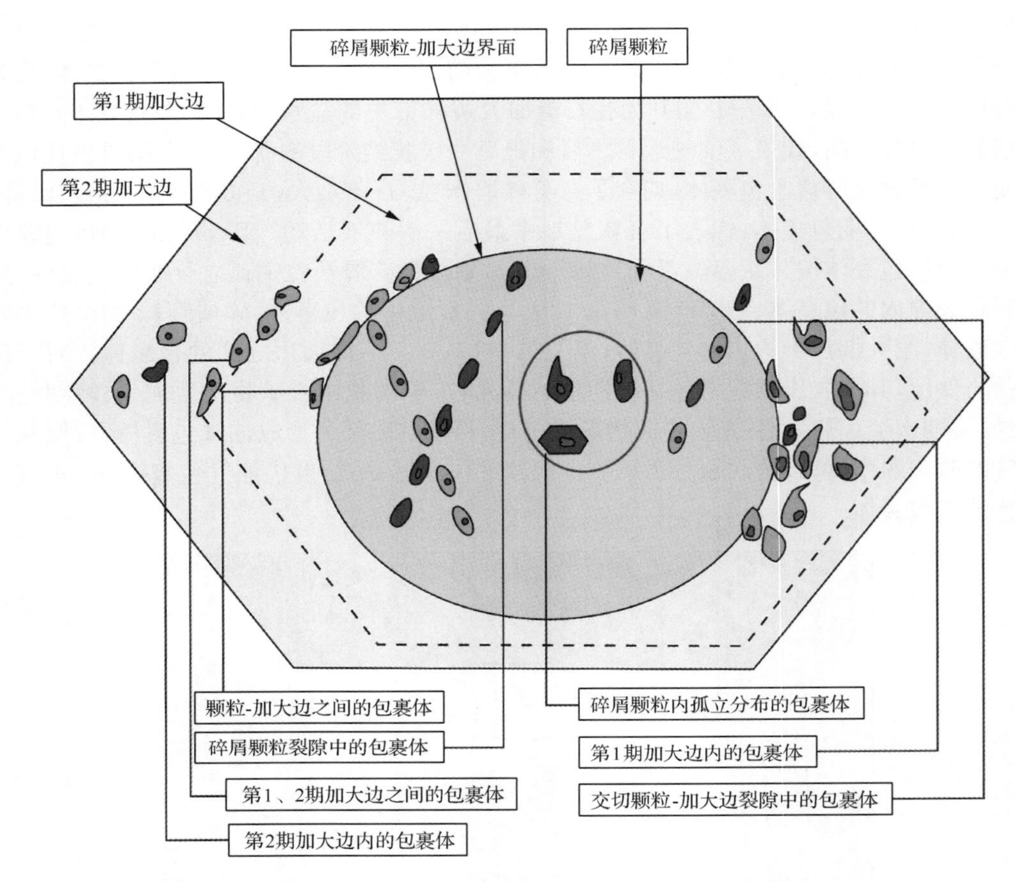

图 4.3 碎屑岩中包裹体的赋存位置及其世代关系示意图(据 Pironon,2004)

矿物和次生加大矿物等)中的包裹体,如Ⅱa、Ⅱb 和Ⅲ,反映了沉积成岩作用和油气运移聚集的流体信息,是石油地质和油气成藏研究关注的主要对象。

二、流体包裹体研究内容

流体包裹体保存了当时地质环境的各种地质地球化学信息(P、T、PH、X 等)。通过研究流体包裹体,可以获得流体包裹体的岩相学特征、捕获时的温度、压力、流体的成分、同位素、流体的盐度、密度、pH、Eh、流体捕获的年龄等重要信息(表 4.2)。据此,可以将流体包裹体研究的内容分为岩相学观察、温度测定、成分分析、年代学分析、捕获温度压力模拟分析五个方面。目前,在这些方面都有了较为成熟的测试仪器和方法,并取得了较好的应用效果(表 4.3)。

表 4.2 从流体包裹体研究中所能获得的基本参数(据卢焕章等,2004,修改)

参数	获得参数所用的方法	参数的地质意义
岩相学特征	偏光、荧光、阴极发光显微镜镜下观察	包裹体特征、类型、组合、赋存矿物及世代关系
温度 均一温度(T_h) 爆裂温度(T_d) 冷冻温度(T_f) 捕获温度(T_t)	 均一法 爆裂法 冷冻法 均一温度+压力校正值	成矿流体捕获时的温度、成矿流体相变的温度、成岩成矿和变质时流体的温度
压力	NaCl-H_2O 体系法 CO_2-H_2O 体系法 CO_2-CH_4 体系法 PVTX 模拟分析法	成岩成矿时流体的压力、变质作用时流体的压力、深源岩石的压力
盐度	冷冻法(利用冰晶最后溶化温度换算)、均一法(利用子矿物溶化温度换算)	成矿流体离子浓度的总和;不同流体区分的依据
成分	群体和单个包裹体成分分析法,进一步可分为破坏和非破坏性成分分析法	确定成岩成矿流体的成分、组成
同位素	打开包裹体进行 δD、δO 和 δC 同位素分析	确定成岩成矿流体的来源、烃类流体的成熟度
密度	均一法、冷冻法、体积法	确定成矿流体的密度
pH	打开包裹体直接测定及根据包裹体成分进行计算	矿物沉淀时的 pH
Eh	根据包裹体成分进行计算	矿物沉淀时的氧化-还原环境
捕获年龄	PVT 模拟与埋藏史、热史相结合 K-Ar 法、Rb-Sr 法	确定流体捕获的地质年龄

表 4.3 流体包裹体分析项目、分析内容及使用仪器情况表

分析项目	分析内容	使用仪器
流体包裹体岩相学	鉴定薄片中矿物的种类及共生组合关系,观察包裹体的类型、产状及共生组合关系	多功能显微镜(透射光+偏光+荧光)、阴极发光显微镜
流体包裹体测温学	油气包裹体及与之伴生含烃盐水包裹体均一温度测定	多功能显微镜+冷热台
流体包裹体成分分析	单个包裹体成分分析	显微荧光光谱仪*、显微傅里叶红外光谱仪*、显微激光拉曼光谱仪*、同步辐射 X 射线荧光(SXRF)、微束质子诱发 X 射线法(PIXE)、激光剥蚀(消融)电感耦合等离子体质谱(LA-ICP-MS)
	群体包裹体成分分析	色谱-质谱-同位素质谱仪*、颗粒荧光分析仪*、电感耦合等离子质谱仪、离子色谱仪
流体包裹体捕获温度压力分析	包裹体气液比精确测定、PVTX 模拟捕获温度和压力	激光共聚焦扫描显微镜*、PVTsim 模拟软件*、PIT 模拟软件*
流体包裹体年代学分析	包裹体捕获温度与埋藏史热史相结合、包裹体 Rb-Sr 等时线年龄、包裹体 ^{40}Ar-^{39}Ar 定年	同位素质谱仪

* 表示该仪器多用于油气包裹体。

三、流体包裹体研究现状

油气包裹体的研究相对于常规的流体包裹体研究虽然起步较晚，但最近20多年来日益受到石油地质学家的重视，成为研究油气成藏机理的一种最有效的方法。油气包裹体分析技术已广泛地应用于不同地区不同地质时代的各种类型的油气藏研究中。世界上，澳大利亚联邦科学和工业研究组织（CSIRO）、法国Nancy大学、法国铀矿地质研究中心（CREGU）和英国Newcastle大学等著名研究单位在油气包裹体测试技术与研究方面取得了重要突破与诸多成果。我国学者（施继锡等，1987；张文淮，1987；刘德汉，1995；张鼐等，2005；欧光习等，2006；王飞宇等，2006）也作了大量的研究工作，并取得了许多成果。近些年来，在油气包裹体研究方面取得了最新进展包括：

（1）利用共聚焦激光扫描显微镜（confocal laser scanning microscopy，CLSM）对石油包裹体三维形态和体积气液比的精细测定，再与PVTsim模拟计算相结合，可以了解单个油气包裹体中从C_1到C_{20}以上的碳氢化合物的组成特性。

（2）石油包裹体岩相学观测与包裹体有机地球化学的综合研究相结合，更有效地鉴别石油的生成和热演化阶段，剖析石油从含油地层中迁移到储油层的聚集成藏过程和充注期次，为油源的精细对比、油藏的后期变化与原油的生物降解研究等提供科学依据。

（3）通过对油气包裹体捕获温度与捕获压力的热动力学计算与应用，阐明油气藏的成藏期次和成藏条件，可以确定包裹体捕获时的古温度、古压力、流体相态及其演化（Aplin et al.，1999，2000；Pironon，2004）。

（4）通过将激光纯化系统与高分辨率的色谱-质谱分析仪相结合（Volk et al.，2010；张志荣等，2011），可实现对单个油气包裹体的分子组成信息进行检测，弥补了群体包裹体成分分析时多期次包裹体成分混合的问题。

总之，随着流体包裹体分析测试仪器和技术的发展，目前已基本形成一套流体包裹体分析的系列技术，流体包裹体分析也朝着精细化、定量化和综合化的方向发展，特别是流体包裹体各种成分分析方法和流体包裹体年代学分析方法的建立和发展，使流体包裹体的应用更加广泛、更加成熟。

第二节　流体包裹体岩相学观察

当油气进入储层后，油气流体和先期存在于岩石孔隙中的地层水会以包裹体的形式被捕获于同期或稍早期形成的成岩矿物或者是愈合裂隙中（Bourdet et al.，2010）。这些流体包裹体拥有与油气流体充注时相同的温度和盐度，因此，将以上包裹体与成岩矿物结合起来进行研究可以有效地解决沉积盆地中油气生成和运移问题（Roedder，1984；Goldstein，2001；Baron et al.，2008）。由于油气包裹体不仅组成十分复杂，还可以在均一体系和非均一体系中捕获，其相态特征与共生组合关系都比较复杂。因此流体包裹体鉴别和岩相学观察描述是流体包裹体研究和地质应用的基础资料，也是进行包裹体温盐测试和成分分析的前期基础工作，往往比后续实验需要耗费更多的时间和精力，可见流体包裹体的岩相学研究是整个分析过程中很重要的一环。

流体包裹体岩相学观察，以透射偏光和落射荧光显微镜为主，在判别含包裹体主矿物的形成世代关系方面也常用阴极发光显微镜等方法。流体包裹体岩相学研究包括两个方面：一方面是岩石学观察描述，如鉴定包裹体薄片中矿物种类、共生组合关系、成岩成矿期次及先后顺序等；一方面是包裹体的镜下研究，主要内容包括包裹体的形状、产状、大小、颜色（单偏光颜色和荧光颜色），包裹体的数量、丰度及空间分布特征，包裹体的类型、相态和气液比，包裹体的世代及包裹体的共生组合关系。在显微观察的同时，在薄片中圈定或标定若干个包裹体较大（大于 3μm）、形状比较规则、相态比较清楚等适合进一步做温度测定和成分测定的流体包裹体。

一、包裹体薄片偏光显微镜观察

一般偏光显微镜观察研究的要点如下：

（1）广泛观察样品中包含流体包裹体的类型和分布。

（2）鉴别含流体包裹体宿主矿物类型和特征。

（3）观察油气包裹体与盐水包裹体类型与共生组合。

（4）研究包裹体宿主矿物的形成世代与序次关系。

（5）选择和标定样品中可用于温度或成分测定的包裹体的位置。

流体包裹体偏光显微镜观察的流程，主要根据薄片中包裹体的大小和分布，通常由低倍到高倍进行系统观察。研究包裹体的产出形式与组合特征主要用低-中倍物镜观察；对于细小的包裹体需采用 50～100 倍的高倍物镜观察。测量包裹体大小需用目镜测微尺标定，或用经显微标尺校正好的图像分析系统测定。在观察过程中，还需记录含包裹体的主矿物类型、包裹体大小、包裹体形态、气液比、分布特征等数据，并绘出草图或拍摄照片。

宿主矿物是包裹体的载体也是其形成的母体，因此，在应用偏光显微镜进行包裹体分析前，先介绍几种在沉积岩中常见的油气包裹体宿主矿物的光学特征，主要有以下三种：石英加大边、方解石和白云石，以便于对包裹体的宿主矿物进行鉴别。

砂岩中的石英多呈粒状，无色，无解理，正低突起，干涉色多为一级灰白，常具有波形消光，一轴晶正延性。其与长石的主要鉴别特征为：石英表面干净，无解理，无双晶，一轴晶正延性。石英加大边与碎屑石英颗粒核心在光性上完全一致[图 4.4(a)]。在次生加大边与碎屑核心之间往往存在着黏土线。黏土线是在石英次生加大之前存在于颗粒表面的黏土矿物或赤铁矿。当无黏土线存在时，一般可根据次生加大边中无包裹体或包裹体稀少的特征来识别。有时借助于阴极发光显微镜才能确定是否存在着次生加大边。在阴极发光显微镜下，自生石英不发光，而碎屑来源的石英则发光。

方解石属于三方晶系，薄片下一般无色，镜下常见两组解理，闪突起明显，对称消光，高级白干涉色，一轴晶负光型。沉积岩中的方解石胶结物一般为他形粒状，表现为粒状结构和嵌晶结构[图 4.4(b)]。一般情况下，浅部埋深的方解石为无铁方解石，深部埋深的方解石为铁方解石。

白云石常呈比较完整的菱形晶体产出[图 4.4(c)]。无色，正高-负低突起，高级白干涉色，对称消光。双晶纹平行菱形短对角线，一轴晶负光型。砂岩储层中，白云石胶结物一般呈菱形，粒状结构。当白云石为他形时在偏光显微镜下与方解石不易区分。白云石也具有无铁白云石和铁白云石两种类型。这时可以采用铁氰化物与茜素红S混合染色剂对不加盖玻璃的薄片染色来鉴定。用该染色剂染色后，白云石无色，而不含铁方解石表现为很淡的粉红色至红色；随含铁量的增加，铁方解石从紫红色到紫色甚至为蓝色，铁白云石从苍白色到深蓝绿色。

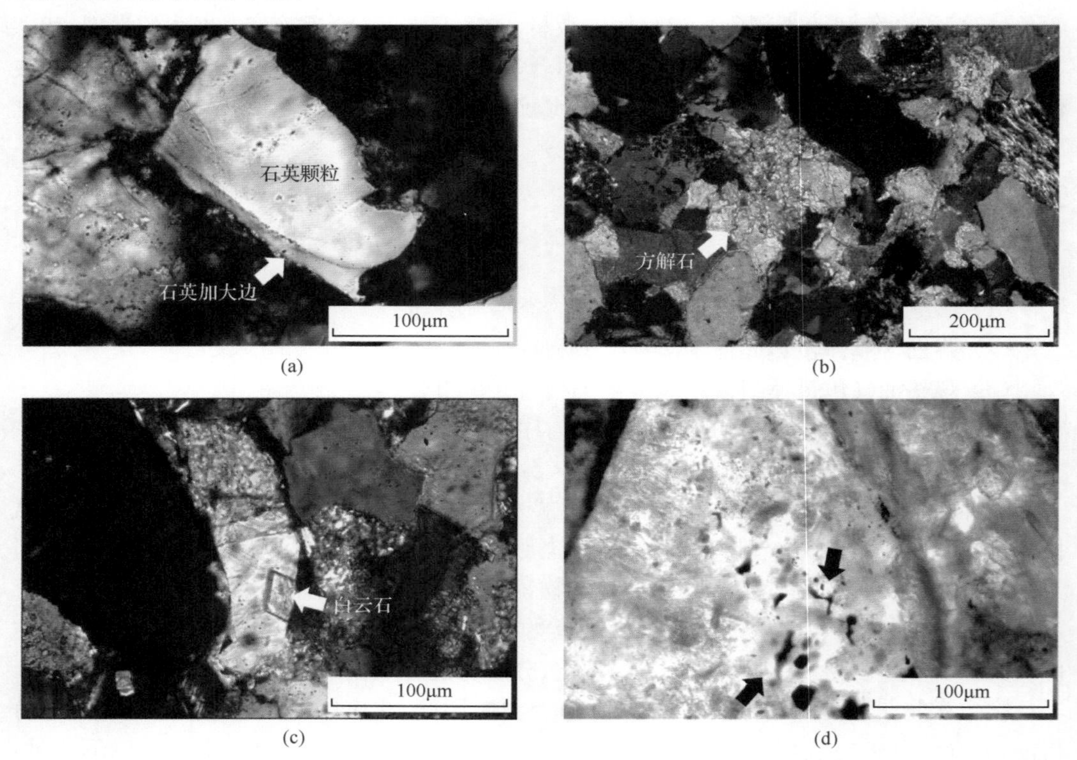

图 4.4　成岩矿物及沥青包裹体典型显微照片

另一个需要关注的重点就是如何在偏光显微镜下区别包裹体与杂质。这可以从以下四个方面来进行区分：①形态。偏光显微镜下包裹体的形态规则，甚至有时能见到其呈现主矿物的晶行，即负晶形。而反观杂质，则多为固相，形态明显区别于主矿物，多为该晶体本身的特有形态。②相态。多数油气包裹体为两相，而所有的杂质均为一相（固相）。③与主矿物壁的关系。尽管折射率相近，但是多数油气包裹体与主矿物之间存在着相态（气相或液相）界线。固体杂质多与主矿物密切接触，有时甚至贴附在主矿物的表面上，无明显的相界线。④形成时间。多数油气包裹体的形成时间要晚于主矿物，或是准同期与主矿物。而杂质，如果是晶体，常为同一体系中晶体的析出，形成时间要早于主矿物。如果不是晶体，则主要来自于磨片过程中外来物质的混入。

二、包裹体薄片显微荧光观察

流体包裹体的显微荧光观察是鉴别油气包裹体、含烃盐水包裹体类型和了解包裹体形成期次、流体物理化学性质的重要手段，也是油气包裹体岩相学观察的主要内容。样品中油气包裹体的荧光颜色和荧光强度受石油包裹体的组成、光源功率和激发滤波器的波长影响。荧光观察和测量一般采用50～100W汞灯作为激发光源，激发波长BP355～425nm，采用紫外滤光模块。与轻质油相比，重质油荧光光谱波长较长，随着成熟度的增加，包裹体所发荧光会逐渐“蓝移”。一般情况下，随着包裹体中原油成熟度的增加，荧光颜色呈现由黄色—橙—黄色—乳白色—乳蓝色—蓝色的变化特征。纯气态烃包裹体一般无荧光，但由于自然界中，气态烃包裹体和凝析气包裹体往往不是纯的饱和烃，因此也可能发一些荧光或荧光环。

下面将一些常见的油气包裹体及与之伴生的盐水包裹体荧光和单偏光下的一些特征及其形成条件总结如下：气态烃包裹体在单偏光下显示灰黑色，无荧光和显示微弱的荧光，主要分布在气藏或凝析气藏储层中。含炭质沥青包裹体单偏光下为黑色或灰黑色，无荧光显示，常产于高演化气藏或受强烈分异作用的油气藏中。液态烃或是气液烃包裹体按照石油成熟度其单偏光和荧光特征如下：重质油包裹体单偏光下为棕褐色，显示黄褐色荧光，可能捕获于低成熟油和降解油的流体体系中；中质油包裹体单偏光下为棕红色，显示亮褐色的荧光，主要捕获于中等成熟油气流体体系，轻质油包裹体单偏光下为浅黄色，显示黄绿色荧光，捕获于高成熟油气流体体系；凝析油包裹体单偏光下为无色，显示浅蓝色荧光，捕获于凝析油气藏阶段的油气流体。含烃盐水包裹体单偏光下可明显见到水相和油、气相，水相无色透明，分布在包裹体的边缘部位，油相根据其成熟度呈现不同的颜色和荧光，通常捕获于油-水非均一体系中的不混溶流体体系；含烃气体包裹体单偏光下灰黑色，无荧光显示，形成于含烃层段中含烃类气体和非烃类气体混合体系中。最后就是无荧光显示的盐水包裹体与非烃类气体包裹体。液相盐水包裹体单偏光下无色透明，为中低温成因；两相盐水包裹体，单偏光下液相无色透明，可见气泡，这也是最常见的包裹体类型，主要用于均一温度和冰点温度测试；非烃气体包裹体，单偏光下为灰黑色，成分以CO_2、H_2S、N_2为主，气体成分可用激光拉曼光谱进行测定；含子矿物盐水包裹体，单偏光下液相无色，可见固体，该种类型的包裹体捕获于高盐度流体体系中。

在储层沥青发育的样品中，一般将储层沥青和油气包裹体的荧光观察放在一起，两者相互配合，在岩相学观察分析的基础上，分析成岩序次和储层沥青及流体包裹体的世代，对比不同油气充注期次形成的储层沥青和油气包裹体特征的差异。借助于石油沥青发光的特性，在岩石保持完整的结构和构造的情况下，可以观察到岩石中沥青物质与周围矿物和油气包裹体之间的各种关系，直观地揭示了岩石中石油烃类分布与岩石结构、构造、次生缝洞之间的关系。不同的沥青组分发光颜色不同(表4.4)，发光的亮度则反映了沥青的含量。

表4.4 沥青发光颜色与沥青组分关系

沥青组分	发光颜色
油质沥青	黄、黄绿、绿、蓝绿、蓝白、白
胶质沥青	以橙为主，还有黄橙、橙、褐橙等
沥青质沥青	以褐为主，还有黄褐、橙褐
炭质沥青	不发荧光(全黑)

在包裹体荧光观察中，还有一项重要内容是对薄片中油气包裹体的发育丰度进行统计。油气包裹体丰度分析对评价古油气运移和聚集有重要意义，针对不同岩性采用 GOI™和 FOI™技术估计油包裹体丰度。GOI™技术(Eadington et al.，2000)广泛应用于碎屑岩，通过统计计算含油包裹体的颗粒占总颗粒的比率，定量表征油包裹体的丰度。一般认为砂岩储层中，GOI<1%为水层，GOI>5%为油层。而对于碳酸盐岩，利用油包裹体频率(FOI™)技术测量油包裹体丰度，方法是在样品中随机选取 0.5mm×0.5mm(20 倍物镜)正方形区域，根据该区域油包裹体所占比例计算整个样品中油包裹体丰度，提供了一个量化指标。George 等(2001)利用储层中 GOI 统计很好地识别了澳大利亚 Jabiru 油田的古油-水界面。需要指出的是，油包裹体的发育丰度与油气储层性质、流体性质与油气充注时间、成岩环境等诸多因素有关，并不是所有的油气藏都有大量油气包裹体的发育，不同类型油气藏中油气包裹体发育的丰度也不一样，因此，利用 GOI 判断古油水层并没有一个固定的界限值，不同地区可能有不同的界限值，应根据具体情况，结合钻孔测井资料及试油资料，综合确定古、今油-气-水界面。

三、包裹体薄片阴极发光观察

包裹体薄片的阴极发光观察，是判别含包裹体主矿物的形成世代与流体包裹体形成期次的直观有效的方法。矿物岩石的阴极发光原理是样品在电子轰击下，一些矿物中存在电致发光激活剂杂质元素引起的各种发光现象。石油地质中阴极发光观察研究的内容比较广泛，包括碳酸盐岩与碎屑岩的胶结作用、压实、压溶、交代、白云岩化、去白云石化、重结晶作用、成岩阶段的成岩环境、孔隙和裂隙形成与演化历史等。将阴极发光观察与流体包裹体的偏光和荧光显微镜观察相结合，更有利于阐明盆地的成岩演化、油气充注成藏过程等关键问题。在偏光显微镜下，砂岩中石英颗粒次生加大结构往往不是很明显，而在阴极发光显微镜下，石英颗粒或长石颗粒的次生加大现象比较明显，同时还可了解砂岩中孔隙充填、交代、溶蚀的历史。碳酸盐矿物的成岩胶结作用快，并且后期交代作用、压溶作用及重结晶作用都十分活跃，矿物的组成和晶体结构都有明显变化，用阴极发光显微镜观察，可以揭示成岩演化过程及其与流体包裹体关系的诸多信息。

下面介绍一下沉积岩中几种常见成岩矿物的阴极发光特征。首先是石英，与其他矿物不同的是石英的阴极发光特征受控于其形成温度。火成岩、深成岩及接触变质岩中的石英，形成于快速冷却的过程中，形成温度大于 573℃，这种类型的石英一般在阴极射线下呈蓝-紫色。同样是形成温度大于 573℃，如果其形成于缓慢冷却的过程中，其发光颜色变为棕色，此外形成温度为 300～573℃的石英也显示同样的阴极发光颜色。沉积岩中的自生石英由于其形成温度小于 300℃，一般在阴极射线下不发光[图 4.5(a)]，多数情况下受到热液影响，也会发蓝色光[图 4.5(b)]。

长石的阴极发光颜色较多，这主要与其所含杂质元素的种类有关。长石中最常见的阴极发光颜色为蓝色，包括碱性长石和斜长石，这主要与其含有的激活剂 Ti^{4+} 有关，其光谱波长范围为 450～470nm。再就是在阴极射线下发红色的长石，这种类型的长石比较少见，主要与其所含的激活剂 Fe^{3+} 和 Mn^{4+} 有关，其光谱范围为 690～725nm。比起上述两种类型的长石，在阴极射线下发绿色光的长石含量更少，此类长石中普遍含有一定量的

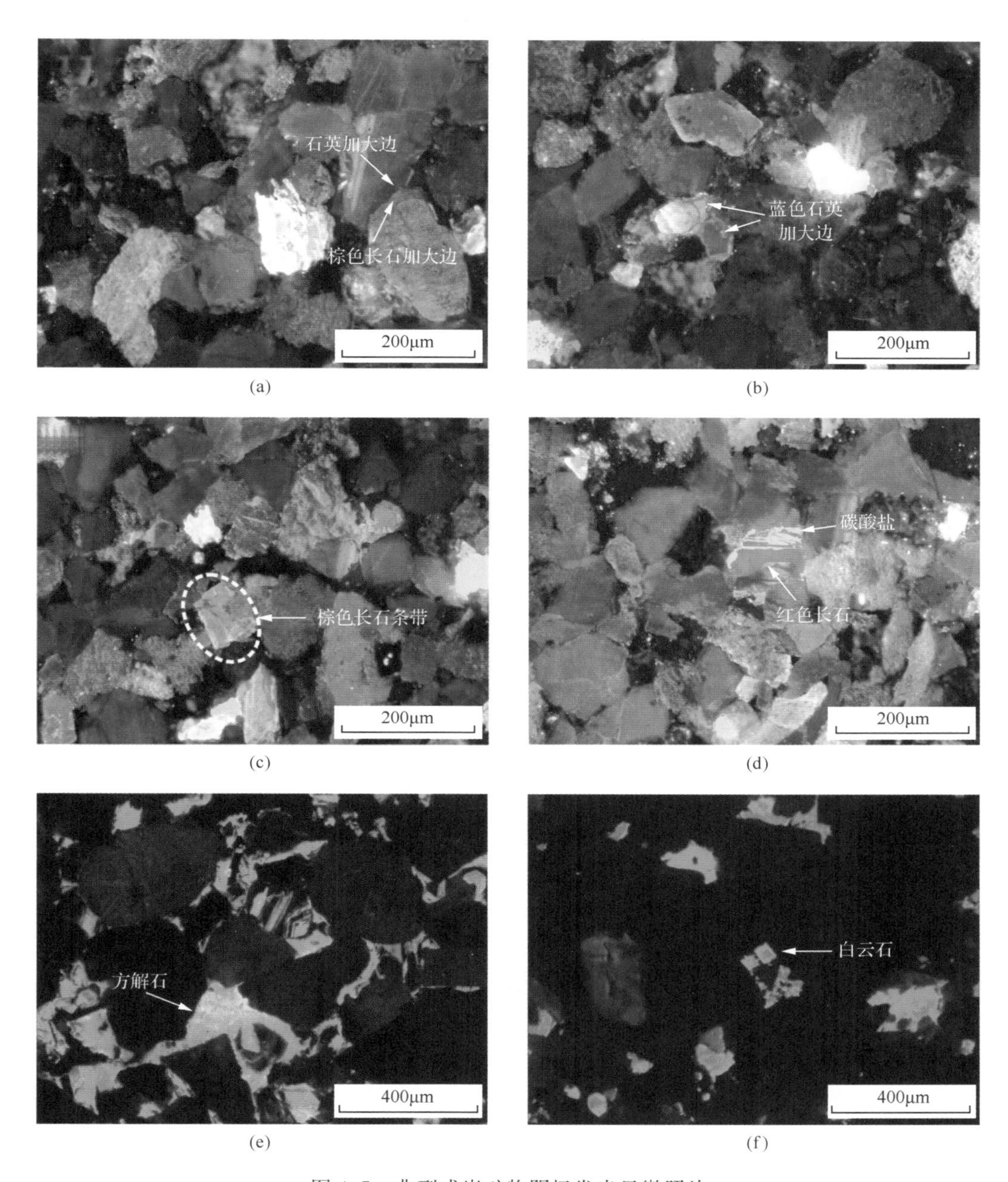

图 4.5 典型成岩矿物阴极发光显微照片

Fe^{2+},其质量分数大于 1%,光谱波长范围为 545～555nm。此外,当长石受到低温变质作用后会在阴极射线下呈深棕色-褐色。一个明显的实例就是歧口凹陷经历过热液蚀变的储层砂岩中的长石,阴极发光研究显示在遭受过热液蚀变的储层砂岩中可见到棕色的长石及其加大边,蓝色长石颗粒出现棕色条带[图 4.5(c)],这说明该类长石曾经遭受过热事件的影响,这是因为深棕色的长石一般和低温变质有关;此外在研究区中还可见到一定量的红色长石,并且红色长石多与碳酸盐胶结物共同产出[图 4.5(d)],因为长石的红色

主要与 Fe^{3+} 有关，这可能是后期热流体活动带来的富 Fe 碳酸盐热液交代长石颗粒，造成长石中 Fe 元素一定量富集的结果。

碳酸盐矿物主要有四种，即方解石、白云石、铁方解石和铁白云石。它们的阴极发光特征与 Ca/Mg、Fe/(Fe+Mg)和 Fe/Mn 的值及 $FeCO_3$ 的含量有关。方解石中的 Ca/Mg 值大于 3.5，显示橘黄色[图 4.5(e)]；含铁方解石的 Ca/Mg 值大于 3.5，但是由于其含有微量的 Fe，所以显示暗橘红色；白云石的 Ca/Mg 值小于 3.5，Fe/(Fe+Mg)值小于 0.05，显示红色[图 4.5(f)]；含铁白云石的 Ca/Mg 值小于 3.5，Fe/(Fe+Mg)值为 0.05～0.4，Fe/Mn 的值为 2.4～10.7，$FeCO_3$ 的含量为 3wt%～11.8wt%，呈暗红色-红黄色；铁白云石在阴极射线下不发光。

第三节　流体包裹体温度、盐度测试

包裹体测温无疑是现在最流行和最广泛应用的非破坏性分析方法，也是包裹体地球化学学科中研究最早和发展最快的一部分。该方法是在详细观察和辨认包裹体中各种物相基础上，通过升温或冷冻来测量各种瞬间变化的温度。流体包裹体温度测定系统，主要由高分辨率显微镜和冷-热台等主要部件组成。含油气盆地中的流体包裹体的观测方法及实验技术条件与一般矿床学和岩石学中流体包裹体的显微测温研究有所不同。石油地质中用于流体包裹体测温的显微镜最好带有落射荧光系统，以便有效观测发荧光的烃类包裹体和无荧光的盐水包裹体。其次，用于包裹体显微测温的热台温度上限不需很高，因为包裹体形成温度一般较低，但冷热台控制系统需精确好用。此外，用于流体包裹体测温的显微镜需要配备 50 倍、100 倍的长焦物镜，有条件的可配备光学倍增器，因为油气储层中的包裹体大小一般较小，多为 2～5μm。

一、流体包裹体均一温度测定

流体包裹体的均一法测温是矿物中包裹体测温的基本方法。1858 年，英国学者 Sorby 提出，在显微镜下见到的包裹体的气相和液相，是原来呈均匀相的流体在温度压力下降后，由于包裹体中流体的收缩系数与主矿物的收缩系数不同，产生了流体的相分离。Sorby 的这一推论是包裹体均一法测温的理论基础。包裹体形成后物理条件变化使均一的流体相变为两相或多相，通过加热使流体成分均一为单相的温度即为包裹体的均一温度。由于包裹体捕获的条件不同，其均一化的特征也不尽相同。对于气-液两相流体包裹体，随着温度增加可以由气泡缩小均一到液相；也可由气相增大液相缩小均一到气相；也可无气相和液相的增大或减小，而是随着温度的增加、气-液两相的界限突然消失（超临界条件捕获）。

由于含油气盆地中，存在发荧光的石油包裹体和不发荧光的盐水包裹体及气态烃包裹体，测温前需用荧光显微镜进行鉴别。油气包裹体与伴生盐水包裹体在气液比相同或相近情况下，油气包裹体均一温度低于伴生盐水包裹体的均一温度，而且油质越轻，差别越大。通常我们测定的是与不同期次油气包裹体相伴生的盐水包裹体的均一温度，来近似代表油气包裹体捕获时的地层温度。

在包裹体均一温度研究中应该注意其前提条件是包裹体所捕获的流体为均一体系的流体，捕获后保持封闭体系及等容体系，即获捕后包裹体的成分和体积均未发生变化(卢焕章等，1990)。但在实际研究中，还发现了从各种非均一流体中捕获的不混溶包裹体或称之为沸腾包裹体(刘斌，2005；刘德汉等，2006；卢焕章，2011)，为不均一体系。对这类包裹体，只有挑选了一些捕获了端元组分的单相流体包裹体，测定的均一温度才能用于评价和计算流体包裹体捕获时的温度、压力。

流体包裹体均一温度测定常规的实验条件和测定流程如下：

(1) 将包裹体薄片用酒精或丙酮浸泡从载玻片上取下后并洗净粘胶，用刀片切割成7mm×7mm左右的小片，小心放入冷热台中的样品架上，旋紧热台窗盖。

(2) 在显微镜中，寻找到预先圈定用于测温的流体包裹体。

(3) 开始升温速率控制在5～10℃/min，当接近气泡或相的界限消失前，升温速率降为0.5～1℃/min。仔细观察气泡消失时的温度并恒温1～2min，核实包裹体是否完全均一，国内通常将这一温度作为包裹体的均一温度。国外则常用循环测试"cycling"的方法对均一温度进行确认(图4.6)：假设包裹体加热到120℃时气泡消失(国内通常将120℃作为均一温度，但实际上很可能还未达到完全均一)，这时降温到115℃，气泡又重新出现并慢慢长大，再加温至121℃使气泡消失，再降温至115℃，气泡又重新出现并慢慢长大，再加温至122℃使气泡消失，这时再降温至115℃时气泡不再出现，而是在105℃时气泡突然跳出来。气泡的这种突然出现的现象是由包裹体的亚稳定状态决定的(流体包裹体是非常小的体系，由于缺乏晶核而不能正常地发生成核作用，常见亚稳现象，如小于70℃形成的水溶液包裹体冷却到室温时长时间保持均一而不产生气泡)，这时可以确认包裹体的均一温度为121～122℃，从而将包裹体的均一温度更为准确地界定出来。

(4) 观测时需将包裹体的宿主矿物、世代、成因类型、形态、气液比和均一温度等记录下来，并在图像上标定所测包裹体的位置。

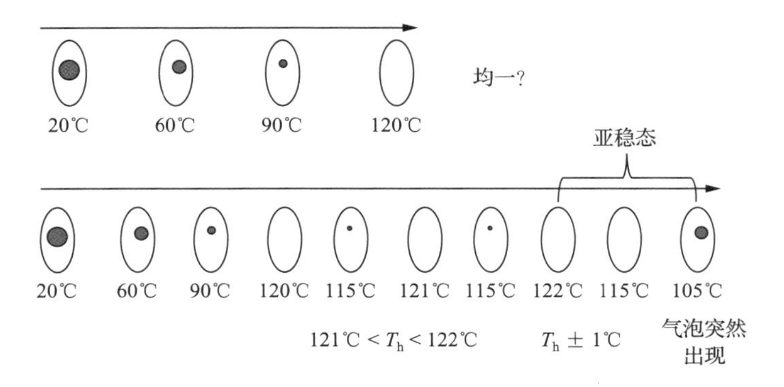

图4.6 包裹体均一温度"cycling"循环测试示意图

在流体包裹体均一温度测定时的注意事项如下：①必须找到与油气包裹体伴生的盐水包裹体才能进行测试，孤立的油气包裹体或盐水包裹体的均一温度都不具有明确的与油气成藏事件相关的地质意义；②一般先测样品中的油气包裹体，后测伴生的盐水包裹体，先测低温包裹体，后测高温包裹体；③对于纯液态包裹体或纯石油包裹体，需先进行冷冻降温等出现气泡后再测定气-液两相均一温度；④为了获得高精度的均一温度，加热速率不能太快，尤其是在接近相转变的温度时更应该如此；⑤对气体包裹体进行均一温度测试时，最好选择尾端被液体充填的包裹体，以便可以清楚地观察到液体的消失；⑥均一温度的测量精度为±1℃。

二、盐水包裹体冰点温度测定与盐度换算

流体包裹体的冷冻测定以盐水包裹体为主。盐水包裹体的冷冻测定，是了解包裹体封存原始地质流体类型和盐度数据，也是盐水包裹体 PVTX 模拟计算的基本资料。流体包裹体的冷冻测定的主要原理是根据低盐度下的拉乌尔定律，溶液的冰点下降数值仅与溶液中溶解溶质的摩尔浓度成正比，而与溶质的种类和性质无关。流体包裹体的冷冻测定包括包裹体的冻结温度（T_f）、初溶温度（T_m）和冰点温度（T_{mice}），通常使用冰点温度。根据冰点温度和初溶温度的测定结果，结合前人系统的流体冰点温度与盐度关系的实验数据及初溶温度与流体类型的实验数据，可以大致推断流体的盐度和流体类型。

流体包裹体冰点温度测定常规的实验条件和测定流程如下：

(1) 将包裹体薄片用酒精或丙酮浸泡从载玻片上取下后并洗净粘片胶，用刀片切割成 7mm×7mm 左右的小片，小心放入冷热台中的样品架上，旋紧冷热台窗盖。

(2) 将冷热台的液氮罐中灌满液氮。

(3) 在显微镜中，寻找到预先圈定用于测温的流体包裹体。

(4) 首先以 15～20℃/min 的速度快速降温至－100℃左右，将包裹体快速冻结（色调变暗），然后缓慢回温，观察冻结包裹体中开始有液相出现，使冻结晶体表面润湿，增加了晶体的透明度且突然变亮时的温度即为该盐水包裹体的初溶温度或称低共溶温度。继续升温至－10℃左右后降低升温速度，以 0.5～1℃/min 的升温速度进一步缓慢升温，并注意观察，以包裹体中最后一粒冰溶化的温度作为包裹体的冰点温度。最后一粒冰融化时不太好观察，尤其是对于油气储层中较小的包裹体，因此同样需要采用“cycling” 循环测试的方法对冰点温度进行验证（图 4.7）。缓慢升温当最后一粒冰晶即将熔化时，可快速

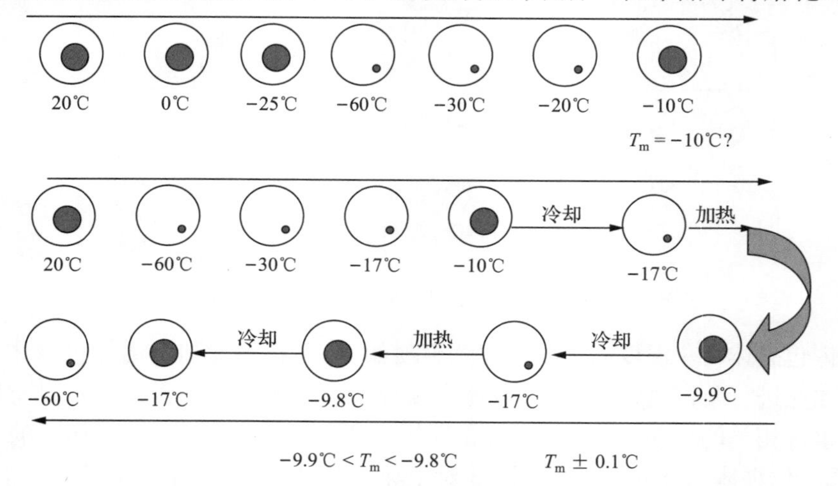

图 4.7 包裹体冰点温度“cycling”循环测试示意图

降温 2～5℃，冰晶会重新长大并推动气泡离开原位，然后再回温，该冰晶又会熔化变小。当回温至比前一次温度高 0.1～0.2℃时，再一次快速降温 2～5℃，如果冰晶仍未熔化完则又会长大并推动气泡离开原位。重复这种操作，直到冰晶完全熔化，这时快速降温 2～5℃也不会再见到冰晶，气泡也不会移动，表明包裹体中的液体已处于亚稳定平衡状态，此时的温度是最接近真实冰点值的温度，如图 4.7 所示，并对温度应为－9.9～－9.8℃。冰点温度的测量精度为±0.1℃。

第四节 流体包裹体成分分析

流体包裹体研究的基本任务之一，就是尽可能地提供准确而详尽的有关古流体组成的物理化学信息。到目前为止，已有多种方法和仪器设备用于流体包裹体的成分分析，Samson 和 Marshall(2003)曾对这些方法和技术进行过系统地归纳和总结。油气包裹体组成测定为流体包裹体热力学计算、油气源对比和划分成藏期次提供了重要依据。

根据包裹体成分分析的对象不同，可将流体包裹体成分分析方法分为单个包裹体成分分析法和群体包裹体成分分析法（表 4.5）。根据分析过程中是否对包裹体产生破坏，又可进一步分为非破坏性分析法和破坏性分析法。根据这一分类方案，可将流体包裹体成分分析方法总结分类（表 4.5）。下面主要就油气包裹体的成分分析方法进行介绍。

表 4.5 流体包裹体成分分析方法列表

分析类别		分析方法	适宜分析内容
单个包裹体成分分析	非破坏性分析	显微荧光光谱分析	液烃、气液烃包裹体
		显微激光拉曼光谱分析(LRM)	气烃包裹体、CO_2 包裹体
		显微傅里叶变换红外光谱分析(FT-IR)	液烃、气液烃包裹体
		同步辐射 X 射线荧光(SXRF)	盐水包裹体中微量元素
		微束质子诱发 X 射线法(PIXE)	盐水包裹体中微量元素
	破坏性分析	激光剥蚀（消融）电感耦合等离子体质谱(LA-ICP-MS)	盐水包裹体中微量元素
		激光显微探针惰性气体质谱分析(LMNGMS)	包裹体中惰性气体含量及同位素
		激光剥蚀在线色谱-质谱分析	烃类包裹体分析组成
群体包裹体成分分析	非破坏性分析	储层定量荧光(QGF、QGF^+、iTSF)	液烃、气液烃包裹体丰度及组成
		显微红外扫描成像	液烃、气液烃包裹体和储层沥青的组成及分布
	破坏性分析	色谱-质谱和同位素质谱分析	油气包裹体成分、相对含量及同位素
		电感耦合等离子质谱法(ICP-MS)	盐水包裹体中稀土元素
		离子色谱法	盐水包裹体中的阴离子
		阳离子成分分析（原子吸收光谱）	盐水包裹体中的阳离子

一、单个包裹体成分分析

（一）显微荧光光谱分析

石油包裹体和含烃包裹体最大特征是在紫外光或蓝光等激发下，常常发生不同颜色的荧光，荧光的颜色与强度主要与包裹体中有机组成的分子结构类型有关，往往反映了混合物的特征（Barres et al.，1987；Pradier et al.，1990；Permanyer et al.，2002；Li et al.，2004）。

在显微观察中石油包裹体的荧光颜色非常直观，但在颜色描述和显微照相中都难以准确表达包裹体的荧光颜色和强度，而且不同的人对同一荧光颜色的感知也不尽相同。为了定量观测和描述石油包裹体的荧光特性，可用显微荧光光谱仪测定包裹体的荧光光谱和荧光强度。其测定方法与有机岩石学中显微有机质的荧光光谱和色度测定方法类似，可用 MPV-3、MPV-SP、3Y 等型号的显微光度计测定石油包裹体的荧光光谱。为了更准确地说明石油包裹体的荧光颜色，并实现包裹体颜色描述指标的标准化，实验条件与相关的图件应按色度学原理和国际色度标准制作。图 4.8 为 CIE 色度图中色度坐标与颜色的关系。可以根据石油包裹体荧光光谱测定结果进一步计算出其在色度图上的坐标值（X，Y，Z），主峰波长（λ_{max}），颜色的饱和度（P）等参数。严格实验条件和用国际色标计算的包裹体荧光颜色的色度坐标有利于包裹体颜色的国内外对比。Guo 等（2012）通过包裹体的荧光颜色来判断不同油气包裹体的类型来研究渤海湾盆地东营凹陷北部油气演化历史。从包裹体的 CIE 图版中的位置可以看出，该区包裹体的荧光颜色从黄色到蓝色（图 4.9），CIE-X 值从 0.17 到 0.38，CIE-Y 的值的从 0.22 到 0.43。FS-1 井、FS-10 井和 LS-10 井的油气包裹体的 CIE-X（0.17～0.26）和 CIE-Y（0.22～0.33）的值较低，显示其荧光颜色为蓝色到蓝白色。其他井的样品中发育近黄色荧光包裹体到近蓝色荧光包裹体，以近黄色荧光包裹体为主，其 CIE-X 和 CIE-Y 较高。

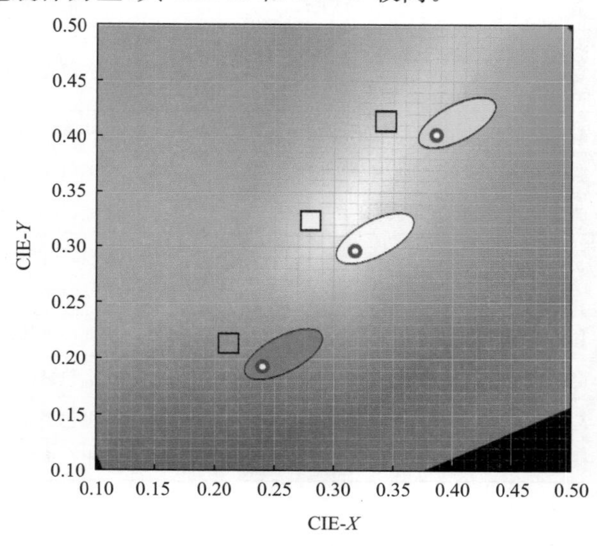

图 4.8　CIE XY 色度图

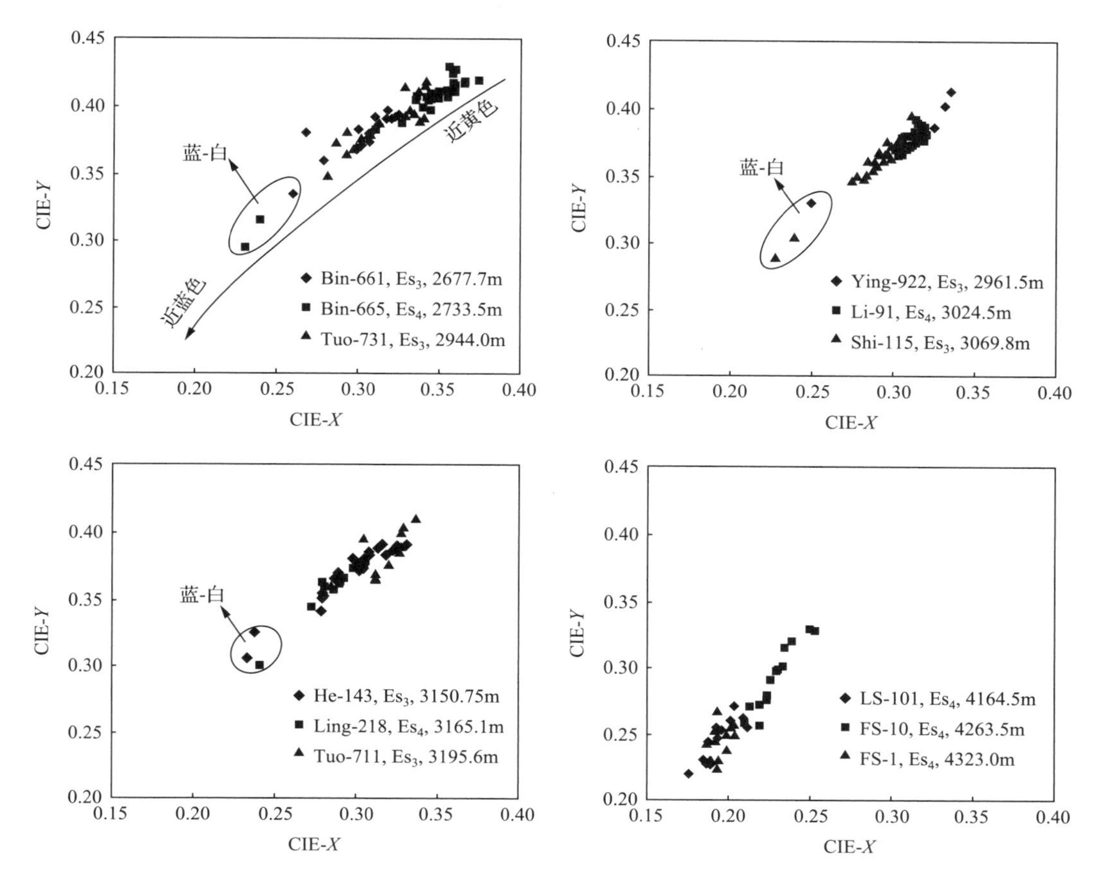

图 4.9 东营北部黄色荧光到蓝色荧光包裹体在 CIE 图版(据 Guo et al.,2012)

桂丽黎等(2016)通过显微镜观察发现柴达木盆地西部尕斯 E_3^1 油藏存在黄色荧光和近蓝色荧光两类荧光颜色的包裹体,并进一步运用分光光度计测试包裹体的荧光颜色和参数。对近 100 多个蓝色和黄色荧光包裹体做了荧光光谱分析,其结果显示荧光光谱强度区间从 86pc 到 1621pc,波峰分布在 466nm 到 565nm 的区间范围内。其中强度值可以反映包裹体的大小,波峰值可以反映包裹体的颜色,如黄色可见光分布范围为577~492nm,蓝色可见光的分布范围为 435~480nm。通过荧光包裹体的光谱的大量分析和总结的结果可以看出,黄色包裹体波峰分布主要集中在 525~550nm,蓝色包裹体波峰分布范围主要为 465~495nm(图 4.10)(桂丽黎等,2016)。结合荧光颜色和分光光度计测试荧光光谱谱图和数据分析,可以认为蓝色包裹体的成熟度高于黄色包裹体。

(二)显微红外光谱分析

19 世纪初人们通过实验证实了红外光的存在。20 世纪初人们进一步系统地了解了不同官能团具有不同红外吸收频率。1950 年以后出现了自动记录式红外分光光度计。随着计算机科学的进步,1970 年以后出现了傅里叶变换型红外光谱仪。红外测定技术如全反射红外、显微红外及色谱-红外联用等也不断发展和完善,使红外光谱法得到广泛应

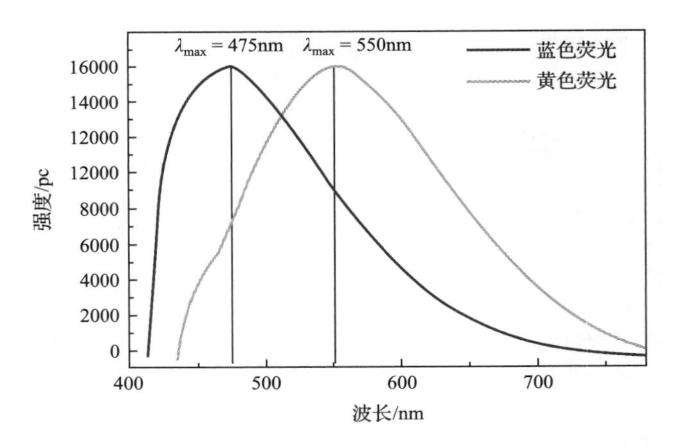

图 4.10 柴达木盆地西部尕斯地区 E_3^1 油藏两类包裹体荧光光谱图

用。由于每种化合物均有红外吸收，尤其是有机化合物的红外光谱能提供丰富的结构信息，因此红外光谱是有机化合物结构解析的重要手段之一。

傅里叶红外光谱法常用于液态烃包裹体的测定，可以检出有机包裹体中的主要化合物基团（—CH_3，C=C、C=O 等）。一般常见有机化合物各种基团在不同波段的红外吸收特征如下（图 4.11）：3000～2800cm^{-1}波段主要是烷烃中 CH—、CH_2—、CH_3—基团伸缩振动的吸收区，其中 2922cm^{-1}和 2852cm^{-1}分别对应亚甲基的反对称和对称伸缩振动，2959cm^{-1}和 2873cm^{-1}分别对应甲基的反对称和对称伸缩振动，2893cm^{-1}对应次甲基的振动。此外，2952cm^{-1}和 2932cm^{-1}的吸收可能也与化合物中的甲基有关。

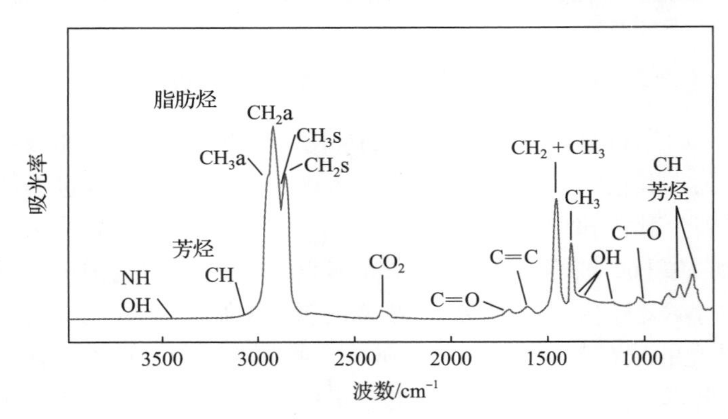

图 4.11 原油显微红外光谱及官能团指示图

显微红外光谱法一般采用包裹体中有机化合物的特征吸收峰强度比值来表征有机质的结构性质及组分特征。Pironon 和 Barres（1990）建立的傅里叶显微红外光谱的分析方法，主要用于半定量的 CH_2/CH_4、CH_2/CH_3 等基团摩尔含量比值的计算，以确定油气包裹体的成分特征。Pironon 和 Barres（1990）建立了两个参数来反映原油的成熟度特征：$X_{inc} = (\sum CH_2 / \sum CH_3 - 0.8)/0.09$ 代表有机质烷基链碳原子数；$X_{std} = (\sum CH_2 / \sum CH_3 + 0.1)/0.27$ 代表有机质正烷基链碳原子数。

研究表明，CH_2a/CH_3a、X_{inc}、X_{std}的值越小，表明包裹体中有机质的成熟度越高。根据以上参数可以判断油气包裹体中油气的化学结构与成熟度，结合显微镜下观测、包裹体测温数据可以进一步确定出油气的成藏期次，为油气成藏研究提供有力的证据(Pironon and Barres，1990；邹育良等，2006)。Pironon 等(2001)介绍了利用显微红外光谱定量分析油气包裹体中的甲烷、烷烃和 CO_2 的含量的方法，使得包裹体显微红外光谱的定量化分析往前更进一步发展。

鲁雪松等(2011)利用傅里叶红外光谱对塔中 117 井志留系油气藏中的油包裹体进行了显微红外测试，对比可以看出(图 4.12)，第Ⅱ期褐色包裹体 CH_2/CH_3 为 2.28～2.38，X_{inc}为 16.4～17.6，X_{std}为 8.8～9.2，显示成熟度较低，而Ⅲ期蓝白色荧光包裹体 CH_2/CH_3 为 1.55～1.65，X_{inc}为 8.4～9.4，X_{std}为 6.1～6.5，参数明显比第Ⅱ期包裹体小，说明第Ⅱ期包裹体成熟度低、密度大，而第Ⅲ期包裹体成熟度较高、密度较小。这与荧光光谱特征反映的结果是一致的。

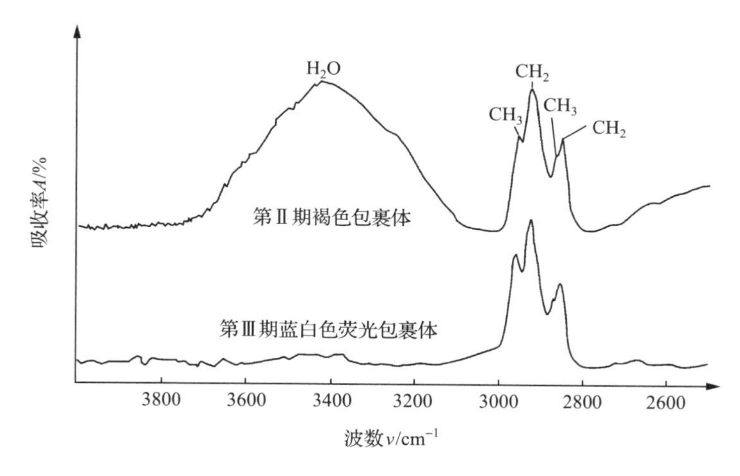

图 4.12 不同期次包裹体红外光谱特征

值得注意的是，一些包裹体宿主矿物分子的吸收波长可能与有机分子吸收波段有重叠而干扰。例如，方解石在 4000～2500cm^{-1} 有强吸收峰，对烷烃中的 CH_2、CH_3 基团的吸收峰有较大干扰，在对方解石中油气包裹体红外光谱测试时，应采用"差谱法"(孙青，1998)扣除有关主矿物分子的吸收。而石英的红外吸收光谱在小于 2000cm^{-1} 有强吸收峰，在 4000～2500cm^{-1} 没有吸收峰干扰，基本不影响油气包裹体的红外光谱。由于目前显微红外物镜的放大倍数最高为 36 倍，仅能测定大于 5～7μm 的包裹体或微包裹体群的红外吸收。此外，为了避免包裹体薄片制样胶的干扰，需将包裹体薄片放在丙酮溶液中浸泡以去除制样胶，并用蒸馏水清洗干净，待干燥后放到红外显微镜中进行测量。

(三) 显微激光拉曼光谱分析

当光通过物质时，其散射光中有部分光的频率发生了变化，这种现象被称为"拉曼效应"，改变了频率的光谱称为拉曼光谱，拉曼光谱是一种分子振动光谱，可以提供拉曼活性物质分子基团结构单元的很多信息。每种物质都有其拉曼位移特征峰；在其他条件一定的情况下，物质的拉曼峰强度与其浓度成正比，据此，可实现对物质的微区成分及浓度等的检测。显微激光拉曼光谱分析是一种非破坏性测定物质分子成分的微观分析技术，其优点是原位无损分析，且实验结果可以重复再现。显微拉曼光谱具有微观、微区、微量、原位、多相态（固态、液态、气态）、分辨率高、稳定性好等特点（Chen et al.，2004），而且拉曼光谱适用于分子骨架的测定，弥补了红外光谱的不足。该方法是目前国内外分析单个包裹体成分及相对摩尔分数的唯一快速有效的方法。近年来，这项技术发展迅速，有学者应用人工合成包裹体研究不同温度下相变过程中拉曼光谱特征（倪培等，2006）；根据矿物或流体包裹体中的一些组分的拉曼特征峰位随温度或压力的变化发生位移的现象，将其作为一种地质压力及进行研究（倪培等. 2006）；应用激光拉曼光谱方法直接测试流体包裹体的盐度，并应用激光拉曼光谱对原油烃类拉曼光谱与油气包裹体烃类光谱进行对比研究（倪培等. 2003）。激光拉曼分析是一种散射光谱分析技术，与红外光谱相比，其不受周围介质的影响（包括矿物），而且经过光谱峰参数计算，可以获得有机包裹体中某些成分的相对百分含量，甚至还可以分析单个包裹体中的同位素（李荣西等. 2012）。

目前，激光拉曼光谱显微镜多采用共聚焦系统，使光源光栏与探测光栏共轭，抑制了焦平面以外的杂散光，提高了样品的分辨率和景深，更有利于观测微小的包裹体样品，测量包裹体样品一般直径为3～5μm，最小可达1μm。显微激光拉曼光谱在油气包裹体中的应用主要体现在三个方面。

1. 对气体包裹体的气相组分进行研究

显微拉曼光谱仪主要用于分析了气相烃类包裹体组分，但拉曼光谱对液态烃测定较难，因为多数石油包裹体在激光照射下产生强荧光干扰而难以实际测定。Pironon 等（1991）应用显微傅里叶变换拉曼光谱，采用近红外激光可消除大部分有机分子产生的荧光，可测定更多的烃类包裹体的组成信息。通常激光拉曼光谱主要用于测定储层样品中各种不发荧光的含 CO_2、N_2、H_2S 等无机气体包裹体，以及含 CH_4、C_2H_4、C_3H_6 等烃类气体包裹体中的气相组分（图 4.13）。

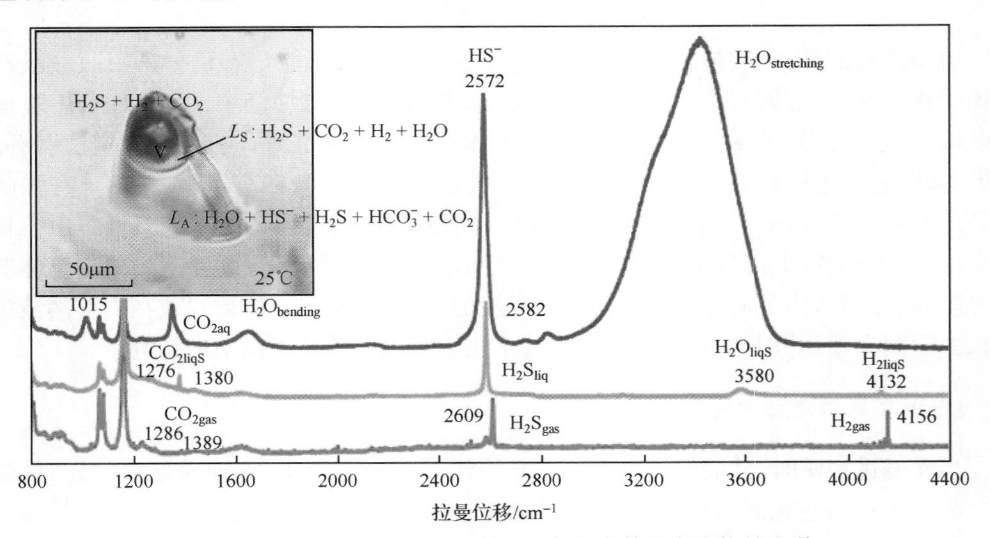

图 4.13 含 H_2S、H_2 和 CO_2 的无机气包裹体的激光拉曼光谱

2. 利用低温拉曼光谱确定盐水包裹体的盐度和流体类型

流体包裹体盐度和流体类型是了解地质时期流体化学性质和油气形成演化的重要参数，一般用冷冻法研究包裹体盐水体系和盐度，但在应用过程中有包裹体相变难以观察和盐度-冰点经验公式适用范围小的缺点。而低温原位拉曼光谱作为一种定量的光谱学方法，在对盐水体系流体包裹体的低温相平衡及盐度方面具有较好的应用价值，是对传统流体包裹体显微测温方法的重要补充。

低温原位拉曼光谱在盐水体系包裹体盐类组成方面的应用：国外学者 Dubessy 等(1982)介绍了原位低温采集含电解质溶液的拉曼光谱的方法，对 $NaCl-H_2O$、$CaCl_2-H_2O$ 及 $NaCl-CaCl_2-H_2O$ 反复降温至－180℃，体系平衡后可以形成较好的冰晶和水合物，低温下水溶液中溶解的盐能够形成固体盐水合物，盐水合物具有特征拉曼光谱(图 4.14)；Samson 和 Walker(2000)对 $NaCl-Ca_2Cl_2-H_2O$ 体系水溶液包裹体的低温相行为研究，Bakker(2004)利用激光拉曼低温分析 H_2O、$H_2O-NaCl$、$H_2O-MgCl_2$ 体系人工合成包裹体中液相区出现的各个相特征研究为低温拉曼光谱研究盐水包裹体提供有效的例证。随后国内学者利用原位激光拉曼技术研究了人工合成 $CaCl_2-H_2O$ 和 $MgCl_2-H_2O$ 体系流体包裹体得到较好的效果(丁俊英等，2008；倪培等，2008；毛毳等，2010)。其原理是代表水分子拉曼伸展振动的高频峰是宽大的包络线，使水的拉曼峰强度无法精确确定，对一些在常温下难以获得特征拉曼信号的离子，可以通过低温冷冻测定冰晶和无机盐类水合物的特征拉曼峰(图 4.15)，从而判断流体包裹体中含有的盐类组成。

低温原位拉曼光谱在盐水体系包裹体盐度方面的应用：Mernagh 和 Wilder(1989)利用盐水溶液含盐量的不同会对液态水 O—H 键伸缩振动分子光谱产生不同程度的影响这一特性，提出了室温下显微拉曼光谱确定单个流体包裹体盐度的方法。吕新彪等(2001)、丁俊英等(2004)分别采用人工溶液和人工合成包裹体作为标样对这一方法的可行性进行了进一步研究。但由于室温下较小的天然流体包裹体水的拉曼光谱形态受到的干扰因素较多，因此，该方法在天然流体包裹体中的应用受到局限。分子拉曼光谱是由分子振动的极化率改变引起的，在低温下拉曼信号的强度与被激发的分子数成正比，在溶液中也就是跟溶质的浓度成正比，因此可以通过其拉曼强度的变化来判断其浓度。该方法是针对具有明显特征峰的盐溶液，可将其称为特征峰强度比值法。倪培等(2006)研究表明，低温拉曼原位光谱技术可以提供一种有效获取立体包裹体盐度的新手段。利用人工合成的纯 H_2O 体系和 NaCl 质量分数分别为 5.12%、9.06%、16.6%、25%的 $NaCl-H_2O$ 体系的流体包裹体，在低温(－180℃)时原位测定采集了冰及水石盐的拉曼光谱(图 4.16)。研究揭示，对于 $NaCl-H_2O$ 体系而言，水石盐($NaCl \cdot 2H_2O$)的含量与盐度之间存在正消长的关系，水石盐的 $3423cm^{-1}$ 峰和 $3405cm^{-1}$ 峰与冰峰($3098cm^{-1}$)的峰高、峰面积之比，可以作为估算流体包裹体盐度的指示参数。因此，对于自然界产出的很小的流体包裹体，当显微测温法及室温下水的拉曼光谱测定法难以奏效时，该方法将发挥重要作用。

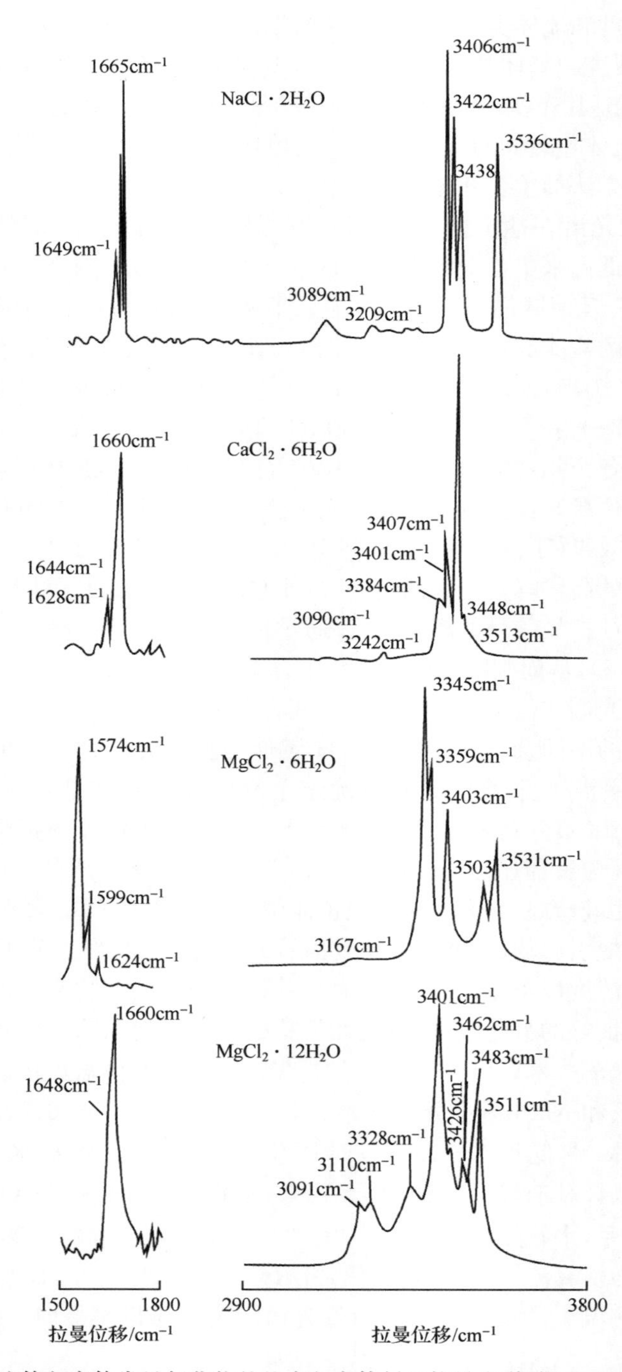

图 4.14 几种流体包裹体常见氯化物的盐水包裹体低温拉曼光谱(据 Dubessy et al.,1982)

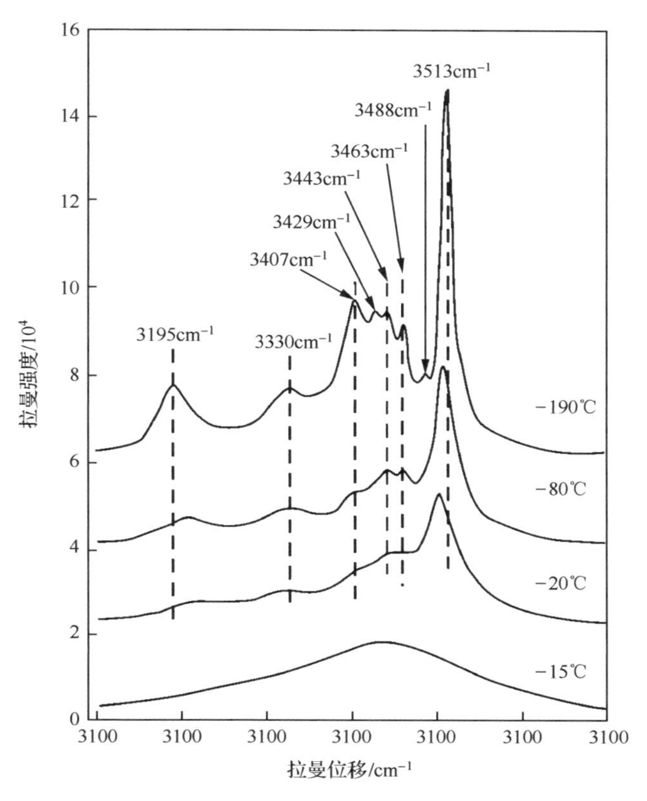

图 4.15 低温下 $MgCl_2$-H_2O 体系包裹体中低温拉曼光谱特征(据倪培等,2008)

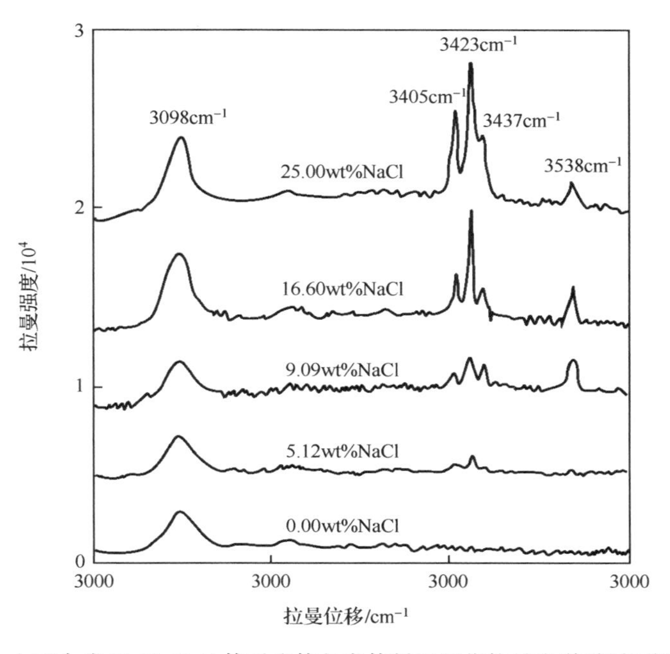

图 4.16 人工合成 NaCl-H_2O 体系流体包裹体低温原位拉曼光谱(据倪培等,2008)

3. 利用甲烷拉曼峰位置偏移来确定包裹体的捕获压力

国外学者利用显微拉曼光谱研究了 CO_2、N_2、CH_4 等及其气体的混合物的拉曼特征峰，结果表明，拉曼特征峰随着压力的增加出现显著变化。前人研究表明，天然气包裹体中，不论混有 CO_2 还是 N_2，在低压时，甲烷气拉曼偏移峰位都在 2916.8cm^{-1}附近。实验研究表明，甲烷拉曼振动随压力增加而拉曼位移减小。对于气相甲烷来说，随压力增加，拉曼振动的拉曼位移可以由 2917.0cm^{-1}减小到 2909.5cm^{-1}。在 0～50MPa 范围内，拉曼位移随压力减小速度较快，而超过 50MPa 后减小速度变缓（图 4.17）。Fabre 和 Oksengorn（1992）对 CH_4 单组分研究压力达到了 300MPa，为利用拉曼光谱技术研究纯 CH_4 包裹体的捕获压力奠定了基础。之后，Jeffery 等（1993，1996）对 CO_2、N_2、CH_4 等气体及其混合体系的拉曼特征进行了研究，结果表明，在压力一定的情况下，随气体摩尔含量增加，其拉曼位移的变化并不大，基本上不超过一个波数；而摩尔分数不变时，随压力增加拉曼位移明显减小。即对甲烷而言，甲烷拉曼峰位置的偏移主要受压力的影响，而摩尔含量的影响较小。因此可以尝试利用拉曼特征峰求取天然流体包裹体内压。国内学者也陆续开展了利用显微拉曼光谱研究流体包裹体内压，并取得了较好的效果（陈勇等，2006；郑海飞，2009；刘德汉等，2013）。

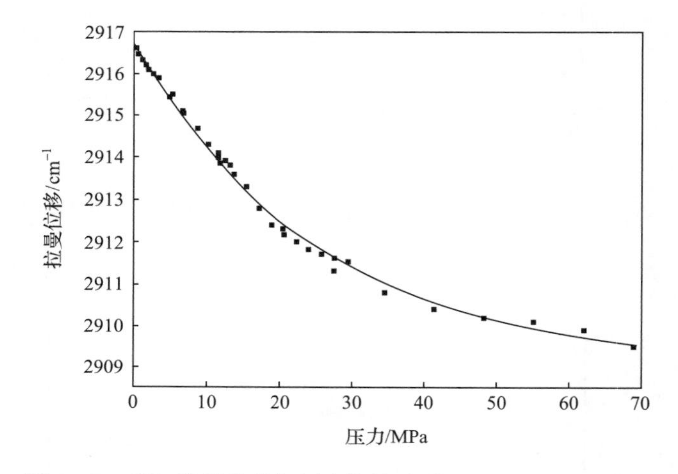

图 4.17 CH_4 拉曼位移与压力的关系（据 Jeffery et al.，1996）

（四）激光剥蚀在线成分分析

激光剥蚀电感耦合等离子质谱（LA-ICP-MS）技术是 20 世纪 90 年代迅速发展起来的一种微区分析技术，其特色用途就是可以从矿物表面向内一层一层剥蚀，由此将包裹体打开再通过质谱分析仪分析成分和同位素，国外大都用这种技术分析包裹体中卤素元素和 He/Ar 等放射性同位素。该技术应用于包裹体成分分析，避免了传统的包裹体成分分析技术需加热均一化、样品制备繁琐等缺点，可直接对成分复杂矿物表面 100μm 以下多相形式存在的包裹体进行整体分析，数据精确度可以与电子探针分析和二次离子质谱相媲美（Günther et al.，1998）。

图 4.18 为激光剥蚀等离子体质谱仪器系统结构示意图，样品置于密闭的微体积剥蚀

池中，激光经过聚焦后在样品表面剥蚀，产生的激光气溶胶由载气流（Ar 或 Ar+He 混合气）载入等离子体中离子化，离子流经过采样锥进入质谱系统进行质量过滤，最后由检测器检测出不同离子的信号强度。

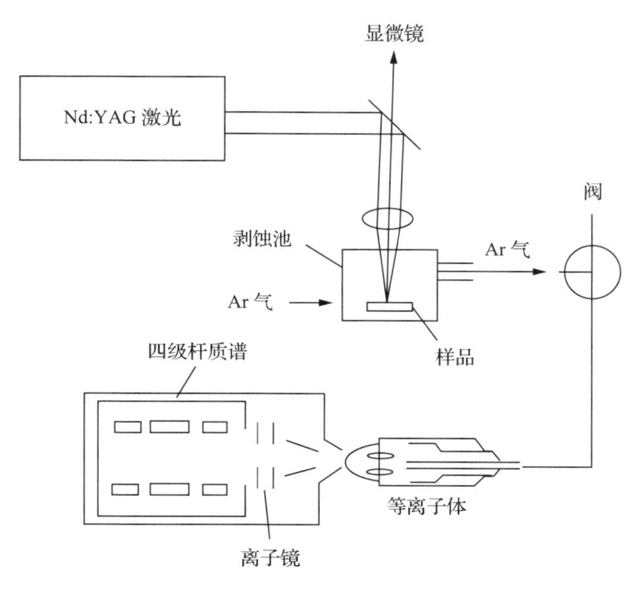

图 4.18 LA-ICP-MS 系统结构示意图（张志荣等，2011）

激光剥蚀在线成分分析的优势在于能实现对单个油气包裹体成分的在线分析。由于储层中往往发育多种不同期次、不同成分的包裹体组合，群体包裹体成分分析往往能反映混合物的特征，单体包裹体激光剥蚀在线成分分析实现了对单个包裹体成分的精确分析，结合包裹体期次、温盐测试结果，可以进行经历多源期成藏的复杂油气藏的精细油源对比。张志荣等（2011）利用在线激光剥蚀方法，分析了新疆塔河地区方解石样品中油包裹体的成分，得到了较好的效果。图 4.19 为含有流体包裹体激光剥蚀成分分析部分芳烃化合物的质量色谱图，从化合物分布来看，单环芳烃（苯、烷基苯）、双环芳烃（萘、甲基萘、二甲基萘）、三环芳烃（菲、甲基菲等）及苯并噻吩系列等都能够在流体包裹体激光剥蚀分析中被检测到，同时质量色谱图分布较好。此外学者利用激光剥蚀在线分析对油包裹体分析也得了较好的效果（Volk et al.，2010）。

二、群体包裹体成分分析

由于流体包裹体的体积一般比较小，一般达不到色谱质谱仪对检测量的要求，而且包裹体成分提取困难，最常用的还是利用压碎或爆裂-萃取法将群体包裹体中的流体收集起来之后再作进一步的分析。群体包裹体分析的关键环节是在样品的前处理上，包括选矿、清洗、打开包裹体及包裹体内含物的提取等工序。澳大利亚联邦科学和工业研究组织（CSIRO）石油资源部研发出包裹体成分分析（molecular composition of inclusions，MCI）技术来分析储层中的油气包裹体的地球化学成分，并与油藏原油的地球化学成分进行对比（George et al.，1997，2007）。MCI 技术是将含油气包裹体的岩石分解成颗粒，利用化

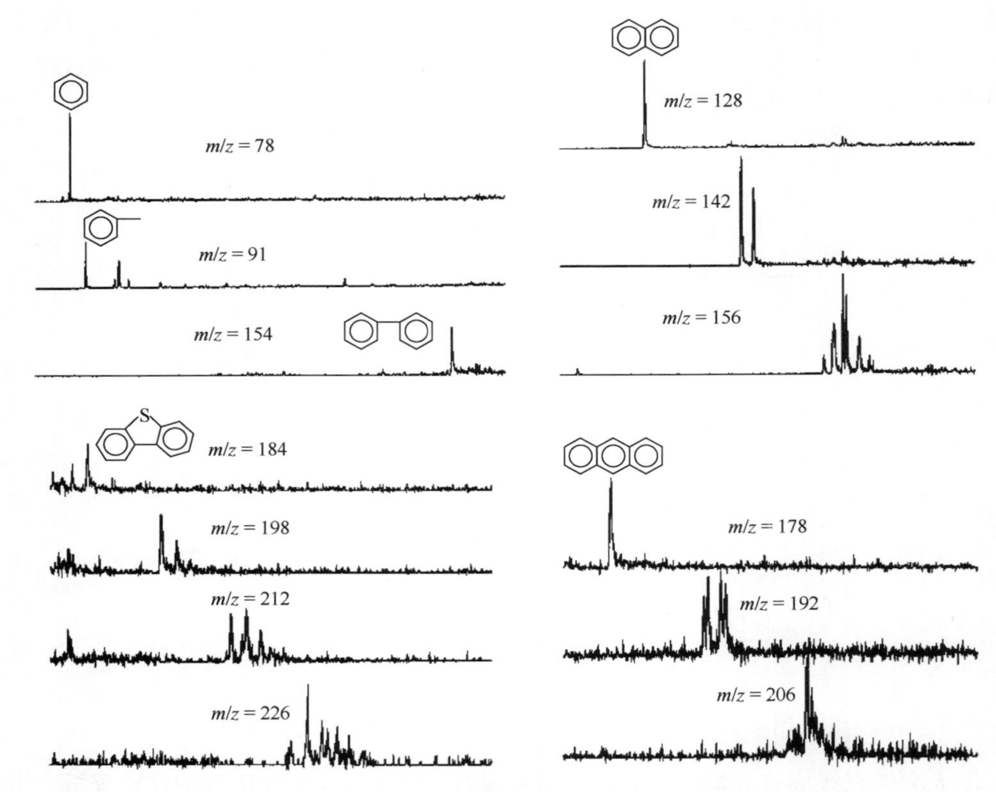

图 4.19　方解石样品中石油包裹体激光剥蚀检测的芳烃化合物质量色谱(张志荣等,2011)
m/z=78,苯;m/z=91,甲苯;m/z=154,联苯;m/z=128,萘;m/z=142,甲基萘;
m/z=156,二甲基萘;m/z=178,菲;m/z=192,甲基菲;m/z=206,二甲基菲;m/z=184,二本并噻吩;
m/z=198,甲基二苯并噻吩;m/z=212,而甲基二苯并噻吩;m/z=226,三甲基二苯并噻吩

学试剂除去颗粒表面的污染物,然后释放包裹体内的有机成分进行 GC-MS 分析。

具体的样品前处理的操作流程如图 4.20 所示。目前能用于群体包裹体成分分析的样品包括碎屑砂岩、碳酸盐岩和脉体矿物。在进行群体包裹体前处理之前,最好先开展镜下的包裹体观察,搞清包裹体的分布及数量情况,尽量选烃类包裹体丰度和同期包裹体样品或具特殊意义的包裹体样品作为研究对象。在有机包裹体岩相学和测温的基础上,选择 GOI 大于 5% 的样品。将方解石破碎并筛选出粒径范围为 0.1～0.3m 的颗粒进行包裹体成分分析,将储层砂岩破碎并筛选出粒径为 50～500μm 的单颗粒进行下一步分析。在样品的准备过程中需要避免用力过大破坏样品中的包裹体,如果样品不纯需要进行重力或磁力浮选。确保 MCI 结果准确的关键是 GC-MS 分析有机质必须全部来源于油气包裹体,所以样品的清洗工作需要十分仔细认真。首先加入双氧水浸泡约 24h 后用蒸馏水清洗,重复至砂岩颗粒变白。之后再用甲醇和二氯甲烷抽提,直至二氯甲烷的抽提物进行色谱分析未见正构烷烃。方解石不需要双氧水等强氧化剂进行清洗,直接进行甲醇清洗和二氯甲烷抽提,至色谱分析不见正构烷烃。取部分清洁后的样品在二氯甲烷(少量氯仿)粉碎,静止 10min 后取清液并加入约 0.58μg 的角鲨烷内标物进行 GC-MS 分析。包裹体中烃类的含量有限，任何外界的污染都可能导致实验误差。为了保证实验的准确性并降低背景污染，需要做过程的空白样分析（即进行一个样品和一个空白进行相同步骤的分析）和罐体的空白样分析。背景和罐体的污染不能超过内标物的1%。

由于包裹体内有机物的含量很低。所以对其进行的分析应该特别小心，任何微小的污染或者干扰都可能影响分析结果的准确性。例如，Ahmed 和 George（2004）发现溶液浓缩蒸发损失有机物会使 Pr/Ph，Pr/$n\mathrm{C}_{17}$ 等值减少。由于轻烃挥发性强，而且在样品准备和储存时不可能完全让样品处于密闭状态，也就不可避免地有所损失。此外，样品颗粒表面清洗不净会引起分析结果的偏差。另外，群体包裹体分析结果的代表性相对较差，因为同一样品中的流体包裹体通常由不止一个世代的包裹体所组成，而不同世代的包裹体成分有很大差别，同世代的流体包裹体成分和类型也不尽相同，由于不同包裹体成分的混合不可避免，增加了其解释结果的不确定性。

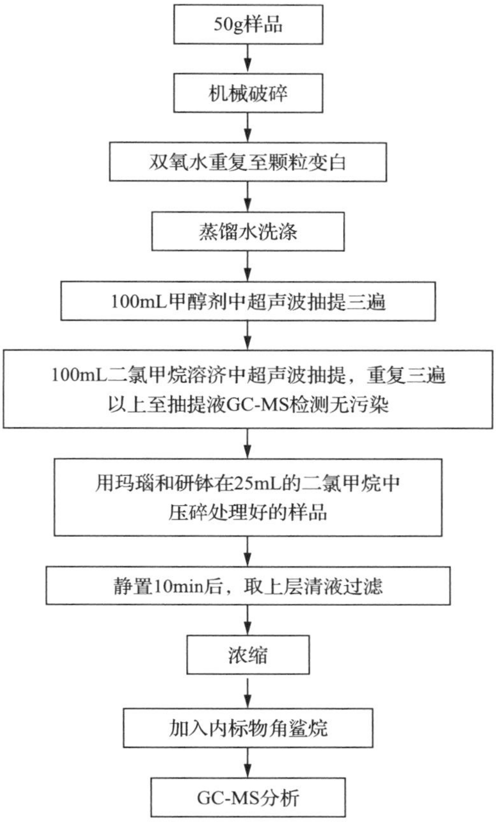

在包裹体样品清洗处理完得到干净的含油气包裹体的矿物颗粒后，可以利用离线压碎法、在线压碎法和在线热爆裂法三种方法进行群体包裹体成分的 GC-MS 分析测定。

50g样品
↓
机械破碎
↓
双氧水重复至颗粒变白
↓
蒸馏水洗涤
↓
100mL甲醇剂中超声波抽提三遍
↓
100mL二氯甲烷溶济中超声波抽提，重复三遍以上至抽提液GC-MS检测无污染
↓
用玛瑙和研钵在25mL的二氯甲烷中压碎处理好的样品
↓
静置10min后，取上层清液过滤
↓
浓缩
↓
加入内标物角鲨烷
↓
GC-MS分析

图 4.20 含包裹体样品储层样品 MCI 分析流程（George et al.，1997；Jones and Macleod，2000）

1. 离线压碎法

将清洗干净后的微量矿物包裹体清洗表面后，可放在玛瑙研钵里在二氯甲烷溶剂中研磨，使矿物包裹体破碎后包裹体有机质溶解在二氯甲烷中，然后进行浓缩萃取作 GC 和 GC-MS 分析。由于是离线研磨，包裹体中的气体和轻烃组分一般都挥发掉了，这种方法只能分析包裹体中的液态烃。

2. 在线压碎法

为了尽量减少样品破碎富集过程中某些组分的损失，有些学者提出在线破碎分析技术，如包裹体在线 MSSV-GC-MS 分析系统（图 4.21），MSSV（micro-scaled sealed vessel）系统（Horsfield and Dueppenbecker，1991；Hall et al.，1999）将包裹体压碎装置与色谱-质谱仪的进样口相连，把含包裹体的微量矿物放入柱状压碎装置中。利用压碎法将包裹体中流体释放出来后，在包裹体压碎腔外还有加热装置，将包裹体释放出来的气态烃和液态烃加热汽化后在载气的吹扫下进入 U 形管样品收集器，在液氮罐的冷却下将样品浓缩到

U 形管底部，然后程序加温气化，在载气的吹扫下进入色谱柱分离，最后进入色谱-质谱仪分析。该方法可以分析包裹体中释放出来的气态烃和液态烃。

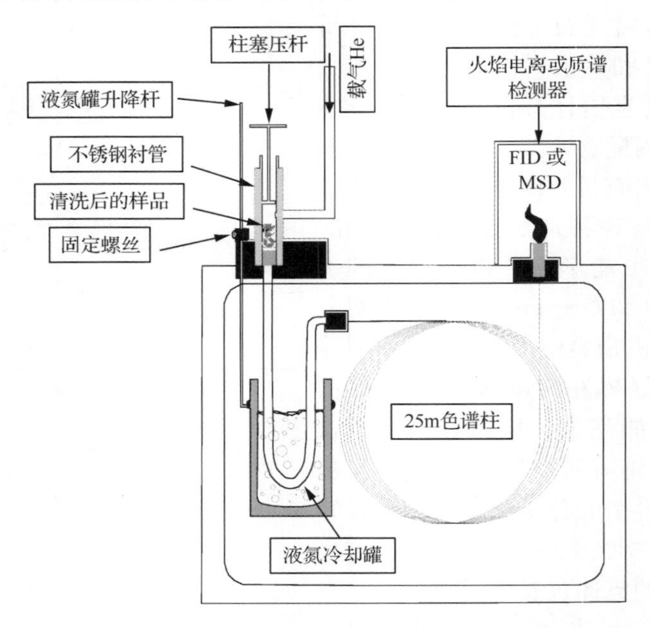

图 4.21　MSSV-GC-MS 分析系统装置示意图

3. 热爆裂法

将清洗干燥后的含包裹体的矿物颗粒样品装入细小的石英管并封口，放入 MSSV-GC-MS 分析系统中，然后根据样品测定的包裹体均一范围范围，设定包裹体热爆裂装置的加热温度，一般设定的爆裂温度需高于包裹体均一温度（40～50℃），使包裹体发生爆裂，然后压碎石英管，包裹体爆裂后的油气组分在载气的吹扫下进入色谱-质谱仪分析。由于爆裂温度往往较高，包裹体中的烃类组成可能受到热裂解。

第五节　流体包裹体 PVT 模拟与捕获温度、压力确定

油气藏形成的温度、压力条件是研究油气成藏机理的重要环节，石油的 PVT 和相特征研究有助于了解油气运移和分布规律。利用油气包裹体及其共生的盐水包裹体估算油气藏形成时的 PVT 条件是油气包裹体研究中的一个重要方面，它为更准确地计算油气藏形成时的温度-压力条件提供了一种独立而可靠的方法和依据。对于油气包裹体，以及不饱和甲烷的盐水包裹体，其均一温度并不是真实的捕获温度，因此利用流体包裹体 PVT 模拟确定包裹体真实的捕获温度、压力条件，结合流体包裹体均一温度和地层埋藏史和热史模拟结果可以更加准确地确定包裹体捕获时间，从而示踪流体古温压演化过程。

一、流体包裹体均一温度与捕获温度、压力

对于流体包裹体，我们能直接测试的是均一温度，而不是包裹体真正的捕获温度。对

于饱和甲烷的盐水包裹体来说，均一温度与捕获温度相一致，而对于油气包裹体和未饱和甲烷的盐水包裹体来说，均一温度和捕获温度并不一致，通常均一温度要小于真实的捕获温度。盐水包裹体的均一温度与捕获温度一般相差不大，因此，常用伴生盐水包裹体的均一温度来近似代替捕获温度。对于油气包裹体来说，均一温度往往与捕获温度相差很大，通常均一温度要小于捕获温度，这也是为什么通常用与油气包裹体伴生的盐水包裹体均一温度确定油气包裹体的捕获温度。油气包裹体的均一温度与捕获温度的差值大小受油气包裹体组成及捕获压力条件影响较大。

（一）油气包裹体组成的影响

图 4.22 是四种有代表性的石油流体相态的 *P-T* 相图，也是油气包裹体研究的基本相图。在图中标有四种不同类型石油名字的黑实线代表各种石油的一相和两相的曲线，即线的外部为一相区，内部为两相区（气相＋液相）。每条黑线上有一个临界点。临界点的左边线是泡点曲线，右边是露点曲线。临界点时气相的密度和液相的密度是一样的，所以这时的气相和液相是不能区分的。如果一个流体包裹体捕获了相应于临界点的成分，即超临界流体，在室温时它有两相，但均一时并不能见到气相和液相体积的变化，而只是气相和液相的界限逐渐淡化，直至消失。图中虚线则为四种不同石油的等容线，在相同的捕获 *P-T* 条件下（*A* 点），各种石油包裹体的均一温度和压力（*B* 点）是不同的。所以虽然石油的形成温度和压力条件相同，但通过各种石油包裹体测出的温度和压力却不尽相同。

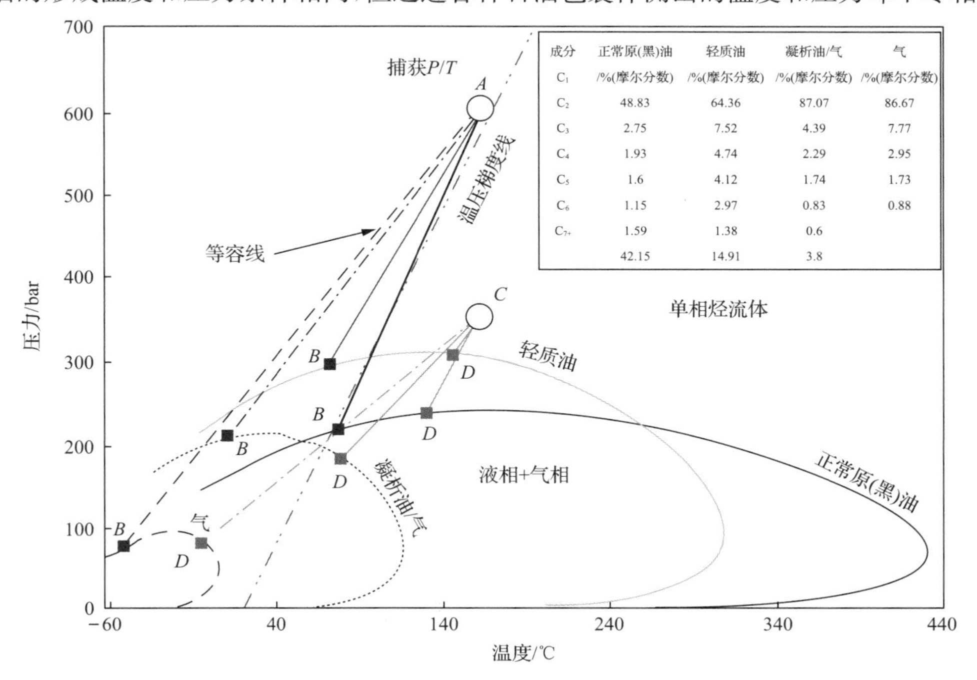

图 4.22 不同石油包裹体的相态包络线随温压变化图（据 Burruss，2003）

等容线与相态包络线的交汇点表示在均一化条件下的 T_h 和 P_h；相对于 *C* 点捕获的流体来说，如果 *A* 点捕获的流体压力越高，其 T_h 值越低；1bar＝0.1MPa

对相同温压条件下捕获的油气包裹体来说，气包裹体、凝析气、挥发油和黑油包裹体依次具有更低的均一温度。Burruss(1989)指出，原油组成中重质成分(C_7 和更重成分)摩尔含量会随甲烷摩尔含量的降低而增高，相应的等容线的坡度就越大(流体浓缩量越少)，包裹体的均一温度与捕获温度的差值也就越大。

(二) 超压捕获的影响

图 4.22 展示了在不同温压条件下(A 点和 C 点)捕获的不同石油包裹体的相态包络线随温压变化图。其中 A 点为超压捕获，C 点为常压捕获。对比可以看出，捕获时的压力越低(C 点)，不同组成的油气包裹体所对应的 T_h 值(D 点)就越高，而超压捕获时，油气包裹体的均一温度(B)点会越低，即油气包裹体的均一温度与伴生盐水包裹体的均一温度的差值会越大。因此油气包裹体捕获的压力条件对油包裹体中记录的 T_h 值会有很大的影响。

下面以塔中隆起奥陶系为例，说明超压捕获对油气包裹体均一温度的影响。塔中奥陶系整体发育三期包裹体组合，近黄色荧光油包裹体组合代表了早期原油的充注，近蓝白色荧光油包裹体组合代表了晚期轻质油气的充注，以及近蓝白色荧光的凝析气包裹体代表了喜马拉雅期深部原油裂解气的充注(刘可禹等，2013)。但塔中Ⅰ号带深层奥陶系凝析油气藏的成藏具有显著的分段性特征：近黄色荧光油包裹体组合在整个Ⅰ号带都有广泛发育，在所有井中都见到该类包裹体的发育，反映了早期原油充注在区域上具有广泛性，油气主要来源于深部的寒武系烃源岩，受Ⅰ号断裂带、塔中 10 号断裂等 NNW 向断裂的输导在奥陶系大面积充注；近蓝白色荧光的油包裹体组合在靠近Ⅰ号破折带的井位中广泛发育，油气主要来源于东侧的中—下奥陶统烃源岩，主要沿着不整合面发生侧向运聚，在靠近Ⅰ号破折带地区充注强度大(塔中 16 井、塔中 24 井、塔中 822 井都大量发育近蓝白色荧光油包裹体组合)，远离Ⅰ号带则充注弱(如塔中 11 井未见近蓝白色荧光油包裹体组合)；喜马拉雅期 NE 向走滑断裂与 NW 向Ⅰ号断裂交叉部位构成了深部晚期裂解气的充注点，具有点状充注的特征，根据油气性质的分析，认为至少存在三个油气注入点：塔中 45 井区、塔中 82 井区和塔中 24 井区，深部裂解气沿着 NE 向走滑断裂与 NW 向Ⅰ号断裂交汇部位构成的充注点进入中—上奥陶统岩溶储层后，沿着构造脊方向由北向南，自西向东向局部构造高部位侧向运移，气侵形成凝析气藏。包裹体记录了这一成藏过程，如在塔中 822 井中发现了大量的近蓝白色荧光的凝析气包裹体，这些包裹体在室温下具有巨大的气泡，仅在包裹体边缘有少量的油，均一到气相，为典型的凝析气包裹体特征。并且在近蓝白色荧光油包裹体中观察到固体沥青，这是早期充注的油和后期充注的气相互作用的产物(气侵脱沥青)。

下面以塔中 82 井区的塔中 822 井奥陶系为例说明该区的油气成藏机制。近蓝白色荧光凝析气包裹体在常压和高压条件下均有捕获，常压时捕获的包裹体均一温度为 30～35℃，高压时捕获的包裹体均一温度为 10～15℃(图 4.23)。同样，近蓝白色荧光油包裹体也可分为高压捕获和常压捕获两种。高压捕获的液相油包裹体均一温度分布区间为 −10～10℃，常压条件下捕获的液相油包裹体均一温度分布区间为 20～25℃(图 4.23)。近黄色荧光油包裹体似乎在不同压力时均有捕获：在最大压力时捕获包裹体的均一温度为5～10℃，中等压力时捕获包裹体的均一温度为20～25℃，常压时捕获包裹体的均一温度为45～50℃(图4.23)。包裹体的这种超压捕获与常压捕获共存的特征可能反映了中—上奥陶统油气可能是从深部通过断裂调整上来，先是深部流体带来的超压，后来超压逐渐减小变为常压。对塔中822井第Ⅲ期近蓝白色荧光的凝析气包裹体进行了PVTX模拟(图4.23)，凝析气包裹体均一温度为10℃，气液比为80%，伴生盐水包裹体均一温度为140℃，PVT模拟捕获压力为62.7Ma，成藏期为28Ma左右，成藏期古埋深为5100m，古压力系数为1.22，为弱超压充注，与现今压力系数1.23一致。反映了在塔中82井区喜马拉雅期经历了弱超压充注，喜马拉雅晚期深层天然气沿着走滑断裂与Ⅰ号断裂交叉部位垂向穿层运移，气侵形成凝析气藏。塔中Ⅰ号带凝析气藏现今具有统一的温度系统，压力系数为1.12～1.24，为弱超压系统，应该与断裂沟通的深层油气充注有关。

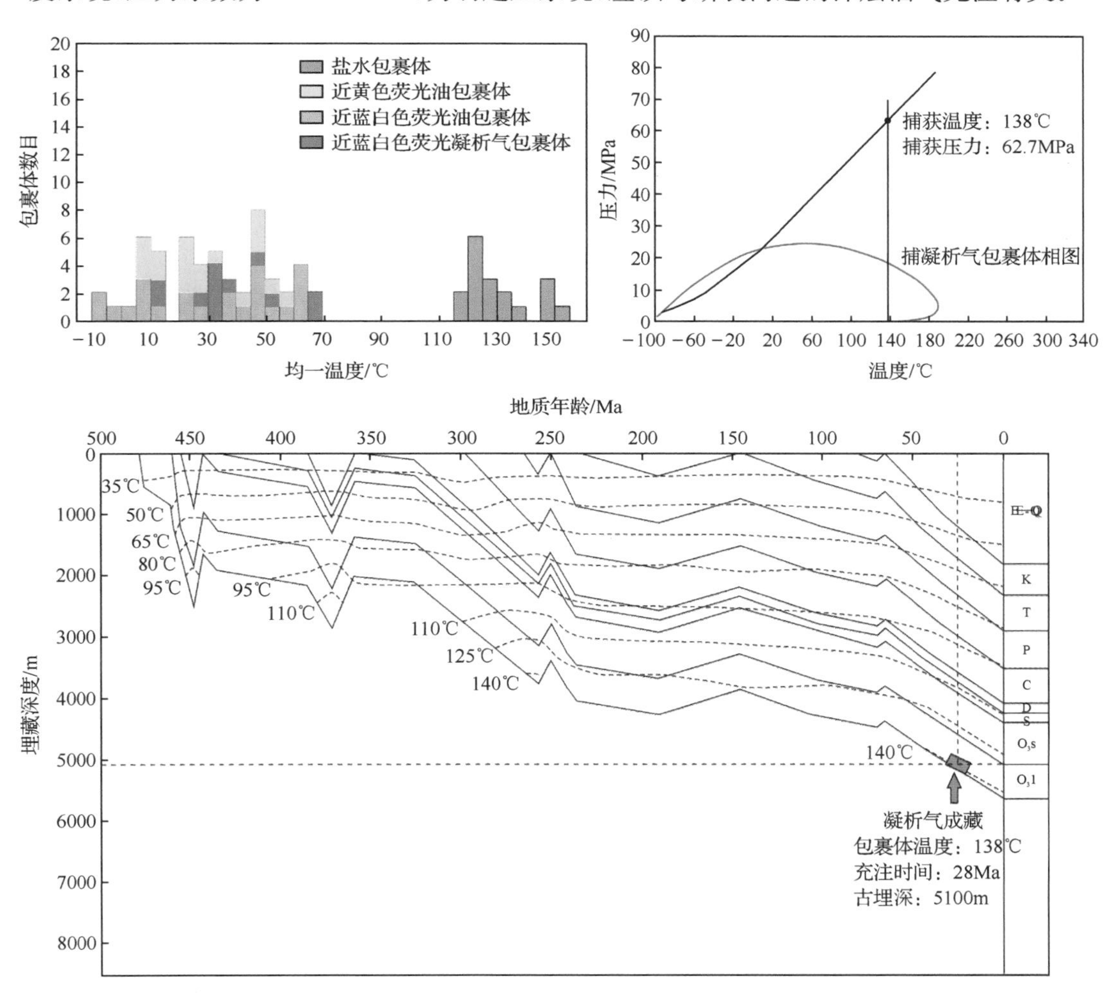

图4.23 塔中822井奥陶系储层包裹体均一温度、PVT模拟及埋藏史图

二、流体包裹体 PVT 模拟与捕获温度、压力恢复

油气藏形成的温压条件是油气成藏机理研究的重要内容。由于形成的环境相同，油气包裹体和与之伴生的盐水包裹体有着相似的捕获温度和压力。对于两种不混溶体系，如果其成分已知，就可以用适当的状态方程分别构建等容线，其真实捕获温度和压力则位于两类包裹体等容线的相交部位，如图 4.24 所示。因此，利用油气包裹体及其伴生的盐水包裹体来估算油气藏形成时的 PVT 条件是油气包裹体研究中的一个重要方面，它为更准确地计算油气藏形成时的温度-压力条件和相态特征提供了一种有效的方法。

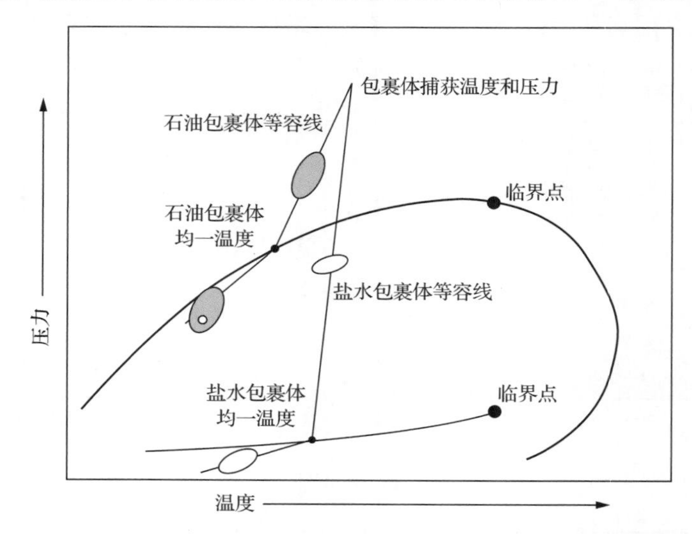

图 4.24　利用石油包裹体和伴生盐水包裹体相图确定捕获温度和压力

储层岩石中石油包裹体的捕获压力是反映油气成藏深度和储层中流体压力条件的重要资料，但是难以直接测定流体包裹体的压力，主要根据各类流体包裹体的相演化图，以及油气包裹体的组成、均一温度、气液比等的测定结果进行 PVTX 模拟计算得到。要实现对流体包裹体的准确 PVT 模拟并非易事，需要综合多种方法对包裹体的各项参数进行测定。目前，激光共聚焦显微镜测定油包裹体气液比、红外光谱和拉曼光谱测定包裹体成分、PVTsim 和 PIT 等相态模拟软件为精确恢复包裹体的捕获温度和压力提供技术保障。一般情况下，单个包裹体组合的精细分析流程如下（图 4.25）：在对岩石薄片进行详细岩相学观察的基础上，划分包裹体组合；选择包裹体个体较大、形态较规则，发育油气包裹体及与之伴生的盐水包裹体的包裹体组合进行下一步分析；石油包裹体和盐水包裹体可分析的内容不尽相同，对石油包裹体，进行均一温度测试、红外光谱测试 CH_4、CO_2、烷烃类的相对组成、激光共聚焦显微镜精细测定室温下油气包裹体的气液比，在此基础上，利用 PVTsim 或 PIT 软件进行石油包裹体的 PVT 模拟；对盐水包裹体，进行均一温度、冰点温度测试，利用拉曼光谱测试包裹体中 CH_4、CO_2 含量，在此基础上利用软件进行盐水包裹体的 PVT 模拟；最后将石油包裹体的等容线与盐水包裹体的等容线相交，即可得到该包裹体组合的捕获温度、捕获压力及捕获的石油组成、盐水组成。

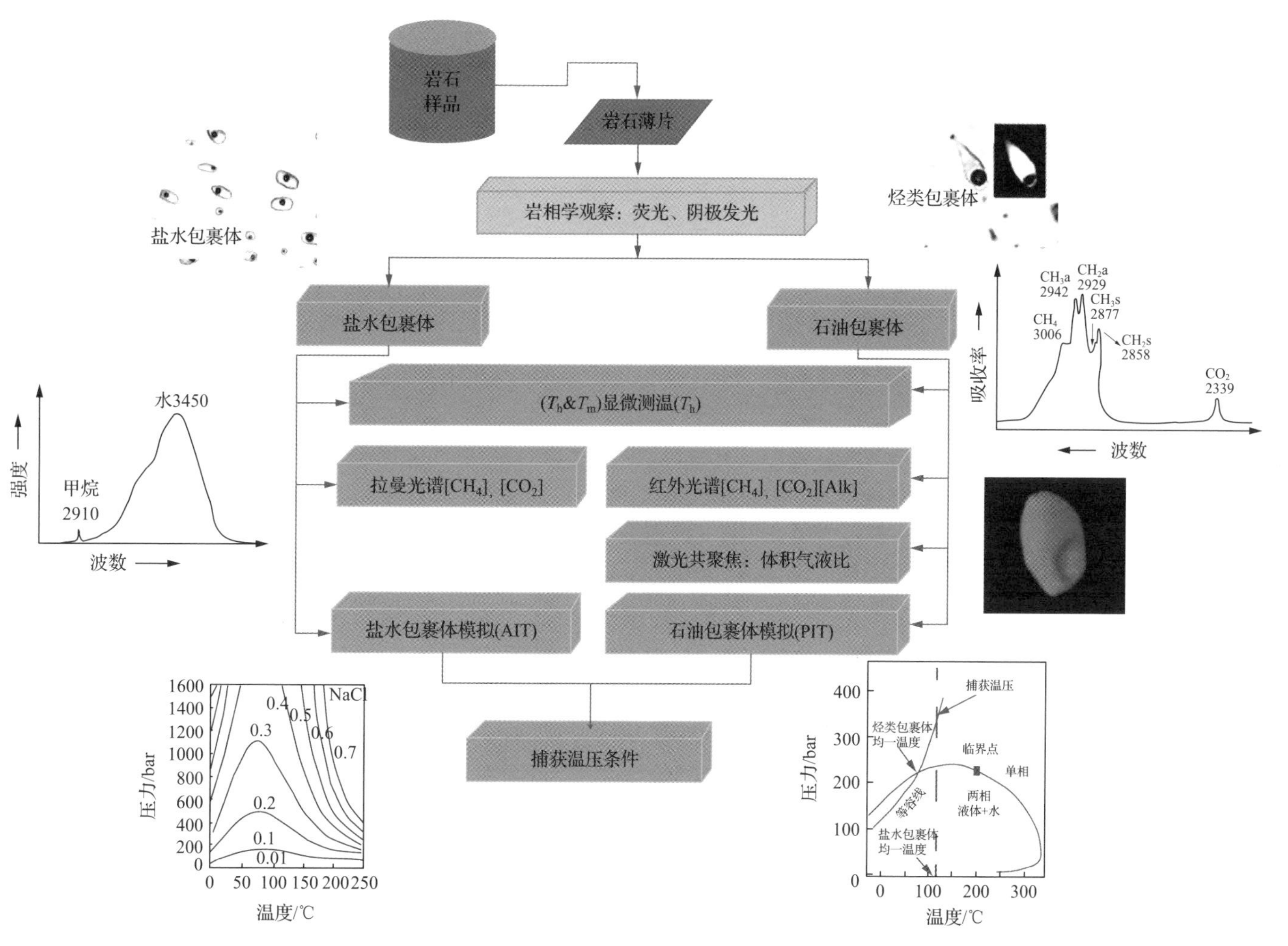

图 4.25 单个包裹体组合精细分析流程

由于流体包裹体的显微观察、温盐测试、成分分析等技术已经在前面系统介绍，这里重点介绍一下基于激光共聚焦显微镜的油气包裹体气液比精细测定技术，以及利用PVTsim和PIT软件进行油气包裹体相态模拟的操作步骤。

（一）基于激光共聚焦显微镜的油气包裹体气液比精细测定

气液比是流体包裹体一项重要的指标，气液比与当时的流体成分和温压环境关系密切，通过烃类包裹体PVT模拟可以重建捕获温度和捕获压力，气液比是影响PVT模拟结果的重要参数(Thiéry et al.，2002)。传统的方法是用包裹体中气相和液相的面积比来代替体积比，该方法是简单的目测估算，误差较大。为了更好地测定流体包裹体的气液比并应用到PVTsim模拟中，利用油气包裹体的荧光特征，通过激光共聚焦扫描显微镜可恢复油气包裹体的三维形态图，精细计算气液比(Bourdet et al.，2008)。

激光共聚焦扫描显微镜(laser confocal scanning microscope)分析技术是20世纪80年代末、90年代初兴起的一项新的光学显微测试方法。该方法具有以下优点：放大倍数较高，可达1万多倍；分辨率高(为普通光学显微镜的1.4倍)，可以获得高清晰度、高分辨率的直观图像；制样要求低，由于采用共聚焦原理，使得凹凸不平的、薄厚不一的样品都可以做镜下观测分析。该技术不仅可以清晰地观察到样品表面精细的结构，而且具有一定深度的穿透力，可深入观察到样品内部深层次的结构、构造，进行分层扫描和三维立体图像重建。Aplin等(1999)最早报道了将激光扫描共聚焦显微镜用于精确获取烃类包裹体的气液比，并将获取的这一参数应用于流体包裹体古压力求取的研究，取得了较好的效果，使古流体压力定量计算的精度有了较大飞跃。在此之后，Thiéry等(2002)运用激光扫描共聚焦显微镜精确获取了烃类包裹体的气液比，结合PVTsim软件获取了古流体压力，并将其结果应用于油气运移和成藏方面。

下面简单介绍一下基于激光共聚焦显微镜进行油气包裹体气液比精细计算的分析步骤：①将双面剖光薄片置于激光扫描共聚焦显微镜的载物台上，选取个体较大，形态规格且气泡明显的包裹体并移动至视域中央。②切换到激光模式，采用荧光通道接收荧光信号，通过调整增益系数和阈值，使包裹体的荧光图像清晰。③通过Z轴调焦确定出有机包裹体的顶底界的Z值位置后进行Z轴扫描，得到不同深度的系列切片。图4.26展示了部分二维的扫描图像，随着扫描深度的增加，流体包裹体气液比在不同的平面上有一定的差异，包裹体的形态、大小也有所差异。④将获取的系列二维图片在3D图像处理软件中打开，利用三维重建功能恢复包裹体的三维形态(图4.27)。⑤包裹体气液比的计算。有机包裹体气泡部分常受到液相部分较强的荧光的影响，用激光扫描图像直接恢复气液比会使结果偏小，因此采用透射光通道扫描图像先进行气泡最大直径的测量，将其当做标准球体利用球体体积计算公式进行气泡体积的计算。利用3D图像处理软件计算出发荧光部分的液相石油的体积。将气泡体积和发荧光液相石油的体积相加，即可得到该油气包裹体的总体积，进而计算出气液比。

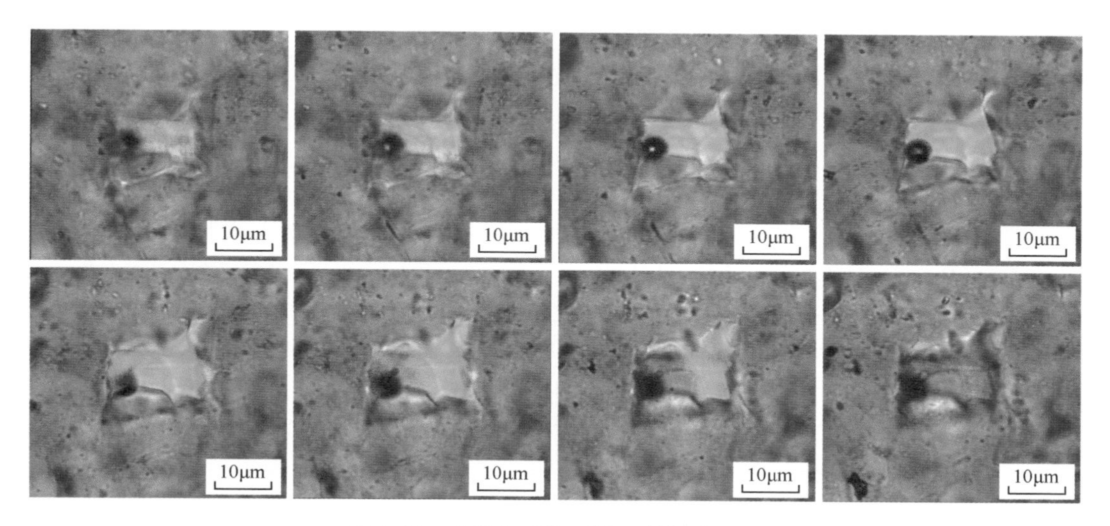

图 4.26 烃类包裹体不同 Z 轴深度切面

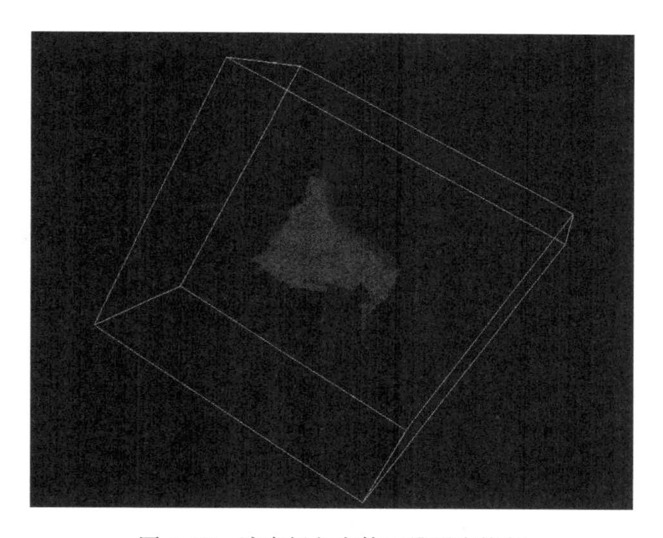

图 4.27 液态烃包裹体三维形态恢复

（二）流体包裹体 PVTsim 相态模拟

Aplin 等(1999)利用 PVTsim 模拟方法求得了石油包裹体的近似组成与等容方程，进一步根据样品中同期盐水包裹体均一温度、冰点温度和组分的测定结果与 PVTsim 软件的模拟计算，求得同期盐水包裹体的等容方程，再将石油包裹体等容线方程与同期盐水等容线方程联合求解，从而得到较确切的捕获温度和压力。

PVTsim 软件由丹麦 Calsep A/S 公司研制，是一个进行流体相态及流体属性模拟研究的专业软件。PVTsim 软件采用 Soave-Redich-Kwong 状态方程和 Peng-Robinson 状态方程，模拟石油包裹体捕获温度和压力的主要方法是通过迭代计算，使设定的石油包裹体组成与室温下测定的石油包裹体的气液比达到匹配。其中比较关键的问题是不仅要求精确测定有代表性的石油包裹体的均一温度，还要求用激光共聚焦扫描显微镜精确测定石油包裹体的体积气液比。Aplin 等(1999)介绍的石油包裹体 PVTsim 模拟的主要流程如下：

(1) 选定近似于包裹体中石油的组成或储层原油的组成，作为开始模拟的石油的初始摩尔组成。

(2) 利用 PVTsim 软件中 flash 模块计算在均一温度(T_o)下，包裹体均一到液相时的最小压力(P_o)，记下这时包裹体的总体积(V_o)。

(3) 用 flash 模块计算在室温下(25℃)，算出多大压力(P)时，包裹体的体积(V)和均一温度下的 V_o 相等，把此时的气液比和测量出的气液比进行比较。

(4) 如果此时的气液比和测出的气液比不相等，改变原始石油的组成，重复步骤(1)～(3)，直到两个气液比相等为止。试算出的成分即为该石油包裹体的成分。

(5) 模拟出包裹体的成分后，利用 flash 模块计算出当温度增加一定的值 ΔT(一般 ΔT 不要太大)到 T_1，计算这时体积为 V_o 时的压力 P_1，利用两点式求取等容线方程。

(6) 利用共生的液态烃包裹体和盐水包裹体的等容线联合求解或作图，两条等容线的交点处的温度和压力，即为该期包裹体的捕获温度和压力。

从 PVTsim 模拟过程中可以发现，石油包裹体的初始组成数据在模拟过程中起到很重要的作用。如果初始组成数据给得不合理，就增加了模拟计算的时间和准确性。因此，利用各种成分分析方法得到近似于包裹体中油气的组成作为开始模拟的初始摩尔组成很关键。另外，油气包裹体的气液比在 PVT 模拟中也是非常重要的参数，气液比的准确与否十分关键。因此，Aplin 等(1999)使用激光共聚焦显微镜对油气包裹体进行三维重构精细计算气液比，为 PVT 模拟提供关键参数。

在油藏中可能存在轻-重组分不混溶的状态，如果在观测研究样品中可以找到同期成因的、并分别包含有两种端元组分的不同油气包裹体，则可以利用上述原理和方法用 PVTsim 模拟计算两类烃包裹体的相图和等容线方程，利用两类烃包裹体等容线相交法求取包裹体的捕获温度和压力。

(三) 油气包裹体 PIT 热力学模拟

Thiéry 等(2001，2002)提出了石油包裹体热力学模拟 PIT 方法(petroleum inclusion thermodynamics)。该方法的关键是将用以模拟的复杂的石油组成通过 Montel(1993)提出的比较简便的 α-β 参数进行限定。其中 α 代表重组分(C_{10+})的分布和含量，β 代表甲烷等小于 C_{10} 的气态烃和轻烃的含量。在确定油气包裹体的气相充填度 F_v 和均一温度 T_h 后，就可以通过 PIT 软件得出一系列可以满足该 F_v-T_h 的 α、β 值，这些数值落在 α-β 图(图 4.28)上的一条曲线上，该曲线跟天然油气类型成分图(图中的阴影部分)的相交区域可以限定 α、β 值的范围，然后从中选择一组 α、β 值来模拟油气包裹体的等值线，得到甲烷的摩尔浓度，将该浓度跟傅里叶变换红外光谱(FT-IR)测得的油气包裹体中的甲烷浓度进行比较。如果二者吻合，则该组 α、β 值较好地反映了油气包裹体成分；若不吻合则选择另一组 α、β 值进行计算。

Thiéry 等(2001)列举了北海油田 Alwyn 油田中油气包裹体研究的例子。油气包裹

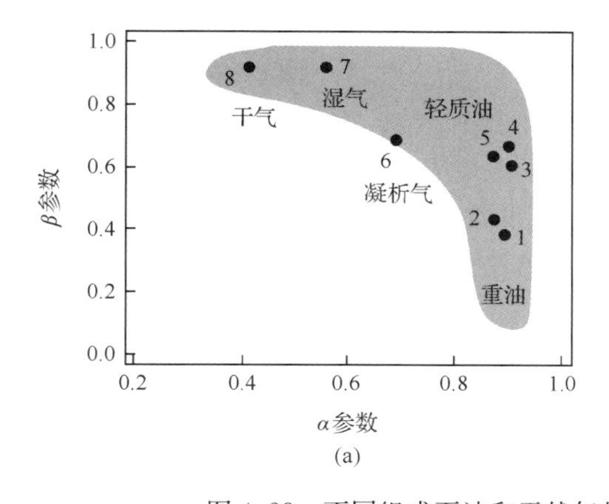

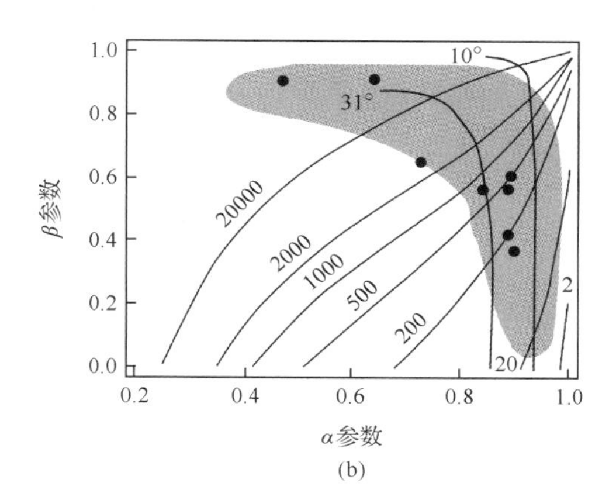

图 4.28　不同组成石油和天然气的 α-β 值分布(据 Thiéry et al.,2002)

1. 重油;2. 富 CO_2 油;3. 轻油;4. 轻油;5. 临界油;6. 凝析气;7. 湿气;8. 干气;暗色区为 α-β 值一般分布区域;20000、2000、1000、500、200、20、2 均为 GOR 等值线,m^3/m^3; 10°、30°均为 API 密度等值线

体的均一温度 T_h=81.6℃,在0℃时的 F_v=25.3%。用PIT 程序计算表明这个油气包裹体捕获的石油介于轻质油和重质油之间,α-β 参数由 PIT 模拟计算,满足该包裹体均一温度和常温下气液比的可以有 a、b、c 三种可能(图 4.29)。将由 a、b、c 三个可能点分别可确定的 α-β 参数计算得到三种可能的包裹体组成,利用相态模拟计算出三种相图和等容线。假定与油包裹体共生的盐水包裹体是同时期的,盐水包裹体的均一温度也是油包裹体的捕获温度,捕获压力的简单估计可以由捕获温度沿油包裹体等容线读取压力,由图可见捕获压力为 340~430bar,这个压力范围很大,但是其下限值 340bar 比较适合 Alwyn 油田目前估算出的 P-T 条件。

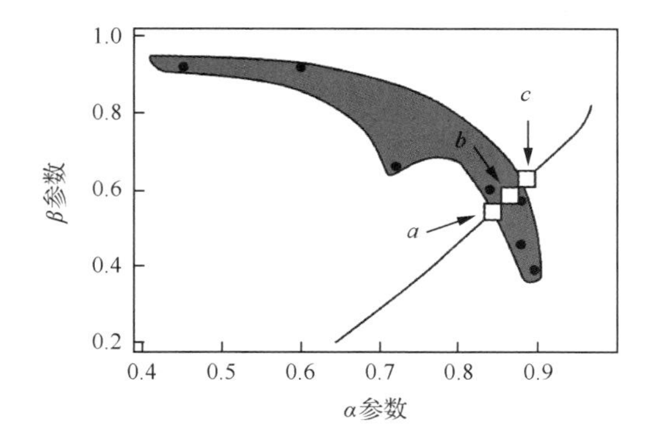

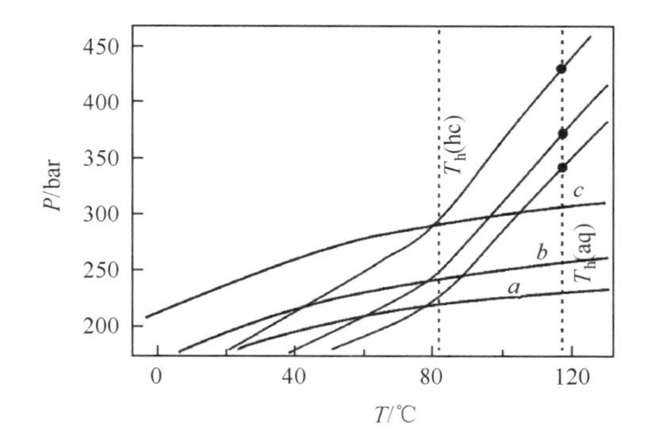

图 4.29　北海 Alwyn 油田包裹体三种可能的 α-β 组成及 PVT 模拟结果(Thiéry et al., 2001)

右图中 hc 表示油气包裹体;aq 表示盐水包裹体

第六节　流体包裹体在油气成藏研究中的应用

现今油气藏的油气组分是油气藏经历各种地质地球化学作用演变的最终产物,这些产物可能反映了不同期次充注的油气的叠加,也可能是成藏后油气成分变化(生物降解、

水洗、相分离等)的最终结果,用这种可能已发生变化的油气组分追踪油气源及成藏演化的过程可能具有多解性。如果获得油气藏演化各阶段的成分,则可以更好地认识油气的成藏期和不同期次油气组分的地球化学特征,并判断油气来源。不同世代的流体包裹体是不同成藏阶段充注的油气和水溶液流体的真实记录,是研究沉积埋藏历史、古构造演化和古地质流体成分、油气来源及演化、油气充注过程的很好载体。

近几年来,作为油气藏形成和演化研究的重要方法和手段之一,流体包裹体分析已广泛应用于石油地质研究的各个领域中,概括起来有以下几个方面。

一、盆地古温度恢复

近十余年来,流体包裹体测温常与 R_o、裂变径迹、孢粉、黏土矿物等古温标一起,用于盆地古地温、热演化史分析(任战利,1992;周中毅和潘长春,1992),但除了流体包裹体,其他古温标都是反映经历的最大热温度与有效受热时间的间接指标,具有叠加性和不可逆性,只能反映地质历史的最高古地温。虽然裂变径迹可以重建近期的受热过程,但不能可靠地反映完整的受热历史。流体包裹体则可以清晰、准确地记录不同成岩、成烃阶段的地层温度,重现盆地古地温梯度、受热历史,进而恢复地层剥蚀厚度等。要点是在同一构造层或构造旋回地层中的不同高度找到两点以上包裹体观测点,且通过岩相学研究必须保证所测包裹体基本上为同期形成的包裹体,根据不同点同期形成的矿物流体包裹体观测的均一温度,则可以计算出地层剖面中各阶段的古地温梯度。

二、盆地古压力恢复

地层古压力恢复是分析油气成藏机制、流体压力系统演化、油气相态演化及超压成因的重要依据。然而,与地层古温度恢复相比,地层古压力恢复一直是石油地质领域的难点,缺少有效可靠的手段。目前使用的地层古压力恢复方法主要有三种:①基于泥岩声波时差恢复欠压实泥岩古压力的方法。该方法的关键在于建立科学合理的孔隙度随深度和埋藏时间的演化模型,利用“回剥反推”的方法计算出某一地质时期的泥岩孔隙度,再利用Phillippone公式求取泥岩的古压力。该方法具有以下四个缺点:第一,方法的原理是基于岩石颗粒体积在埋藏演化过程中保持不变的基本假设,且只考虑了压实作用对孔隙度的影响;第二,建立的回归模型是通过大量的数据统计得到,准确性不够;第三,恢复的古压力实际上是泥岩的古压力,而并不是油气藏储层内部的真实压力;第四,只适用于简单的单旋回盆地或地区,对于多旋回演化的叠合盆地该方法并不适用。②盆地模拟法。盆地模拟法虽然能够快速再现油气生排运聚过程和地层温度、压力演化过程,但存在诸多不确定性,地质模型的精度很难达到要求,中间过程缺少约束,往往具有多解性。此外,异常压力的形成原因很多,如欠压实、水热增压、黏土矿物的转化脱水和油气生烃增压等,不同地区不同时期的增压机制也可能不同,造成盆地模拟法研究古压力的过程中输入参数种类繁多、参数值不好确定、考虑因素不够全面等问题,模拟结果也很难得到验证。③基于流体包裹体的古压力恢复方法,这也是目前使用最多的方法。流体包裹体是成岩成藏流体的直接历史记录,能够提供油气运移和充注时的流体温度、压力和成分等信息,已成为油气成藏历史研究中的重要手段。利用流体包裹体技术获取流体古压力信息,结合流体包裹体均一温度和地层埋藏史、热史模拟结果确定包裹体捕获时间，从而示踪流体古温压演化过程。

按照方法的原理，基于流体包裹体恢复地层古压力的方法可分为两种：包裹体 PVTX 模拟法和激光拉曼光谱直接测定含甲烷包裹体压力法，两种方法各有优缺点和应用条件。

1. 包裹体 PVTX 模拟法

其基本原理是根据烃类包裹体和同期捕获盐水包裹体的等容线具有不同的斜率，在 P-T 空间上必然会相交于一点，该点就代表了烃类包裹体和同期盐水包裹体捕获时的温压条件。通过一系列测试获取特定的烃类包裹体和同期伴生盐水包裹体的均一温度、气液比和成分参数，并输入到 PVT 模拟软件中即可求取包裹体捕获的古压力。目前该方法在国内外已广泛应用(Aplin et al.，1999，2000；陈红汉等，2002；Thiéry et al.，2002；Pironon，2004)。但是，要实现对流体包裹体的准确 PVTX 模拟并非易事，需要综合多种方法对包裹体的各项参数进行测定。目前，激光共聚焦显微镜精细测定油包裹体气液比、红外光谱和拉曼光谱测定包裹体成分、PVTsim 和 PIT 等相态模拟软件为准确恢复包裹体的捕获温度和压力提供技术保障。由于该方法涉及的参数和步骤多，参数获取的准确性会受到某些不确定因素及人为操作产生的误差等影响。

2. 激光拉曼光谱直接测定含甲烷包裹体压力法

国外学者利用显微激光拉曼光谱研究了 CH_4、CO_2、N_2 等及其气体的混合物的拉曼特征峰(Fabre and Oksengorn，1992；Jeffery et al.，1993，1996)，结果表明，在压力一定的情况下，随气体摩尔含量增加，其拉曼位移的变化并不大，基本上不超过一个波数；而摩尔分数不变时，随压力增加拉曼位移明显减小，即气体拉曼峰位置的偏移主要受压力的影响，而摩尔含量的影响较小。在低压时，甲烷拉曼峰都在 2917cm^{-1}附近，随压力增大甲烷拉曼峰可以由 2917.0cm^{-1}减小到 2909.5cm^{-1}，在 0～50MPa 范围内拉曼位移随压力减小的速度较快，而超过 50MPa 后减小速度变缓，呈现指数递减的趋势。因此可以尝试利用甲烷拉曼特征峰位移求取天然流体包裹体内压。国内外学者陆续开展了利用显微拉曼光谱研究流体包裹体内压的研究并取得了较好的效果(陈勇等，2006；Lu et al.，2007；郑海非等，2009)。利用激光拉曼测定的是室温下包裹体的内部压力，需要将其换算至捕获温度下的古压力。

以库车前陆盆地克拉 2、大北气田为例，通过对白垩系储层中流体包裹体的观察测试恢复了流体古温压及其演化。克拉 201 井 3632m 岩性样品中甲烷包裹体拉曼谱图的主要特征是甲烷拉曼散射峰位移多数为 2911～2910cm^{-1}，而且包裹体组分比较单一，除了高强度的甲烷拉曼散射峰以外，其他比较明显的拉曼峰主要为反映含包裹体主矿物石英的散射峰，而在谱图中反映 C_2H_6 和 CO_2 等的峰都十分微弱，基本上检测不出(图 4.30)，具有高浓度和高密度甲烷包裹体谱图特征(刘德汉等，2013)。利用激光拉曼恢复包裹体古压力技术、包裹体 PVT 模拟分析论证了库车前陆盆地、大北气田油气超压充注的特征(图 4.31)。结果显示在距今 15～5Ma 储层流体压力主要为常压，在距今 5Ma 以来流体压力快速上升，压力系数快速增加到 1.8，在距今 2Ma 左右，由于地层的抬升剥蚀及断层活动造成储层流体压力有所降低。在距今 2Ma 以来，由于第四系的沉积，流体压力又再次升高，并伴随天然气的充注，最高压力系数可达近 1.9～2.0。克拉 2 气田现今平均压力系数为 1.95～2.20，属超高压气藏，现今压力为 2Ma 以来形成超压的延续，现今压力状态即为地质历史时期的最高压力状态。

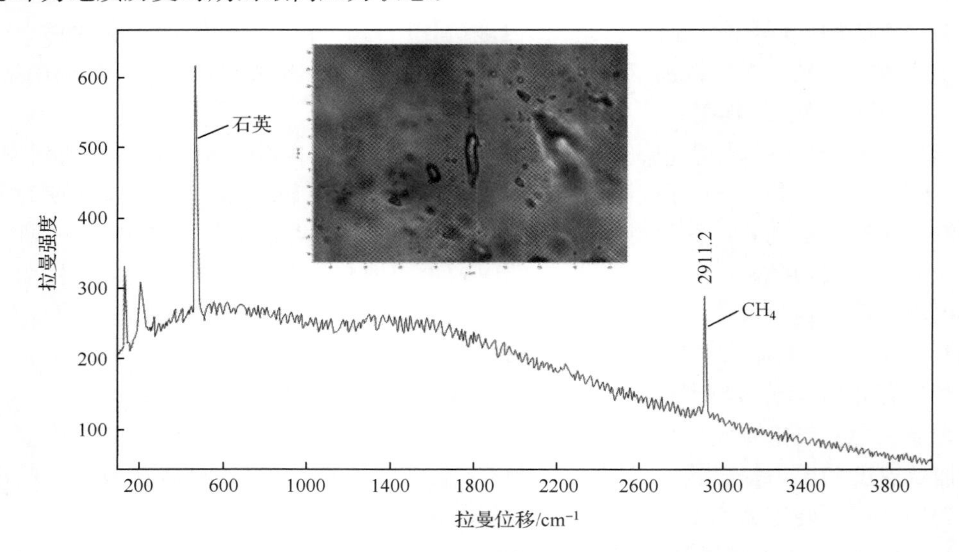

图 4.30 克拉 201 井高密度甲烷包裹体的拉曼光谱

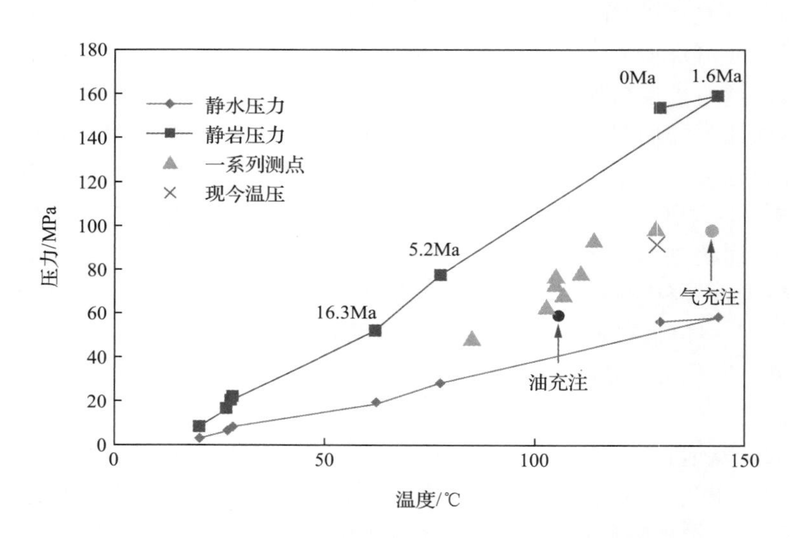

图 4.31 大北 1 气藏储层中油气充注与温压演化历史

克拉 2 和大北气田地层流体压力系数随时间的演化趋势与该区喜马拉雅运动构造挤压强度由弱变强，在喜马拉雅晚期达到高峰的构造挤压强度的变化趋势十分一致，从另一个侧面反映了克拉 2 气田的超压的形成和演化主要受控于喜马拉雅运动以来的持续增强的构造挤压作用。油气的充注与断裂构造活动和超压体系的建立是同期和同步演化的，反映了构造活动、超压体系、油气充注在时空上的耦合。喜马拉雅晚期构造强烈挤压造成油气超压强充注是油气高效聚集的重要保证，油气在构造挤压作用下高压强充注是深部致密储层油气富集的动力学机制。

三、油气成藏期次和时间确定

利用油气包裹体研究油气充注史已被证明是一种行之有效的方法，包裹体期次划分是确定油气成藏期次的关键，方法主要是根据油气包裹体的产状、颜色、荧光、均一温度分布与赋存矿物的成岩序次等确定油气包裹体的形成期次。在储层成岩过程中，胶结物和次生矿物的形成总会有流体（石油、天然气、水）被包裹其中而形成包裹体。通过确定油气包裹体与成岩矿物的相互关系，可以建立油气藏形成与成岩作用的关系。通过测定与油气包裹体共生的盐水溶液包裹体的均一温度近似代替包裹体的捕获温度，结合盆地的埋藏史和地温演化史，就可确定油气充注成藏的时间。典型实例是：Karlsen 等（1993）对北海 Ula 油田储层的研究表明，成岩作用自生矿物形成的先后顺序为方解石—钾长石—石英＋钠长石。Karlsen 等（1993）对自生钾长石、石英和钠长石的均一温度测定表明，钾长石均一温度为 30～50℃，而石英和钠长石均一温度为 110～143℃，最高均一温度（143℃）与现今油藏的温度（143℃）相一致。根据沉积埋藏历史及地温梯度推断钾长石的成岩作用发生在 75～45Ma，其形成深度为 1.0～1.5km；石英和钠长石的成岩作用开始于 10Ma，深度为 2.5km，其成岩作用一直持续到现在。钾长石、石英和钠长石中均含有油气包裹体，但钾长石中油气包裹体成分与现今油藏中原油成分差别较大，而石英和钠长石油气包裹体成分与现今油藏原油成分近似，表明两者具有不同的油源。根据后者与现今原油的成分一致，推断 Ula 油田成藏开始时间为 10Ma（图 4.32）。

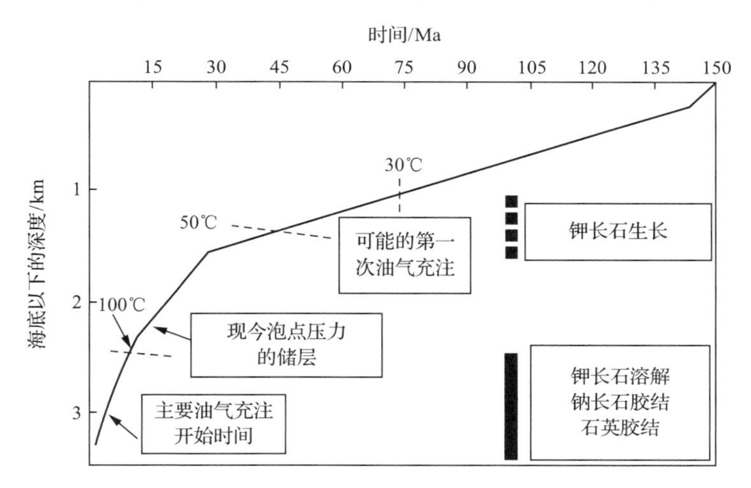

图 4.32 Ula 油田埋藏史及不同成岩矿物均一温度（Karlsen et al.，1993）

四、油气来源对比及成藏后期变化确定

现今油气藏的油气组分是油气藏经历各种地质地球化学作用演变的最终产物，这些产物可能反映了不同期次充注的油气的叠加，也可能是成藏后油气成分变化（生物降解、水洗、相分离等）的最终结果，用这种可能已发生变化的油气组分追踪油气源及成藏演化的过程可能具有多解性。如果获得油气藏演化各阶段的成分，则可以更好地认识油气的成藏期和不同期次油气组分的地球化学特征，并判断油气来源。油气包裹体作为封存在

矿物晶穴或裂隙中的石油微小样品,可记录每一期油气运移的特征,且这些特征一般不会因后期的改造而消失,因此可根据不同期次包裹体中烃类的组成和生物标志物分布研究不同期次油气的来源。涉及的主要方法有油气包裹体成分分析、包裹体成分与产层油和烃源岩的地球化学对比。

George 等(1997)对比了 Papua New Guinea 地区 Iagifu-7X 油井下白垩统 Toro 砂岩储层中的原油与 Iagifu-7X 和 Pnyang 油井同一储层的油气包裹体,显示产层油与包裹体中的烃类来源不同:前者主要源于海陆交互相富泥烃源岩,可能为中—上侏罗统泥岩;后者源于海相烃源岩,氧化环境较弱,油气包裹体中 1,2,7-三甲基萘和齐墩果烷生物标志物指示了被子植物的输入,说明油气来源于白垩系或更新的烃源岩。Cao 等(2006)用储层中的游离油与矿物中的石油包裹体的有机组成的对比分析表明,塔里木盆地奥陶系和石炭系、三叠系储层包裹体中的石油,未见生物降解特征,而储层样品中游离烃中正构烷烃的生物降解比较明显,谱图中正构烷烃大量损失,24-降藿烷明显增高,说明奥陶系储层中的石油包裹体保留有加里东期未生物降解的原油。鲁雪松等(2011)利用均一温度、荧光光谱、红外光谱、三维荧光光谱(TSF)、色谱-质谱(GC-MS)等流体包裹体分析技术对塔中志留系油气藏的复杂油气成藏过程进行了研究,结果表明,塔中志留系储层中发育三期不同类型的烃类包裹体,确定了塔中志留系油气藏的三期成藏过程,即在泥盆纪沉积末期中—下寒武统来源的原油第Ⅰ期成藏,泥盆纪末构造抬升剥蚀遭受破坏形成残余沥青,二叠纪沉积末期中—上奥陶统来源的原油第Ⅱ期成藏,喜马拉雅期中—下寒武统来源的深部调整油气第Ⅲ期成藏,现今油气主要为第Ⅱ期和第Ⅲ期成藏油气的混合物。

五、古油藏或油气运移路径的判识

早在元古界富含有机质的地层沉积以来,烃源岩的生烃-运移和油气藏的形成与散失都在不断发生,当前的油气勘探的靶区是寻找近期或早期形成并保存有工业开采价值的油气藏,但地质历史中一些已遭受破坏和散失的油气藏,也可能在地层中残存若干古油气藏的信息。以往古油气藏的判识主要是根据各种储层沥青的含量和分布特征,流体包裹体应用的资料较少。事实上,储层沥青与流体包裹体的综合应用更有利于探讨古油气藏的形成-破坏和后期改造的历史。例如,我国研究较早的贵州麻江古油藏及研究较多的塔里木盆地志留系沥青砂研究,赵孟军等(2007)关于南盘江盆地古油藏沥青、天然气地球化学特征与成因等的有关成果都受到广泛关注。

地层中如果曾有含烃流体在运移和聚集的历史,其后,虽然油气发生大量散失或水洗,在岩石孔隙和矿物表面仍有少量烃类残迹,特别是在烃类运移聚集时期被矿物捕获的烃包裹体和水包裹体更有效地保存了地质历史中含烃流体运移和聚集的历史,它们成为油-气界面(OGC)、油-水界面(OWC)的重要标志。Liu 等(2004)用 GOI 丰度研究了 Vulcan Sub-basin,Timor Sea 的石油运移和油-水界面的调整过程。王飞宇等(2006)综合有关资料和实践经验提出了一个识别古油层和石油运移通道的地球化学指标(表 4.6),具有较好的应用效果。

表 4.6 据残留烃数量识别古油层和石油运移通道的地球化学指标(王飞宇等,2006)

指标	古油层	石油运移通道
氯仿沥青/(mg/g)	2以上	部分层段 0.1～2
油包裹体丰度 GOI	大于5%,甚至有大于10%的高值	1%～5%
固体沥青丰度 SBI	固体储层沥青含量大于2%,有一定厚度	偶见,沿裂缝分布和局部分布

第七节 流体包裹体在成藏研究中存在问题讨论

流体包裹体理论与方法从矿床学引进石油地质学之后,得到了迅速发展和更广泛应用,但在包裹体基础理论和实验测试方面都存在一些尚未解决的问题,特别是在复杂叠合盆地成藏年代学研究方面,仍有不少问题还有待进一步研究探讨。这主要是因为与矿床学上的流体包裹体相比,油气包裹体往往个体较小,不易观测,多元组分体系使包裹体相态更加复杂,复杂的成藏过程使捕获条件更加多样、捕获之后经历的改造也会更多,如果在运用该项技术时,忽略或没有足够重视包裹体基础理论研究的条件,得出的结论就可能不正确。本节对流体包裹体技术在油气成藏研究中较普遍且对应用效果可能有重要影响的问题加以探讨。

一、在包裹体期次划分方面存在的问题

由于叠合盆地往往经历了多期成藏和调整改造过程,会形成多期次、多类型的油气包裹体。目前在油气包裹体应用中,部分人仅根据测试的大量盐水包裹体的均一温度分布直方图中具有几个峰值区或仅从油气包裹体的荧光颜色来划分包裹体期次,这是不正确的做法。首先,我们需要找到油气包裹体及与之伴生的盐水包裹体,要选择性地去测与油气充注事件相伴生的盐水包裹体,而不是在薄片中任意找到一个盐水包裹体就去测,即应保证所测的包裹体具有明确的成藏事件的指示意义,否则测得的数据只能是混淆视听。其次,仅从油气包裹体的荧光颜色就判断油气成藏期次往往也存在问题。因为油、气、水三相往往是不完全混溶的,即使是同一期捕获的包裹体,也常出现油气比例不一致,荧光颜色不一样的油气包裹体。原油在运移过程中的生物降解作用、水洗作用及在捕获原油形成有机包裹体时原油组成发生的分馏都可以改变有机质包裹体的荧光特征,因此,即使发现不同荧光的油气包裹体,有可能只是代表一次石油充注事件,而并不是发生多次石油运移事件的特征,应结合详细的岩相学观察、包裹体赋存产状及其交切关系来综合判断包裹体期次。

油气包裹体期次的划分必须建立在详细的包裹体岩相学观察的基础上,即从油气包裹体的产状、相态、气液比、颜色、荧光颜色、赋存矿物及其成岩序次关系上综合判断包裹体期次,最好在成岩矿物序次上或穿切关系上找到不同期次包裹体的形成次序关系,这才是包裹体期次划分的直接也是最可靠的证据,再对不同期次油气包裹体相伴生的盐水包裹体的均一温度、冰点温度进行测试,作为包裹体期次划分的一个补充证据。总之,包裹体岩相学观察和包裹体期次的准确划分是进行流体包裹体研究的重要基础,应予以足够

重视。

二、在包裹体均一温度测试方面存在的问题

包裹体均一温度的测定虽然是一种比较简单的测试方法，但却需要有较丰富的实践经验。在研究过程中，我们经常会发现同一钻井的同一层位，不同单位测定的包裹体的均一温度有较大的差别，在此基础上划分的包裹体的期次也千差万别，甚至一些明显只有一期成藏的油气藏，根据包裹体均一温度数据，会划分出两期、三期，甚至四期成藏的结果。其本质原因不在于不同实验室均一温度数据的测试准确性，而在于对所测包裹体的选择和判断上。

含油气盆地中的包裹体往往有很多种，但是适宜测定均一温度的包裹体只有两种：油气包裹体、盐水包裹体和含烃盐水包裹体不适合测定。包裹体均一温度最终用来解释油气充注的温度，因此，需要测定与油气包裹体伴生的盐水包裹体。在利用盐水包裹体的均一温度确定油气成藏期次、解释均一化温度时，应注重以下四个条件：①包裹体被捕获时为单一的均质相态；②被捕获的包裹体的体积、成分没有发生变化；③压力对均一温度的影响不大，最好为饱和甲烷的盐水包裹体；④均一温度可以精确确定。上述假设中，前两项在测试和解释包裹体资料时尤为重要。包裹体在非均质相态时被捕获或捕获后体积、成分发生变化都会造成包裹体均一温度测试偏差。

（一）非均一捕获对包裹体均一温度的影响

对于火山岩、热液矿床中的流体包裹体，大多是在均匀的流体体系中捕获的。而在沉积岩中的油气包裹体的捕获相态比较复杂，要视地质情况而定，有在均匀相态下捕获的流体包裹体，更多的是在非均匀相态下捕获的。气烃与油，或气烃与水，一般都处于有限混溶到不混溶的状态，油与水几乎都处于不混溶状态。同期的气-液两相包裹体内气泡占包裹体体积的比例是揭示流体是否为单一均质相态的重要证据，当该比例变化较大时，则表明当时流体包裹体在非均质相态下被捕获，此时所测得的均一温度偏高，包裹体均一温度范围变宽(赵力彬等，2005；刘超英等，2007)，极大影响了这一方法在油气成藏期分析中的应用。图 4.33 中，包裹体 A、C 为捕获的纯液相和纯气相包裹体，虽然两者相态差异大，但均一温度相同均为 T_1，包裹体 B 为捕获的气-液两相非均质包裹体，均一温度为 T_2，明显高于 T_1。不同气液比的包裹体，其均一温度都有着较大的差异。那么，对于这一系列气液比不同的包裹体，到底哪一种包裹体的均一温度能代表包裹体形成时的流体温度呢？在包裹体测温过程中经常会发现，有些包裹体在室温或稍微加热条件下，其中的气泡在不停地跳动。这种类型的包裹体就是在流体均一状态下捕获的。因此，在测定包裹体均一温度时，应尽量选择这种类型的包裹体进行测定，而不是见到一个包裹体就测一个，要对包裹体是否为均一捕获作一个初步判断。

（二）包裹体的延伸效应对均一温度的影响

包裹体的延伸效应是指包裹体被捕获后，因经受的压力和温度升高而发生延伸作用。包裹体均一温度的测试条件是包裹体捕获的流体呈均匀的单相，而且捕获后为封闭体系，

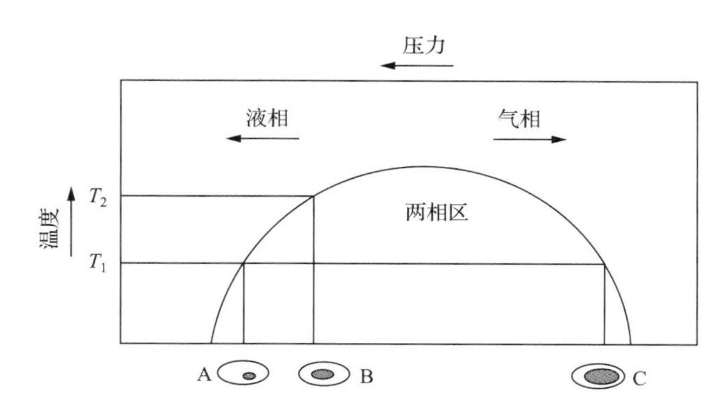

图 4.33 非均匀捕获包裹体的相态特征及均一温度(据刘超英等,2007)

具有等容特征。包裹体被捕获后,在地层继续埋深过程中,由于地层压力和温度不断升高,并且要在新的温压条件下建立平衡,包裹体内压力有不断增大的趋势,当压力达到一定程度,包裹体便会破裂从而发生漏失,如果不会破裂,新的温度、压力环境极有可能导致包裹体发生延伸效应,从而使测得的均一温度偏高(白国平,2003;赵力彬等,2005)。图 4.34(a)呈现的盐水包裹体的温度-压力相图说明,随着温度的不断增加,当温度超过捕获温度时,所有的液态流体包裹体体积都会增大。如果捕获的流体包裹体温度压力条件在 A 点(75℃),然后在深埋期间温度进一步升高,流体的内部压力会随等值线向 B 点延伸,跟周围的静水压力相比,其内部的压力会大大增加。假如由于内部超压使包裹体拉伸,其体积增大的同时密度和压力会相应减小(从 B 点降到 C 点),包裹体也会位于新的等容线上,在该密度下,包裹体的均一温度测量值为 100℃。如果包裹体没有拉伸,其均一温度 T_h 的测量值应该为 65℃(Goldstein and Reynolds,1994)。Bourdet 等(2010)模拟了油包裹体的再均衡效应(延伸和漏失),他们发现延伸现象会导致 T_h 值增大,漏失则会导致较轻成分散失而使重烃成分浓缩。

包裹体的延伸效应强弱主要受两个因素影响:①包裹体大小、形状。包裹体越大、形状越不规则,越易于发生延伸作用,因而,往往大包裹体的均一温度高于小包裹体的均一温度,所以在测试过程中尽量选取形状规则、体积较小的包裹体进行测试。②包裹体赋存矿物的性质。自生成岩矿物(石膏、硬石膏、碳酸盐矿物和石英)内的包裹体均有可能发生延伸作用,其中石英矿物中的包裹体受延伸作用的影响较小,是进行均一温度测试的首选。图 4.34(b)呈现的是方解石和石英中不同形状大小的流体包裹体爆裂时所需压差(包裹体内部压力－外部压力)。底部实线表示最弱强度形态模型破裂时的压差,顶部实线则表示最大强度形态模型破裂时的压差。每个阴影面积中的虚线表示中等强度形态模型破裂时的压差。分布在每个阴影面积之下的包裹体不会发生破裂,在阴影部分的所有包裹体都会发生破裂。Lacazette(1990)应用形态因素定义这些曲线,并阐述了每个矿物中给定形态的包裹体破裂时包裹体直径大小与压差的关系。可以看出,方解石中的包裹体比石英中的包裹体更易发生延伸变形,包裹体越大,越易延伸变形。Pironon 和 Bourdet(2008)进行了高温、高压(150℃、100MPa)条件下方解石中捕获油和水流体包裹体实验,他们发现方解石中捕获的流体包裹体记录的 T_h 值会分布在一个较宽的范围,其可能小于、等于或大于期望的 T_h 值。这预示着在碳酸盐岩储层中进行包裹体均一温度测试时要较为注意，最好先测均一温度较低的，再逐渐升温测均一温度较高的，而不能一开始就测温度较高的，以免使其他包裹体发生延伸变形。如果碳酸盐岩中包裹体形成后又经历过较大的埋深，包裹体在埋深过程中较大的压力条件下可能会发生延伸效应，使包裹体均一温度并不能真实反映包裹体捕获的温度。如果忽略了包裹体的延伸效应，对资料的简单应用就可能导致错误的结果。

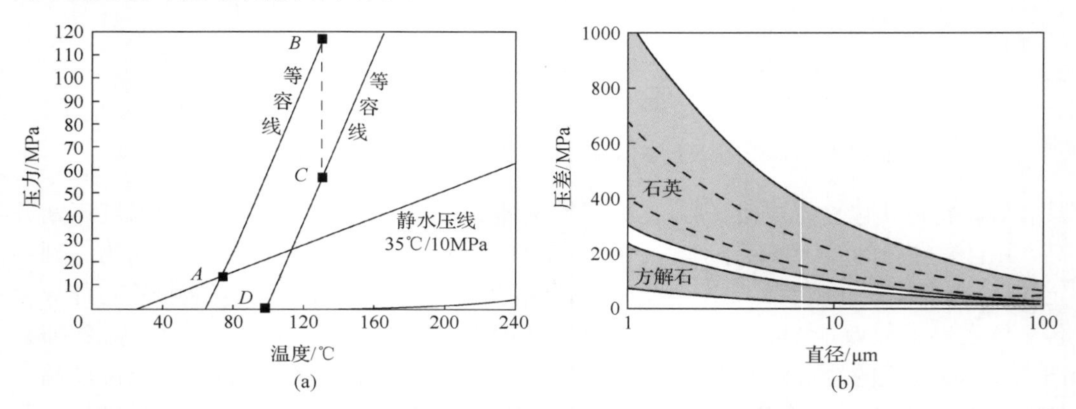

图 4.34 包裹体温压图及压差随包裹体直径变化图

(a)包裹体温压图，解释碳酸盐岩中流体包裹体的拉伸概念(据 Goldstein，2001)；
(b)压差随包裹体直径变化图，显示流体包裹体中石英和方解石的保存差异(据 Lacazette，1990)

石英矿物中的包裹体受均一温度再平衡作用的影响较小，因此是进行均一温度测试的首选包裹体。实验表明，均一温度再平衡还受包裹体大小、形状的影响，包裹体越大、形状越不规则就越容易发生包裹体均一温度的再平衡(Barker，1991)，因此在测试过程中应尽量选取形状规则、体积较小的包裹体进行测试。

（三）“卡脖子”现象和漏失对包裹体均一温度的影响

“卡脖子”现象是指一个包裹体由于主矿物的结晶而被卡成两个或几个流体包裹体(卢焕章等，2004)。大包裹体通过“卡脖子”而形成几个小包裹体是包裹体形成后其中物质和相态发生改变的一种特殊情况。当“卡脖子”发生在大包裹体中气泡出现之后，那么由“卡脖子”而形成的几个小包裹体具有不同的相比。捕获有气泡的小包裹体比原来的大包裹体具有更高的均一温度，甚至高于形成温度，其他未捕获气泡的小包裹体虽然随后冷却时会出现一个小气泡，但由于密度要大于原来的大包裹体，均一温度低于原来的大包裹体的均一温度。

当包裹体受到外力发生破裂变形或被微裂隙穿过时，或由于埋深过程中包裹体内部压力大于主矿物的破裂压力时，造成包裹体中的物质发生漏失。由于密度增大，漏失之后的包裹体均一温度要小于原来的包裹体。

因此，在进行包裹体测温时，应选择相态较规则、近似圆形或椭圆形的包裹体进行测试，而应尽量避开那些形状不规则，发生拖尾现象的包裹体。

三、利用包裹体均一温度确定成藏时间时存在的问题

利用包裹体均一温度,结合埋藏史、热史确定成藏时间是一种相对、间接定年的方法,其适用性在一些复杂的情况下是存在问题的。首先,盐水包裹体均一温度是否就一定能代表包裹体形成时的地层古温度;其次,储层埋藏史、热史是否准确也关系到成藏时间确定的准确性问题。

(一)盐水包裹体均一温度与包裹体形成时古地层温度的关系

盐水包裹体均一温度即为当时流体的温度,而流体的温度是否等于周围地层的温度?一般认为,如果流体来自邻近地层,流体温度与邻近地层温度一致,均一温度代表地层的古地温;如果流体来源于上部地层及地层水,温度则低于围岩温度,随着能力的交换将逐渐与围岩温度一致,因此后期形成的矿物及其包裹体形成温度可能与围岩一致;如果流体来自深部地层或与火山热流体活动有关,则温度高于周围地层温度,然而随着能量交换的进行,流体温度由高到低,因此早期形成包裹体的温度高于地层温度,而后期形成的矿物及其包裹体形成温度才与围岩温度接近。因此,需要对这些特殊的成藏方式和情况进行分析,如果流体的温度高于围岩温度,那么根据埋藏史和热史确定的成藏时间将与实际情况偏差较大,此时应结合构造演化史和区域流体活动史进行综合分析。

(二)古地层温度演化的非单调性

古地温演化的非单调性易造成包裹体恢复成藏时间的多解性,需要结合实际地质情况综合确定包裹体形成的真正时间(陶士振等,2003;陶士振,2004)。若有岩浆活动、深部高温流体等异常热源的影响,则古地温的演化更加复杂,这为包裹体确定成藏时间增加了难度。对于我国叠合盆地来说,某一地层很少是单调沉降或隆升,古地温演化通常呈非单调模式演化。因此,根据包裹体均一温度反演其形成时间往往具有多解性,在埋藏史图上同一温度值可能对应两个或三个形成时间(“V”形有两个解,“W”形有三个解甚至多解)。要求得唯一真解必须结合成岩史、生烃史和构造演化史进行综合分析,必要时需使用其他定年技术进行验证。

(三)地层埋藏史、热史恢复的准确性

叠合盆地往往经历了复杂的埋藏、热演化历史,虽然目前在地层剥蚀厚度恢复、古地温恢复等方面已有很多成熟、有效的方法,但是没有一种方法能保证恢复得到的地层埋藏史、热史就是准确无误的。因此,在利用包裹体均一温度确定成藏时间时,也应开展或借用前人系统的地层埋藏史和热史恢复研究,以保持成藏时间确定的准确性。

四、包裹体期次与油气成藏期次的非等同性

烃源岩排烃和油气充注成藏是一个幕式(间歇式或脉动式的充注模式)的非连续过程。包裹体的期次取决于自生矿物和次生裂隙的形成的序列期次,而自生矿物的形成相对来说是一个连续、长期的过程。烃源岩演化、油气的运移和充注成藏的期次是有限的,

但自生矿物期次可能远多于成烃和成藏期次，因而包裹体可能有很多期，甚至可能有 10 期或 20 期，而烃源岩生烃高峰和油气运移充注期通常也不过 1～4 期(陶士振等，2003)。因此，不能见到几期包裹体就认为有几期油气充注或成藏，而应该看有几期大量发育的烃类包裹体，并选择与其伴生的盐水包裹体进行古地温和成藏时间的恢复和确定。有些烃类包裹体的形成可能并不代表一期油气充注时间，而很可能是前期充注的油气在后期成岩矿物中再次被捕获，或是油气藏在发生调整之后再捕获的，这类包裹体并不代表一期油气充注成藏事件。

此外，流体包裹体的形成需要有适合的成岩环境才能捕获，所以在某些情况下，一些油气充注事件并没有相应的包裹体捕获，因此，无法从流体包裹体的角度去反映。例如，在一些浅层、年龄很年轻的储层中形成的油气藏，由于埋深过浅、储层温度过低，尚未达到成岩条件，自然不会有流体包裹体捕获。再者，油气充注发生的时间过晚且成藏过程迅速，由于储层处于成岩晚期，储层致密化缺少成岩流体，这时也不会捕获相应的流体包裹体。如松辽盆地高含 CO_2 气藏中，由于 CO_2 为喜马拉雅期幔源成因，CO_2 充注时间晚，储层内缺少合适的成岩流体，高含 CO_2 的气体包裹体基本上不发育(鲁雪松等，2009；魏立春等，2012)。因此，在这种情况下，就需要借助其他证据，如利用储层沥青、与油气充注相关的特征矿物等的发育情况来说明油气充注事件。对于松辽盆地碎屑岩高含 CO_2 气藏，可以利用储层中与 CO_2 充注事件相关的特征矿物片钠铝石的发育来说明 CO_2 的晚期充注事件(鲁雪松等，2011)。

参考文献

白国平. 2003. 包裹体技术在油气勘探中的应用研究现状及发展趋势. 石油大学学报：自然科学版，27(4)：136-140.

陈红汉，董伟良，张树林，等. 2002. 流体包裹体在古压力模拟研究中的应用. 石油与天然气地质，23(3)：207-211.

陈勇，周瑶琪，颜世永，等. 2006 . 激光拉曼光谱技术在获取流体包裹体内压中的应用及讨论. 地球学报，(1)：69-73.

丁俊英，倪培，饶冰，等. 2004. 显微激光拉曼测定单个包裹体盐度的实验研究. 地质论评，50(2)：203-209.

丁俊英，倪培，张婷. 2008. 原位低温拉曼光谱技术在人工合成 $CaCl_2$-H_2O 和 $MgCl_2$-H_2O 体系流体包裹体分析中的应用 I：低温拉曼光谱研究. 岩石学报，24(9)：1961-1967.

桂丽黎，刘可禹，王喻雄，等. 2016. 柴西南尕斯地区不同期次油气充注对现今油藏的贡献. 中国石油大学学报(自然科学版)，40(2)：43-51.

李荣西，王志海，李月琴. 2012. 应用显微激光拉曼光谱分析单个流体包裹体同位素. 地学前缘，19(4)：135-140.

刘斌. 2005. 三种类型烃-烃不混溶包裹体组合的特征和热力学条件的计算. 岩石学报，21(5)：1416-1424.

刘超英，周瑶琪，杜玉闵，等. 2007. 有机包裹体在油气运移成藏研究中的应用及存在问题. 西安石油大学学报(自然科学版)，22(1)：29-32.

刘德汉. 1995. 包裹体研究——盆地流体追踪的有力工具. 地学前缘，2(2)：149-154.

刘德汉，肖贤明，熊永强，等. 2006. 四川东部飞仙关组鲕滩气藏储层含自然硫不混溶包裹体及硫化氢研究. 中国科学(D辑)，36(6)：520-532.

刘德汉，卢焕章，肖贤明. 2007. 油气包裹体及其在石油勘探和开发中的应用. 广州：广东科技出版社.

刘德汉，肖贤明，田辉，等. 2013. 固体有机质拉曼光谱参数计算样品热演化程度的方法与地质应用. 科学通报. 58(13)：1228-1241.

刘可禹，张宝收，张鼐，等. 2013. 应用流体包裹体研究油气成藏——以塔中奥陶系储集层为例. 石油勘探与开发，40(2)：171-180.

卢焕章. 2011. 流体不混溶性和流体包裹体. 岩石学报，27(5)：1253-1261.
卢焕章，李秉伦，沈昆，等. 1990. 包裹体地球化学. 北京：地质出版社.
卢焕章，范宏瑞，倪培，等. 2004. 流体包裹体. 北京：科学出版社.
鲁雪松，宋岩，柳少波，等. 2009. 松辽盆地幔源CO_2分布规律与运聚成藏机制. 石油学报，30(5)：661-666 .
鲁雪松，魏立春，宋岩，等. 2011. 松辽盆地南部长岭断陷高含CO_2气藏成藏机制分析. 天然气地球科学，22(4)：657-662.
吕新彪，姚书振，何谋春. 2001. 成矿流体包裹体盐度的拉曼光谱测定. 地学前缘，8(4)：429-433.
毛毳，陈勇，周瑶琪. 2010. NaCl-$CaCl_2$盐水低温拉曼光谱特征及在包裹体分析中的应用. 光谱学与光谱分析，(12)：3258-3263.
倪培，饶冰，丁俊英，等. 2003. 人工合成包裹体的实验研究及其在激光拉曼探针测定方面的应用. 岩石学报，19(2)：319-326.
倪培，丁俊英，饶冰. 2006. 人工合成H_2O及NaCl-H_2O体系流体包裹体低温原位拉曼光谱研究. 科学通报，51(9)：1073-1078.
倪培，丁俊英，张婷. 2008. 原位低温拉曼光谱技术在人工合成$CaCl_2$-H_2O和$MgCl_2$-H_2O体系流体包裹体分析中的应用Ⅱ：低温下流体包裹体相变行为的研究. 岩石学报，24(9)：1968-1974.
欧光习，李林强，孙玉梅. 2006. 沉积盆地流体包裹体研究的理论与实践. 矿物岩石地球化学通报，25：1-11.
任战利. 1992. 沉积盆地热演化史研究新进度. 地球科学进展，7(3)：43-49.
施继锡，李本超，傅家谟，等. 1987. 有机包裹体及其与油气的关系. 中国科学(B辑)，(3)：318-325.
孙青，翁诗甫，张煦. 1998. 傅里叶变换显微镜红外光谱分析矿物有机包裹体的限制—基本问题初探. 地球科学，23(3)：248-252.
陶士振. 2004. 包裹体应用于油气地质研究的前提条件和关键问题. 地质科学，39(1)：77-91.
陶士振，郭宏莉，张宝民，等. 2003. 沉积岩包裹体的岩相学、分类、术语及常被忽略的基本问题. 地质科学，38(2)：275-280.
王飞宇，师玉雷，曾花森，等. 2006. 利用石油包裹体丰度识别古油藏和限定成藏方式. 矿物岩石地球化学通报，25(1)：12-18.
魏立春，鲁雪松，宋岩，等. 2012. 松辽盆地火山岩高含CO_2气藏包裹体特征及成藏期次. 地质学报，86(8)：1241-1247.
张鼐，张水昌，李新景，等. 2005. 塔中117井储层烃包裹体研究及油气成藏史. 岩石学报，21(5)：1473-1478.
张文淮. 1987. 流体包裹体. 武汉：武汉地质学院出版社.
张志荣，张渠，席斌斌. 2011. 含油包裹体在线激光剥蚀色谱-质谱分析. 石油实验地质，33(4)：437-440.
赵力彬，黄志龙，高岗，等. 2005. 关于用包裹体研究油气成藏期次问题的探讨. 油气地质与采收率，12(6)：6-9.
赵孟军，张水昌，赵陵，等. 2007. 南盘江盆地古油藏沥青、天然气的地球化学特征及成因. 中国科学D辑，37(2)：167-177.
郑海飞，乔二伟，杨玉萍，等. 2009. 拉曼光谱方法测量流体包裹体的内压及其应用. 地学前缘，16(1)：1-5.
周中毅，潘长春. 1992. 沉积盆地古地温测定方法及其应用. 广州：广东科技出版社.
邹育良，霍秋里，俞萱. 2006. 油气包裹体的显微红外光谱测试技术及应用. 矿物岩石地球化学通报，25：105-108.
Ahmed M，George S C. 2004. Changes in the molecular composition of crude oils during their preparation for GC and GC-MS analyses. Organic Geochemistry，35(2)：137-155.
Aplin A C，Macleod G，Larter S R，et al. 1999. Combined use of confocal scanning microscopy and PVT simulation for estimating the composition and physical properties of petroleum in fluid inclusion. Marine and Petroleum Geology，16(2)：97-110.
Aplin A C，Larter S R，Bigge M A，et al. 2000. PVTX history of the north sea's Judy oilfield. Journal of Geochemical Exploration，69：641-644.
Bakker R J. 2004. Raman spectra of fluid and crystal mixtures in the systems H_2O，H_2O-NaCl and H_2O-$MgCl_2$ at low temperatures：applications to fluid-inclusion research. The Canadian Mineralogist，42(5)：1283-1314.

Barker C E. 1991. A fluid inclusion technique for determing maximum temperature in calcite and its comparison to the vitrinite reflectance geothermometer. Geology, 18(10):1003-1006.

Baron M, Parnell J, Mark D, et al. 2008. Evolution of hydrocarbon migration style in a fractured reservoir deduced from fluid inclusion data, Clair Field, west of Shetlands, UK. Marine and Petroleum Geology, 25(2): 153-172.

Barres O, Burneau A, Dubessy J, et al. 1987. Application of micro-FT-IR spectroscopy to individual hydrocarbon fluid inclusion analysis. Applied Spectroscopy, 41(6): 1000-1008.

Bodnar R J. 1994. Philosophy of fluid inclusion analysis//Fluid Inclusion in Mineral, Methods and Applications. Blacksburg: Virginia Tech: 1-6.

Bourdet J, Pironon J, Levresse G, et al. 2008. Petroleum type determination through homogenization temperature and vapour volume fraction measurements in fluid inclusions. Geofluids, 8(1): 46-59.

Bourdet J, Pironon, J, Levresse G, et al. 2010. Petroleum accumulation and leakage in a deeply buried carbonate reservoir, Níspero field (Mexico). Marine and Petroleum Geology, 27, 126-142.

Burruss R C. 1989. Paleotemperatures from fluid inclusions: advances in theory and technique//Thermal History of Sedimentary Basins: Methods and Case Histories. New York: Springer-Verlag: 119-131.

Burruss R C. 2003. Petroleum fluid inclusions, an introduction. Fluid inclusions, analysis and interpretations: Vancouver, Mineralogical Association of Canada: 159-169.

Cao J, Yao S, Jin Z, et al. 2006. Petroleum migration and mixing in the northwestern Junggar Basin (NW China): constraints from oil-bearing fluid inclusion analyses. Organic Geochemistry, 37(7): 827-846.

Chen J, Zheng H, Xiao W, et al. 2004. Raman spectroscopic study of CO_2-NaCl-H_2O mixtures in synthetic fluid inclusions at high temperatures. Geochimica et Cosmochimica Acta, 68(6): 1355-1360.

Dubessy J D, Audeoud R, Wilkins, et al. 1982. The use of the Raman microprobe MOLE in the determination of the electrolytes dissolved in the aqueous phase of fluid inclusions. Chemical Geology, 37(1): 137-150.

Eadington P J, Lisk M, Krirger F W. 2000. Identifying oil columns: US Patent, 6097027.

Fabre D, Oksengorn B. 1992. Pressure and density dependence of the CH_4 and N_2 Raman lines in an equimolar CH_4/N_2 gas mixture. Applied Spectroscopy, 46(3): 468-471.

George S C, Krieger F W, Eadington P J, et al. 1997. Geochemical comparison of oil-bearing fluid inclusions and produced oil from the Toro sandstone, Papua New Guinea. Organic Geochemistry, 26(3): 155-173.

George S C, Ruble T E, Dutkiewicz A, et al. 2001. Assessing the maturity of oil trapped in fluid inclusions using molecular geochemistry data and visually-determined fluorescence colours. Applied Geochemistry, 16(4): 451-473.

George S C, Volk H, Ahmed M, 2007. Geochemical analysis techniques and geological applications of oil-bearing fluid inclusions, with some Australian case studies. Journal of Petroleum Science and Engineering, 57(1): 119-138.

Günther D, Audétat A, Frischknecht R, et al. 1998. Quantitative analysis of major, minor and trace elements in fluid inclusions using laser ablation-inductively coupled plasma mass spectrometry. Journal of Analytical Atomic Spectrometry 13(4): 263-270.

Goldstein R H. 2001. Fluid inclusions in sedimentary and diagenetic systems . Lithos, 55: 159-193.

Goldstein R H, Reynolds T J. 1994. Systematics of fluid inclusions in diagenetic minerals. SEPM Short Course, 31:199.

Guo X W, LiuK Y, He S, et al. 2012. Petroleum generation and charge history of the northern Dongying Depression, Bohai Bay Basin, China: Insight from integrated fluid inclusion analysis and basin modelling. Marine and Petroleum Geology, 32(1):21-35.

Hall P A, Watson A F R, Garner G V, et al. 1999. An investigation of micro-scale sealed vessel thermal extraction-gas chromatography-mass spectrometry (MSSV-GC-MS) and micro-scale sealed vessel pyrolysis-gas chromatography-mass spectrometry applied to a standard reference material of an urban dust/organics. Science of the Total Environment, 235(1): 269-276.

Horsfield B, Dueppenbecker S J. 1991. The decomposition of Posidonia Shale and Green River Shale kerogens using microscale sealed vessel (MSSV) pyrolysis. Journal of Analytical and Applied Pyrolysis, 20: 107-123.

Jeffery C S, Jill D P, Chou I M. 1993. Raman spectroscopic characterization of gas mixtures. Ⅰ. Quantitative composition and pressure determination of CH_4, N_2, and their mixtures. American Journal of Science, 293: 297-321.

Jeffery C S, Jill D P, Chou I M. 1996. Raman spectroscopic characterization of gas mixtures. Ⅱ. Quantitative composition and pressure determination of CO_2-CH_4 system. American Journal of Science, 296(6): 577-600.

Jones D M, Macleod G. 2000. Molecular analysis of petroleum in fluid inclusions: A practical methodology. Organic Geochemistry, 31(11): 1163-1173.

Karlsen D A, Nedkvitne T, Larter S R, et al. 1993. Hydrocarbon compositions of authigenic inclusions: Application to elucidation of petroleum reservoir filling history. Geochimica et Cosmochimica Acta, 57: 3641-3659.

Lacazette A. 1990. Application of linear elastic fracture mechanics to the quantitative evaluation of fluid-inclusion decrepitation. Geology, 18(8): 782-785.

Li J, Fuller S, Cattle J, et al. 2004. Matching fluorescence spectra of oil spills with spectra from suspect sources. Analytica Chimica Acta, 514(1): 51-56.

Liu K, Eadington P, Kennard J, et al. 2004. Oil migration in the Vulcan Sub-basin, Timor Sea, investigated using GOI and FIS data//Ellis G, Baillie P W, Munson T J. Timor Sea Petroleum Geoscience. Proceedings of the Timor Sea Symposium, Darwin, 1: 233-351.

Lu W, Chou I M, Burruss R C, et al. 2007. A unified equation for calculating methane vapor pressures in the CH_4-H_2O system with measured Raman shifts. Geochimica et Cosmochimica Acta, 71(16): 3969-3978.

Mernagh T P, Wilde A R. 1989. The use of the laser Raman micro-probe for the determination of salinity in fluid inclusions. Geochim Cosmochim Acta, 53(4): 765-771.

Montel F. 1993. Phase equilibria needs for petroleum exploration and production industry. Fluid Phase Equilibria, 84: 343-367.

Permanyer A, Douifi L, Lahcini A, et al. 2002. FTIR and SUVF spectroscopy applied to reservoir compartmentalization: A comparative study with gas chromatography fingerprints results. Fuel, 81(7): 861-866.

Pironon J. 2004. Fluid inclusion in petroleum environments: analytical procedure for PTX reconstruction. Acta Petrologica Sinica, 206: 1333-1342.

Pironon J, Barres Q. 1990. Semi-quantative FT-IR microanalysis limits evidence from synthetic hydrocarbon fluid inclusion in sylvite. Geochimica et Cosmochimica Acta, 54: 509-518.

Pironon J, Bourdet J. 2008. Petroleum and aqueous inclusions from deeply buried reservoirs: Experimental simulations and consequences for overpressure estimates. Geochimica et Cosmochimica Acta, 72(20): 4916-4928.

Pironon J, Sawatzki J, Dubessy J. 1991. Letter: NIR FT-Raman microspectroscopy of fluid inclusions: Comparisons with VIS Raman and FT-IR microspectroscopies. Geochimica et Cosmochimica Acta, 55(12): 3885-3891.

Pironon J, Thiéry R, Aaytougougdal M, et al. 2001. FT-IR measurements of petroleum fluid inclusions: Methane, n-alkanes and carbon dioxide quantative analysis. Geofluids, 1: 2-10.

Pradier B, largeau C, Derenne S, et al. 1990. Chemical basis of fluorescence alteration of crude oils and kerogens-I. Microfluorimetry of an oil and its isolated fractions; relationships with chemical structure. Organic Geochemistry, 16(1-3): 451-460.

Roedder E. 1984. Fluid Inclusions. Washington D C: Mineralogical Society of America.

Samson I A A, Marshall D. 2003. Fluid inclusions: Analysis and interpretation. Québec: Mineralogical Association of Canada.

Samson I M, Walker R T. 2000. Cryogenic raman spectroscopic studies in the system NaCl-$CaCl_2$-H_2O and implications for low temperature phase behavior in aqueous fluid inclusions. The Canadian Mineralogist, 38(1): 35-43.

Thiéry R, Pironon J, Walgenwitz F, et al. 2001. PIT(Petroleum inclusion thermodynamic): A new modeling tool for the characterization of hydrocarbon fluid inclusion from volumetric and microthermometric measurements. XVIEEC-ROFI European Current Research on Fluid Inclusions Abs: 473-476.

Thiéry R，Pironon J，Walgenwitz F，et al. 2002. Individual characterization of petroleum fluid inclusions(composition and P-T trapping conditions) by microthermometry and confocal laser scanning microscopy：Inference from applied thermodynamics of oils. Marine and Geology，19(7)：847-859.

Volk H，Fuentes D，Fuerbach A，et al. 2010. First on-line analysis of petroleum from single inclusion using ultrafast laser ablation. Organic Geochemistry，41(2)：74-77.

第五章　储层定量荧光分析技术

原油中的大量芳烃和极性化合物在紫外光的激发下会自发产生荧光。荧光强度反映了储层中含油丰度，荧光光谱的特征反映了烃类的化学组成和物理性质。基于储层中原油及油包裹体的荧光属性研发的储层定量荧光分析技术，包括 QGF、QGF-E、TSF、QGF^{+}、iTSF 等系列技术，可定量检测储层颗粒表面吸附烃和颗粒内部油包裹体的荧光强度和荧光光谱特征。由于储层定量荧光技术具有快速、简便、经济、灵敏度高、检测荧光波段长、所需样品量少等优点，在油气成藏历史研究中迅速推广。本章详细介绍了荧光光谱的基本原理、储层定量荧光技术构成、参数含义、处理流程，并结合具体实例介绍了储层定量荧光分析技术在油气成藏研究中的应用。

第一节　荧光光谱基本原理及应用现状

一、原油荧光光谱的基本原理与特征

物质产生荧光的机制是观测样品受激发光照射后使原来处于基态的分子吸收了某些特征频率的能量后，可以从低能级（即基态）跃迁到高能级（即激发态）（一定结构的物质只吸收一定能量的辐射），跃迁后能量较大的激发态分子通过发射相应的光量子来释放能量的方式回到基态的振动能级时，就会产生荧光（图 5.1）（Lakowicz，1999）。因为物质在发射荧光以前，已有部分能量消耗，所以发射荧光的能量要比吸收的能量小，即样品发射荧光的特征波长要比吸收的特征波长长。通常产生荧光物质的分子中含有共轭双键，共轭度越大，越易被激发产生荧光。所以，绝大多数能发荧光的化合物是含有共轭双键分子的芳香烃或杂环化合物。

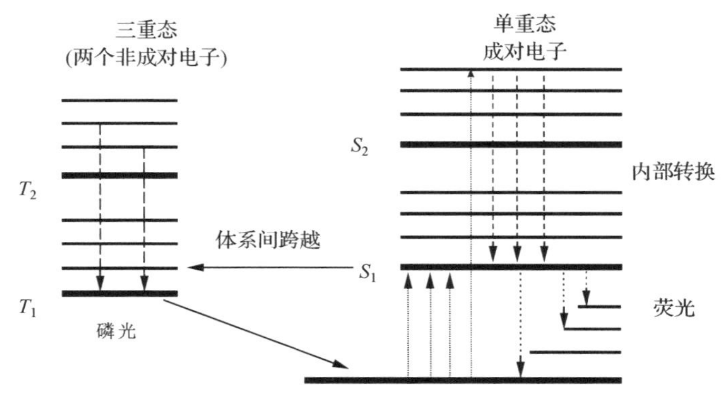

图 5.1　产生荧光原理图

图中 S_1、S_2 表示单重态能级；T_1、T_2 表示三重态能级；能量高低：$S_2 > S_1$、$T_2 > T_1$

油气中的芳香烃和极性化合物在受紫外光激发时就会自发产生荧光(Barwise and Hay, 1996;Ryder et al., 2002;Mullins, 2008),其荧光光谱可以反映原油的化学组成、物理性质及储层中的含油丰度(Berlman, 1971;Ryder et al., 2002;Ryder, 2005)。

在一定的浓度范围内,荧光的强度是与原油的浓度和含量成正比的。利用有机溶剂(苯、正庚烷、环己烷或二氯甲烷)来稀释原油,会导致荧光强度的增加,荧光波长变小(蓝移),但整体波形基本不变。因此,利用有机溶剂萃取岩石中的烃类物质,即可对烃类进行荧光光谱的检测。原油的化学组成及物理性质对原油的荧光光谱特征影响很大。通常轻质油(高 API 密度)趋向于具有波长相对短、强度较强的发射荧光,而稠油(低 API 密度)的发射光谱趋向于更弱、更宽,特征波长变大(红移)(图 5.2)。因此可以利用荧光参数预测原油的性质。

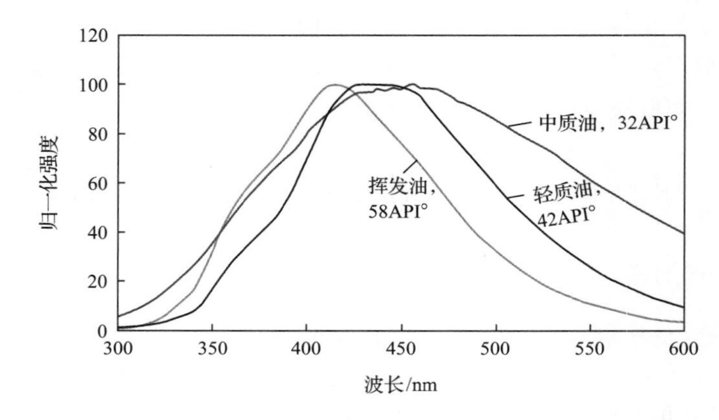

图 5.2 不同密度原油的荧光光谱(据 Liu et al.,2014)

二、原油荧光光谱技术应用现状

荧光光谱技术以其高灵敏度、高检测精度、样品处理简单、快速检测、仪器原理简单、既适用于显微分析又适用于宏观样品分析的优势,在原油分析中有广泛的应用(Ryder, 2005)。荧光光谱技术应用到油气勘探已有一百多年的历史(Riecker, 1962)。基于原油的荧光性,原油的荧光分析早在 70 多年前就已用来检测钻井泥浆和钻井岩屑中的油气显示情况(Reyes, 1994)。此外,荧光光谱还被用于油气的地球化学勘探。但这些利用荧光来检测油气的存在,只是荧光光谱技术最简单最原始的应用。如今,利用荧光光谱检测各种不同形式烃类的方法已经非常成熟,可以检测稀释的或未稀释的、表面涂层的烃类及油气包裹体(Berlman, 1971;Kihle,1995;Ryder et al., 2002; Liu et al., 2005),检测烃类的浓度可达到 1ppm① 或更低(Ralston et al., 1996;Liu and Eadington, 2005)。随着荧光光谱技术的逐渐发展,荧光光谱技术在油气地质领域的应用也逐渐扩展和深入。国外学者已先后尝试利用荧光光谱特征来预测原油的丰度、密度、黏度和成熟度等重要参数(Ryder,2005),并建立了相关的定量图版,在识别古油-水界面、油气源对比、评价含油丰

① ppm 为百万分之一。

度、原油性质预测等方面都取得了很好的应用效果，而国内在这方面的基础仍很薄弱。

荧光光谱在油气地质领域的应用可大致分为三个方面。

（一）利用荧光强度预测含油丰度

在一定的浓度范围内，荧光的强度与原油的浓度成正比，根据这一原理，利用荧光光谱测试可实现对岩石中含油丰度进行定量检测。Supernaw（1990）发明了使用荧光光谱强度来确定地层中原油含量的专利，即定量荧光技术（QGF™），通过将给定体积的地下储层样品溶解于给定体积的溶剂中以溶出烃类，定量检测溶出的样品在激光波长为250～310nm 的发射荧光光谱，根据已建立的荧光强度与原油浓度的对比图版确定样品中的原油含量。Patrick 等（1998）也基于这一原理，发明了利用荧光光谱预测岩石中原油百分含量的专利。这类方法在录井现场可实现对油气显示和油气丰度的快速检测，以指导油气层的识别和勘探。根据这一原理，澳大利亚联邦工业研究院将这套技术进一步深化，形成了 QGF（颗粒荧光强度定量）、QGF-E（颗粒抽提物荧光定量）等一套技术专利和分析流程，并将其与常规的地质和地化资料相结合，在识别古油-水界面、研究油藏的历史变迁等方面取得了很多成果（George et al.，1998；Liu et al.， 2005）。此外，Liu 等（2007b）已尝试将这种方法应用于烃源岩中检测含烃丰度，并将结果与烃源岩热解分析结果相对比，发现具有很好的可对比性。可见该方法同样可用于烃源岩快速评价中。

（二）利用荧光参数预测原油的性质

荧光光谱分析常用三个定量参数（Munz，2001）：主峰波长（λ_{max}）、红/绿值（$Q=I_{650}/I_{500}$）和 QF-535 因子［Area（430-535）/Area（535-750）］来表征荧光光谱特征。主峰波长 λ_{max}取决于在原油混合物中占主导的荧光物质（芳香烃）的种类。二环至四环芳香烃及其衍生物的荧光峰主要分布在 320～380nm，多数更重的多环芳烃（五环至六环）发射荧光峰可延伸到可见光范围（400～800nm）。Hagemann 和 Hollerbach（1986）建立了原油密度（单位为：g/cm^3）与其荧光 λ_{max}的关系图版。Stasiuk 和 Snowdon（1997）建立了加拿大原油样品的 λ_{max}、Q 值与原油饱和烃含量、API 密度和黏度的关系图版，可以看出，原油荧光参数与原油的饱和烃和芳香烃含量、API 密度和黏度等参数之间都有着非常好的正相关关系（图 5.3）。Stasiuk 等（2000）研究表明，对于 Athabaska 的沥青砂萃取物的 Q 和 λ_{max}值与其总化学组成相关性也很好。因此，根据荧光参数与 API 密度、黏度等的关系图版，即可用于原油性质的预测。而且，利用这一原理建立的 QGF-Ⅱ方法可在油田现场预测原油的 API 密度。

对原油样品的研究成果，同样可用于储层中油气包裹体性质的预测。荧光方法用于研究烃类包裹体，最常用的就是在 UV 照射下观察其荧光（Alpern et al.，1992；刘德汉等，2007）。利用肉眼观察到的荧光颜色被广泛用于定性评价包裹体中油的成熟度。不过，利用荧光颜色本质上很容易导致错误，并且不能提供定量的结果（George et al.，2001），而且仪器不同（激发波长、发射滤光片等）和可重复性也是个问题（Oxtoby，2002），定量检测烃包裹体的荧光光谱可较好地解决这一问题。Blanchet 等（2003）将来自同一盆地或储层中的原油样品的荧光光谱的结果用来校正烃类包裹体的 API 变化。Stasiuk 和

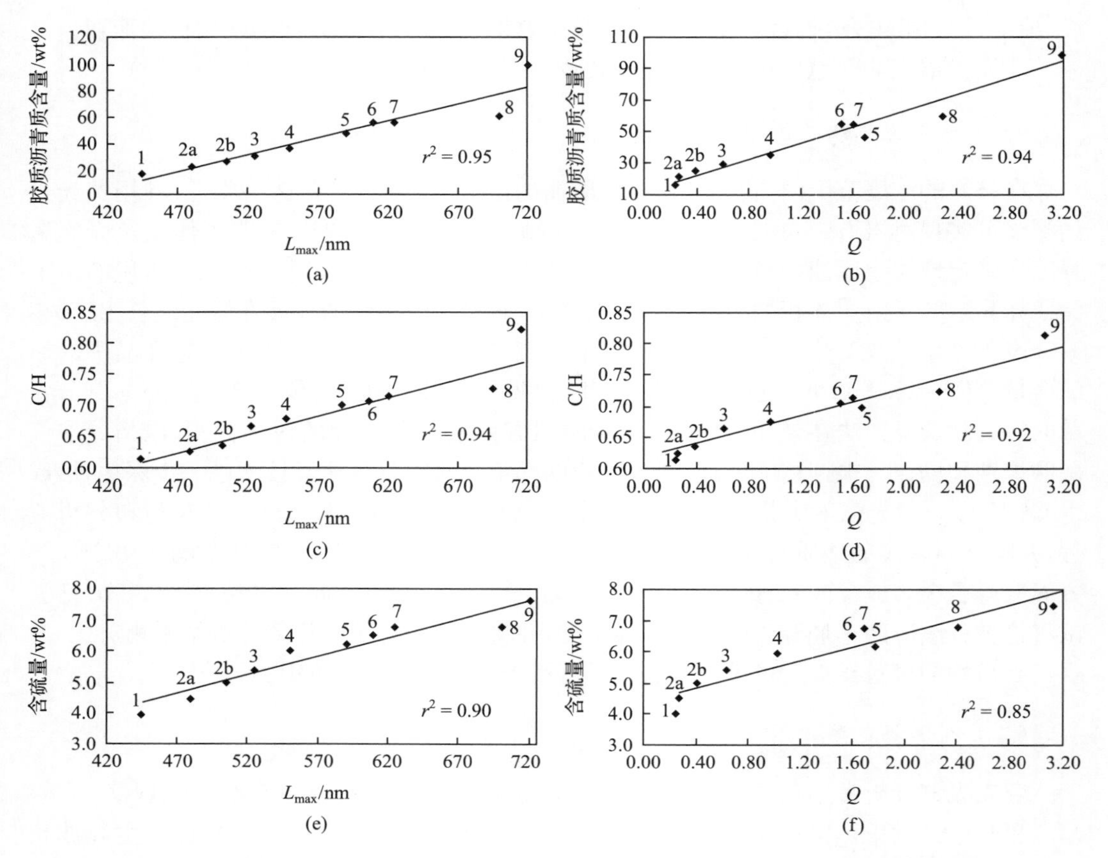

图 5.3 原油沥青质含量、C/H、含硫量与 L_{max} 和 Q 值的关系(据 Stasiuk et al.,2000)
(a)、(b) L_{max} 和 Q 值与胶质、沥青质含量的相关图;(c)、(d) L_{max} 和 Q 值与 C/H 原子比的相关图;
(e)、(f) L_{max} 和 Q 值与含硫量的相关图

Snowdon(1997)对用加拿大原油合成的烃类包裹体作了荧光光谱研究,发现 Q 值和 λ_{max} 与 API 密度和族组成有着很好的相关性(图 5.4),推动了荧光光谱技术在油气包裹体中的应用。

(三) 利用三维荧光光谱判别原油类型及油源对比

相对于单张的荧光激发光谱和发射光谱扫描,三维荧光光谱 TSF 能够提供整个激发波长和发射波长范围内所有的荧光峰的位置和相对强度等更加全面的信息。原油所有的 TSF 图都显示一个大致的斜角等值线趋势,从低 λ_{ex}、高 $\Delta\lambda$,向高 λ_{ex}、低 $\Delta\lambda$ 变化。这一斜线趋势反映了能量转移作用对原油荧光的广泛影响。芳香烃浓度的增加会导致 TSF 等值线向高值区扩展开。产生这一变化的主要作用是从低芳香烃到高分子芳香烃,碰撞能量转移的概率增加了。一般来说,原油成熟度越大,芳香烃组分越来越少,因此,通过检测 TSF 图形的变化可以来评价原油的成熟度(Ryder,2004;Liu et al., 2005)。而且,不同类型的原油在 TSF 图上具有特征的形态(图 5.5),可视为“指纹”,用于油气源对比、原油类型划分和原油成因的判识(Ryder, 2004;Liu et al., 2005)。

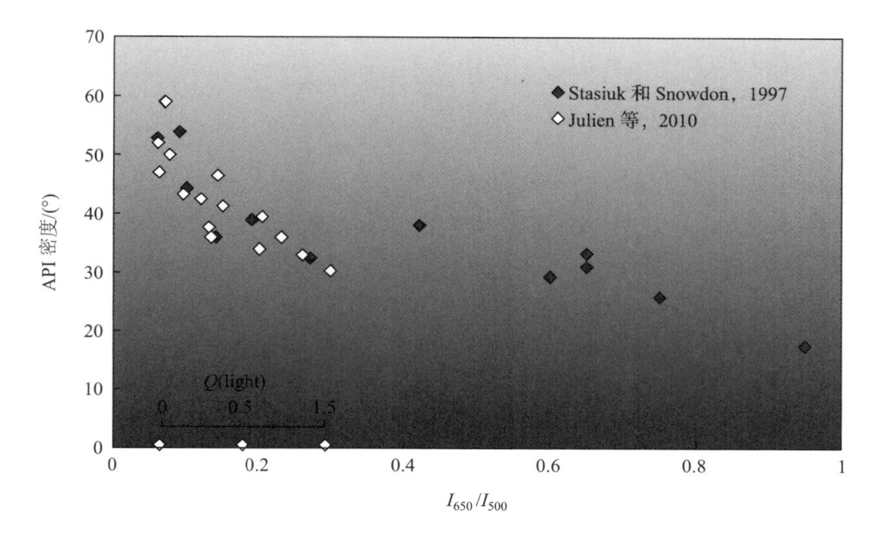

图 5.4 原油荧光光谱的 Q 值与 API 密度的相关图

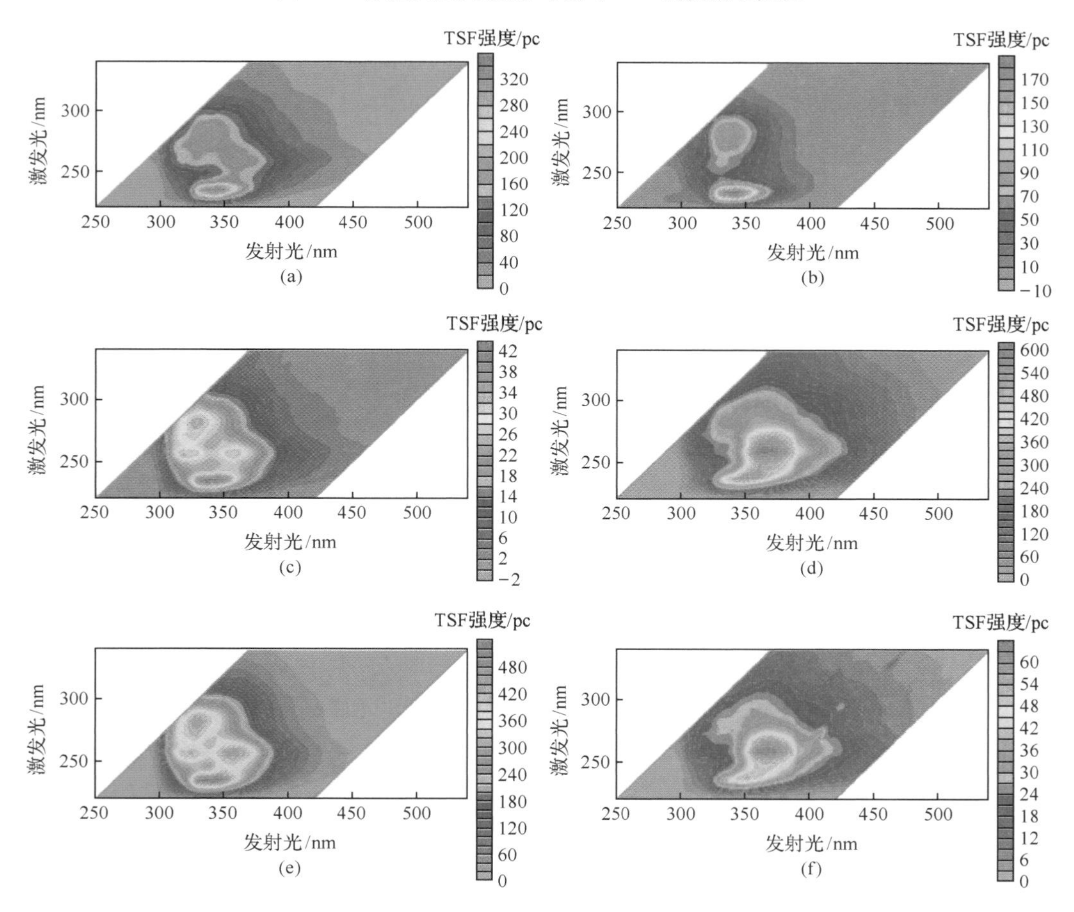

图 5.5 Vulcan Sub-basin 中 A 类油、B 类油及混源油的三维荧光光谱(据 Liu et al.，2005)

(a) Birch-1;(b) Tahbilk-1;(c) Bilyara-1;(d) Puffin-2;(e) Montara-1;(f) Oliver-1

第二节 储层定量荧光技术构成及分析流程

一、技术研发背景及其优势

油气包裹体是油气成藏历史研究中最为重要的对象，提供了油气运移和充注时的流体温度、压力、成分和强度等信息（Bodnar, 1990）。油包裹体丰度分析对评价古油气运移和聚集有重要意义，目前最为常用的方法是在荧光显微镜下对薄片中烃类包裹体进行识别和大量统计，采用GOI（碎屑岩中含油包裹体颗粒所占比例）和FOI（碳酸盐岩中油包裹体比例）技术估计油包裹体丰度（Lisk et al., 1998,2002;Bourdet et al., 2012），这种方法属于劳动密集型方法，需要有鉴定包裹体的专业技能，人为因素大，且观察统计的范围有限，不能反映储层全貌。MCI分析技术（George et al., 1997,2007）虽然能够检测储层吸附烃和油气包裹烃的分子组成信息，但对样品量要求大，费力且比较昂贵，不适合分析大批量的样品。2003年以来，基于储层中原油和油包裹体的荧光属性，在前人研究基础上，Liu和Eadington（2005）及Liu等（2007a,2014）研发了储层定量荧光分析技术（quantitative fluorescence technique），该技术利用一套标准化的处理流程、检测方法和参数设置，可定量检测储层颗粒表面吸附烃和颗粒内部油包裹体的荧光强度和荧光光谱特征，包括QGF、QGF-E、QGF^{+}、TSF、iTSF等系列技术。由于储层定量荧光技术具有快速、简便、经济、灵敏度高、检测荧光波段长、所需样品量少等优点，在油气成藏研究中得到迅速推广。该技术可以通过连续采集多口井不同深度的储层样品进行系统的荧光光谱分析，从而可根据整个样品的剖面变化和横向变化来识别储层含油气性（Liu and Eadington, 2005），判断现今油层和古油层（Liu et al., 2007a），分析油气性质，追踪油气运移路径（Liu and Eadington, 2003;Bruensing et al., 2006;李卓等. 2012），评价盖层封存能力（Johnson et al., 2004）及烃源岩成熟度（Liu et al., 2007b）等，在国内油气成藏研究中也已经广泛应用（鲁雪松等. 2012; 曹许迪等. 2013; 范俊佳等. 2014; 吴凡等. 2014）。

二、参数定义与地质意义

（一）术语与参数定义

1. 储层颗粒定量荧光

储层颗粒定量荧光（quantitative grain fluorescence, QGF）代表颗粒内部油包裹体及部分残留吸附烃的荧光特征。储层颗粒按照处理流程进行清洗后，用荧光光度计进行多点检测的平均荧光光谱即QGF光谱。QGF光谱特征可用QGF强度（QGF intensity）、QGF指数（QGF index）、QGF比值（QGF ratio）、最大波长（λ_{max}）和半峰宽（$\Delta\lambda$）五个参数进行表征（图5.6），其中QGF指数和最大波长（λ_{max}）为最重要的两个参数。具体参数定义如下：

QGF强度为QGF光谱中波长为375～475nm的光谱强度的平均值[式(5.1)]。

$$\text{QGF intensity} = \text{Average}(I_{375\text{nm}} : I_{475\text{nm}}) \tag{5.1}$$

式中，I_{375nm} ：I_{475nm} 为波长为 375～475nm 的光谱强度之和，单位为 pc（photometer count）。

QGF 指数为 QGF 强度与波长 300nm 处荧光强度的比值[式(5.2)]

$$\text{QGF index} = \frac{\text{QGF intensity}}{I_{300nm}} \tag{5.2}$$

式中，I_{300nm}是波长为 300nm 处的光谱强度，单位为 pc。

QGF 比值为 QGF 强度与波长 350nm 处荧光强度的比值[式(5.3)]。

$$\text{QGF ratio} = \frac{\text{QGF intensity}}{I_{350nm}} \tag{5.3}$$

式中，I_{350nm}是波长为 350nm 处的光谱强度，单位为 pc。

最大波长（λ_{max}）为 QGF 荧光光谱最大强度（I_{max}）处所对应的波长（图 5.6）。

半峰宽（$\Delta\lambda$）为 QGF 荧光光谱半峰高（1/2 I_{max}）所对应的两个波长 λ_1 和 λ_2 的差值[式(5.4)]，λ_1 和 λ_2、1/2 I_{max}和 $\Delta\lambda$ 参数含义见图 5.6。

$$\Delta\lambda = \lambda_2 @ \frac{1}{2} I_{max} - \lambda_1 @ \frac{1}{2} I_{max}, \qquad \lambda_2 > \lambda_{max} > \lambda_1 \tag{5.4}$$

式中，$\lambda_2 @ \frac{1}{2} I_{max}$为光谱半峰高对应的较大波长，nm；$\lambda_1 @ \frac{1}{2} I_{max}$为光谱半峰高对应的较小波长，nm；$\lambda_{max}$为光谱最大强度处对应的波长，nm。

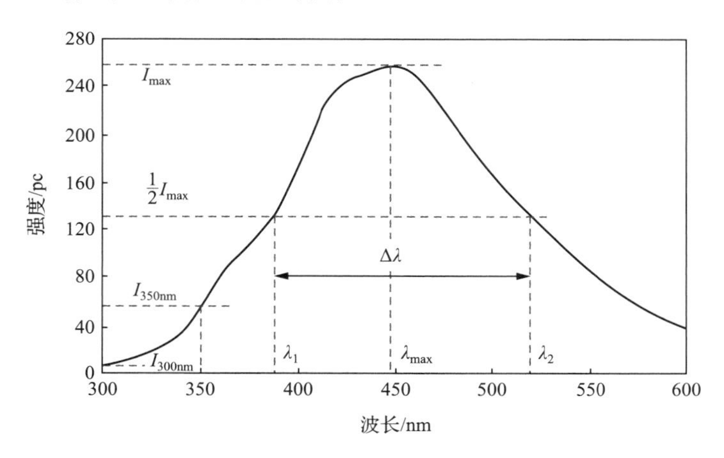

图 5.6 QGF 光谱及参数示意图(据 Liu and Eadington，2005)

2. 储层萃取液定量荧光 QGF on Extract(QGF-E)

代表储层颗粒表面吸附烃的荧光特征。储层颗粒按照处理流程进行清洗得到萃取液，用荧光光度计测得的荧光光谱即 QGF-E 光谱。QGF-E 光谱特征可用 QGF-E 强度(QGF-E intensity)和最大波长（λ_{max}）这两个参数进行表征。

QGF-E 强度为将 QGF-E 光谱最大强度（I_{max}）归一化到 1g 储层颗粒和 20mL 二氯甲烷萃取液之后得到的光谱强度[式(5.5)]，单位为 pc。

$$\text{QGF-E intensity} = \frac{I_{max}}{mv} \times 20 \tag{5.5}$$

式中，I_{max}为 QGF-E 光谱最大荧光强度，pc；m 为 QGF-E 萃取液所用颗粒质量，g；v 为 QGF-E 萃取液体积，mL；20 为 QGF-E 标准处理步骤中使用 20mL 的二氯甲烷。

如果因样品量过少或含油饱和度过高，萃取使用的二氯甲烷体积不是 20mL，应用该公式进行归一。如果 QGF-E 检测时浓度超出检测限，进行倍数稀释后测得的 I_{max}需要乘以相应的倍数，恢复到原本的强度。萃取过程中，应保持颗粒重量和萃取液体积比接近 1∶1，例如，推荐使用 2g 储层颗粒和 20mL 的二氯甲烷萃取液，以确保能将油完全萃取出来。

最大波长(λ_{max})为 QGF-E 荧光光谱最大荧光强度处所对应的波长(nm)。

3. 储层颗粒内部油包裹体定量荧光 QGF Plus(QGF^{+})

QGF^{+}是 QGF 的扩展技术，代表储层颗粒内部油包裹体的荧光特征。按照处理流程将颗粒表面的吸附烃彻底清除干净后，利用荧光光度计对颗粒内部油包裹体进行多点检测得到的平均荧光光谱即为 QGF^{+} 光谱，反映油包裹体的丰度和组成(Liu et al.，2014)。QGF^{+} 所用参数与 QGF 一致。

4. 全息扫描荧光(TSF)与油包裹体萃取液全息扫描荧光(iTSF)

全息扫描荧光技术(total scanning fluorescence)是利用波长连续变化的激发光扫描得到的发射光谱，其结果可以三维或等值线的形式显示(图 5.7)，x、y、z 坐标分别为激发波长(excitation)、发射波长(emission)和荧光强度(TSF intensity)，称之为三维荧光光谱，可对原油稀释液和 QGF-E 溶液进行三维荧光光谱检测。iTSF 是 TSF 的扩展应用，是利用荧光光度计对油包裹体萃取液进行全息扫描(TSF)得到的三维荧光光谱。TSF 光谱特征可用 TSF 最大强度(TSF Max)、最大激发波长(Max Ex)、最大发射波长(Max

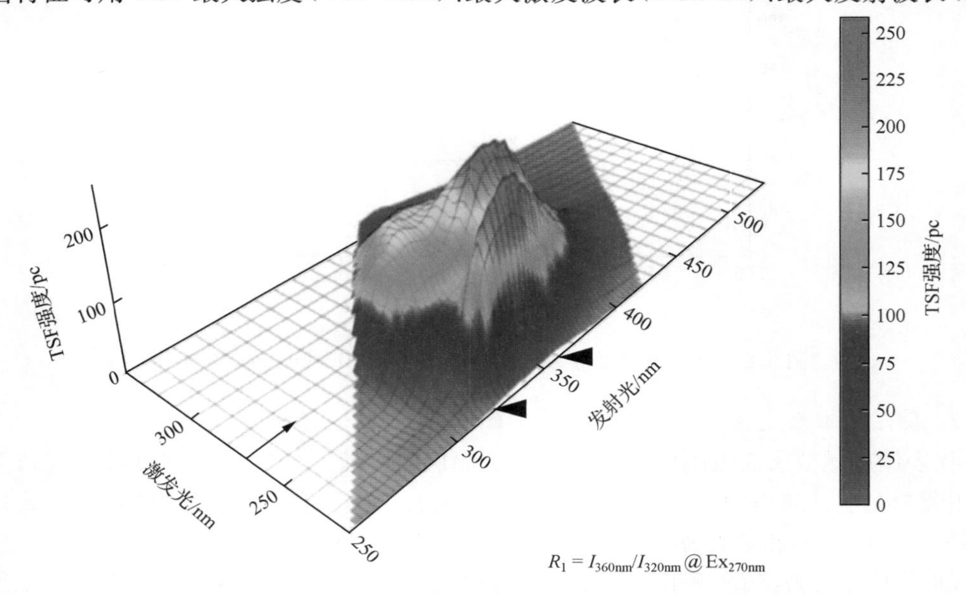

图 5.7　TSF 全息扫描荧光光谱及参数示意图

Em)、R_1 和 R_2 五个参数进行表征(图 5.7)。具体参数定义如下。

TSF 最大强度为经过颗粒样品质量和溶液体积归一化之后得到的 TSF 光谱中的最大强度。

最大激发波长为 TSF 荧光强度最大处所对应的激发波长;最大发射波长为 TSF 最大强度处所对应的发射波长。

R_1 为在 270nm 激发光下,对应于发射波长 360nm 处的荧光强度(I_{360nm})与发射波长 320nm 处的荧光强度(I_{320nm})的比值[式(5.6)]

$$R_1 = \frac{I_{360nm}@Ex_{270nm}}{I_{320nm}@Ex_{270nm}} \tag{5.6}$$

式中,$I_{360nm}@Ex_{270nm}$ 为在激发光波长为 270nm 下发射波长 360nm 处的荧光强度,pc;$I_{320nm}@Ex_{270nm}$ 为在激发光波长为 270nm 下发射波长 320nm 处的荧光强度,pc。

R_2 则为在 260nm 激发光下,对应于发射波长 360nm 处的荧光强度(I_{360nm})与发射波长 320nm 处的荧光强度(I_{320nm})的比值[式(5.7)]

$$R_2 = \frac{I_{360nm}@Ex_{260nm}}{I_{320nm}@Ex_{260nm}} \tag{5.7}$$

式中,$I_{360nm}@Ex_{260nm}$ 为在激发光波长为 260nm 下发射波长 360nm 处的荧光强度,pc;$I_{320nm}@Ex_{260nm}$ 为在激发光波长为 260nm 下发射波长 320nm 处的荧光强度,pc。

全息扫描荧光技术可测试储层岩石抽提物、原油和储层内部油包裹体的三维荧光光谱,更全面地反映烃类组成信息,用来判断烃类性质,进行精细油源对比(Liu et al.,2014)。

(二)参数的地质含义

1. QGF 参数地质含义

QGF 光谱反映了颗粒内部油包裹体及颗粒表面部分残留吸附烃的荧光特征,可作为识别古油层的标志。通过对大量已知的现今油层、古油层和水层的颗粒样品的 QGF 荧光光谱的检测表明(Liu et al.,2005):现今油层、古油层样品的 QGF 荧光强度相对较高,且荧光峰主要为 375～475nm(图 5.8),与原油的荧光光谱特征相似;水层样品具有相对较低的荧光强度,且荧光光谱通常十分平缓,与现今海岸砂的光谱相似。因此,375～475nm 的光谱特征可用于识别现今油层、古油层和水层,这一范围称之为 QGF 窗口。QGF 强度即为 QGF 窗口范围内的平均荧光强度,用来表征 QGF 光谱的强度,反映了颗粒样品中的油包裹体丰度。QGF 强度越大,油包裹体丰度越高,原始含油饱和度越大。为了排除仪器设定和样品台高度对光谱强度的影响,将 QGF 强度除以 300nm 处的光谱强度,得到归一化之后的 QGF 强度,即 QGF 指数。实验表明,QGF 指数比 QGF 强度能更好地区分油层和水层样品。由于石英和长石颗粒通常在 350nm 左右有荧光峰,因此将 QGF 强度除以 350nm 处的光谱强度,得到 QGF 比值参数,能够更好地区分烃类荧光和石英颗粒荧光。通常,在同一个油气藏中,当储层物性变化不大时,由于油水分异作用,会出现从油藏顶部到底部中,QGF 强度、QGF 指数、QGF 比值逐渐减小的趋势,进入水层后 QGF 指数突然变小并保持一致，据此可识别古油-水界面。最大波长(λ_{max})是区分不同类型原油的重要参数。通常，轻质油(高 API 密度)趋向于具有特征波长相对低、强度较强的发射荧光，而稠油(低 API 密度)的发射光谱趋向于更弱、更宽，特征波长相对大。也就是说，最大波长(λ_{max})越大，原油密度越大，原油越稠。半峰宽 $\Delta\lambda$ 同样随着原油 API 密度的减小而逐渐增大。QGF^+ 是 QGF 的扩展技术，将颗粒表面吸附烃全部清除干净后，仅代表了储层颗粒内部油包裹体的荧光特征。QGF^+ 参数与 QGF 相同，真正反映了颗粒内部油包裹体的丰度和组成。

2. QGF-E 参数地质含义

QGF-E 光谱代表储层颗粒表面吸附烃的荧光特征，可用于勘探和钻井评价中现今油层或残留油层的判定。研究表明，现今油层或残留油层样品的 QGF-E 光谱具有相对较高的荧光强度，且在 370nm 附近有明显的荧光峰(图 5.9)，这与四环芳烃和极性化合物在溶剂中的荧光光谱相似，而水层样品的 QGF-E 光谱强度很低且平缓，与二氯甲烷溶剂在 320～370nm 荧光光谱一致。因此，QGF-E 强度可以反映储层颗粒表面吸附烃的含量，吸附烃含量与含油饱和度正相关，QGF-E 强度越大，含油饱和度越高；QGF-E 光谱的最大波长(λ_{max})反映了原油的成分和密度。

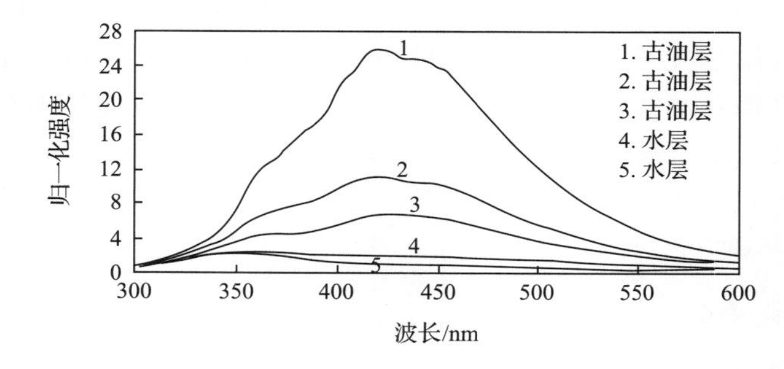

图 5.8 不同样品中 QGF 光谱特征(据 Liu and Eadington，2005)

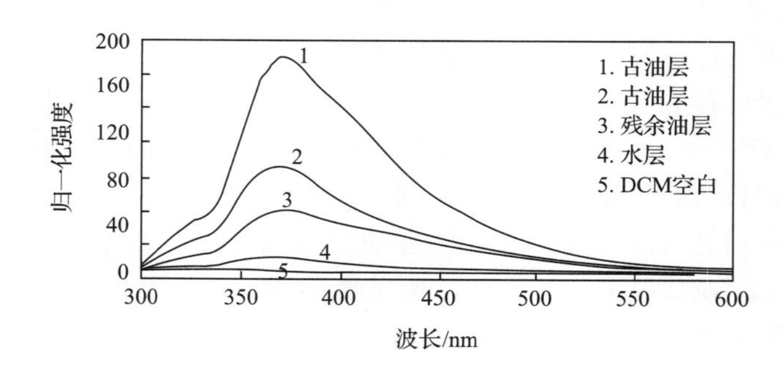

图 5.9 不同样品中 QGF-E 光光谱特征(据 Liu and Eadington，2005)

3. TSF 参数地质含义

TSF 方法可用于分析原油、储层萃取液以及颗粒中油包裹体的油气性质，如成熟度、API 特征及烃类含量等。通常，TSF 光谱最大强度与芳烃含量成正比，随着原油 API 密度的增加，芳烃含量和 TSF 光谱强度将会减小。TSF 光谱的最大激发波长和最大发射波长的参数含义与QGF、QGF-E光谱的最大波长(λ_{max})基本一致,可反映原油的密度和组成。TSF R_1 参数反映了原油中三环芳烃与单环芳烃的比值,可用来表征原油的成熟度、密度和芳烃组成。TSF R_1 参数与原油的 $T_s/(T_s+T_m)$ 成熟度参数具有很好的负相关性,即TSF R_1 参数越大,原油成熟度越低,原油密度越大。TSF R_2 参数与 R_1 参数代表的意义一样,只是激发波长为260nm。由于QGF-E分析的激光波长为260nm,可以将TSF R_2 参数与由QGF-E光谱计算出的 R_2 参数进行对比。iTSF是TSF的扩展技术,代表了储层颗粒中油包裹体的荧光特征,iTSF参数与TSF参数含义一致。

三、样品采集及处理流程

(一)取样要求

根据目的层情况系统取样,取样最好从储层顶部延伸至已知现今油-水界面下方的水层中段,每隔1～3m取一个储层样品(取样间隔视储层厚度和均一性而定,储层厚度越大、储层岩性变化小,取样间隔相应增大,在油-气-水界面处可加密取样)。最佳测试对象为粒度适中、分选好、泥质含量低、物性好的储层岩心样品(取样大小一般为20g),如无岩心可用岩屑样品代替(取样大小一般为20～50g)。

(二)样品处理流程

储层样品按以下标准化流程进行处理和样品分析(图5.10),所有含试剂清洗的操作均应在通风橱内完成。同一批次样品可按照相同的流程同时批量进行,以提高效率。仅作常规的QGF和QGF-E分析的只需完成步骤7即可,需要对颗粒内部油包裹体进行 QGF^+ 和iTSF分析的需进一步完成步骤8和9。储层颗粒样品在处理过程中的状态照片见图5.10,可以看出颗粒样品表面越到后来清洗得越干净,到 QGF^+ 清洗后,表面已完全清洗干净。

1. 样品破碎

对于碎屑岩储层样品,将样品破碎至单碎屑颗粒。使用标准筛筛选出粒径为0.063～1mm的颗粒(根据砂岩粒度情况筛选主要粒径范围内的颗粒)。岩屑样品需用蒸馏水搅拌多次淘洗,倒掉悬浮的泥和粉砂,剩下粒度较粗的砂粒,干燥后再用标准筛选出粒径为0.063～1mm的颗粒。对于碳酸盐岩样品,将样品直接碎样至0.3mm以下,使用标准筛筛选出粒径0.1～0.3mm的颗粒。

2. 颗粒矿物分选

如果样品不是纯净的石英、长石砂岩则样品需要提纯,使用磁力分选仪、手工或在体视镜下挑选,剔除煤屑、有机质碎屑及岩屑颗粒,剩下纯净的石英、长石颗粒。碳酸盐岩样品不需要矿物分选。

3. 颗粒表面游离烃萃取

称取2g左右的样品放入烧杯中,加入20mL的二氯甲烷。将烧杯放入超声仪中(超声仪中加入蒸馏水,蒸馏水位在烧杯的1/2的位置即可,以免超声震荡时有水溅入),超声10min后停止。将二氯甲烷清洗液倒入具塞试剂瓶中保存,可作为储层中游离烃萃取液

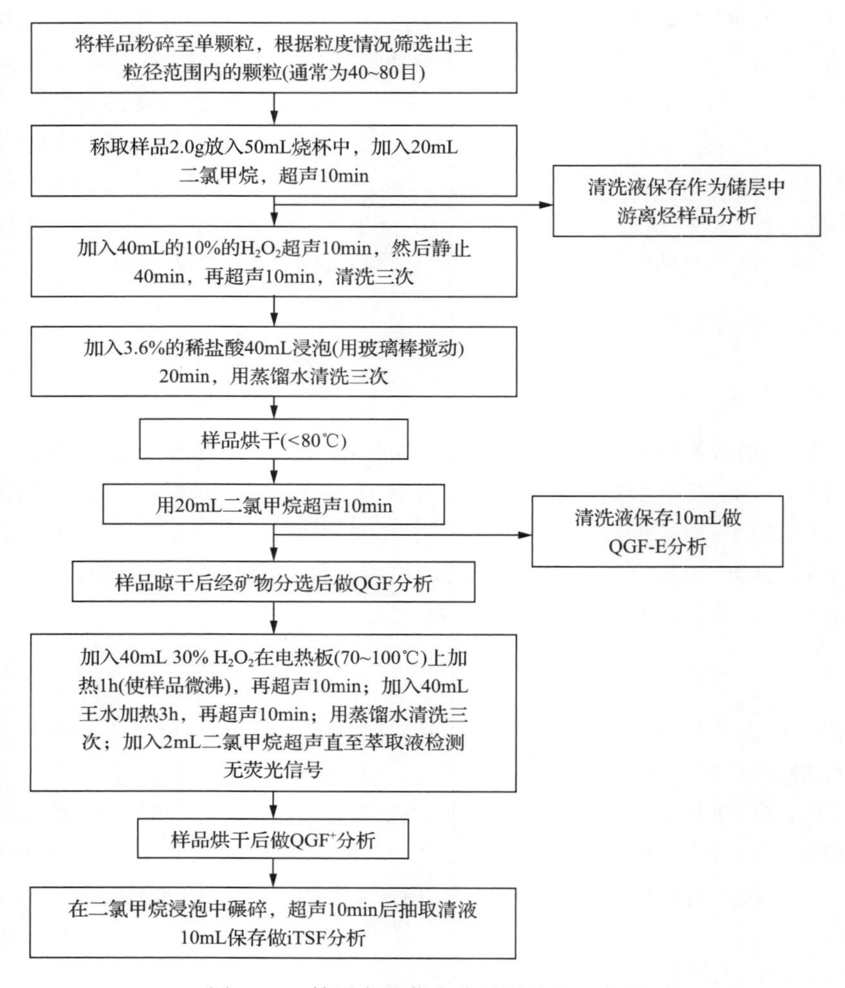

图 5.10 储层定量荧光分析样品处理流程

进行 TSF 分析，颗粒样品放在通风柜中自然晾干。

4. 颗粒表面黏土及吸附烃清洗

待样品晾干之后向装有样品的烧杯中加入 40mL 10%的 H_2O_2，在超声仪中超声 10min，然后静止 40min，再超声 10min。超声结束后倒掉烧杯中的溶液，再用蒸馏水清洗样品，直至过氧化氢溶解下来的残渣洗净为止。

5. 碳酸盐胶结物清洗

向装有样品的烧杯中加入 40mL 的 3.6%的稀盐酸，超声 10min，然后静止并用玻璃棒搅动至无气泡出现为止。然后倒掉烧杯中的盐酸溶液，加入蒸馏水清洗样品，直至盐酸溶解下来的残渣洗净为止。对于碳酸盐岩样品，则省去该步骤。

将经过上述处理过的样品放在恒温干燥箱中烘干，温度不高于 60℃。

6. 颗粒表面吸附烃萃取

向装有样品的烧杯中加入 20mL 的二氯甲烷，在超声仪中超声 10min。将烧杯中的二氯甲烷萃取液倒入 15mL 的试剂瓶中，封盖好，所得溶液用做 QGF-E 分析或 TSF 分析。

7. 样品烘干与 QGF 样品保存

将经过上述处理后的颗粒样品放在温度为 80℃下的恒温干燥箱中烘干 2h。颗粒样品称重后保存用做 QGF 分析。

8. QGF^+ 样品处理

从筛选的样品中取 5～10g 装入 50mL 的烧杯中，加入 40mL 的 30%的 H_2O_2，在电热板上加热 1h(温度 70～100℃，使样品微沸)，再超声 10min。倒掉废液后，加入 40mL 的王水，在电热板上加热 3h(温度为 70～100℃，使样品微沸)，再超声 10min(对于碳酸盐岩样品，用 20mL0.5%的盐酸代替王水在室温下浸泡 10min)，之后用蒸馏水清洗三次。待样品晾干之后再加入 20mL 的二氯甲烷，在超声仪中超声 10min，取萃取液做荧光检测，如无荧光信号，则说明样品表面彻底清洗干净(图 5.11)；如仍能检测到荧光信号，则重复进行超声震荡，直到无荧光信号为止。将彻底清洗干净后的样品放入恒温干燥箱中烘烤 1～4h 直至样品干燥，温度设为 80℃。烘干后得到的颗粒样品用做 QGF^+ 分析。

9. iTSF 样品处理

将做完 QGF^+ 分析后的颗粒样品倒入玛瑙研钵，加入二氯甲烷，使二氯甲烷液面超过颗粒表面。在二氯甲烷的浸泡中将颗粒样品碾碎(图 5.11)，超声 10min 后抽取清液 10mL 注入 15mL 试剂瓶中，封盖好，所得溶液做 iTSF 分析。

图 5.11　清洁后的 QGF^+ 和 iTSF 实验样品

(a)用水清洗后；(b)DCM 第一次清洗后；(c)DCM 第二次清洗后；(d)QGF^+ 清洗后；(e)TSF/MCI 样品磨碎后；(f)萃取溶液

（三）样品测试

样品处理完成之后，利用荧光分光光度计对样品的荧光光谱进行检测。目前，储层定量荧光分析常用的仪器为 Varian Cary-Eclipse 荧光分光光度计(图 5.12)，配备专用样品台、长通滤色片及 QGF(颗粒定量荧光分析)、QGF-E(颗粒萃取物定量荧光分析)、TSF(三维荧光光谱)数据处理软件包。Varian Cary-Eclipse 荧光分光光度计扫描速度可达24000nm/min,数据采集速率达 80 次/s,具有高灵敏度的多孔板,闪烁氙气寿命长达20000h,高强度窄光束设计。

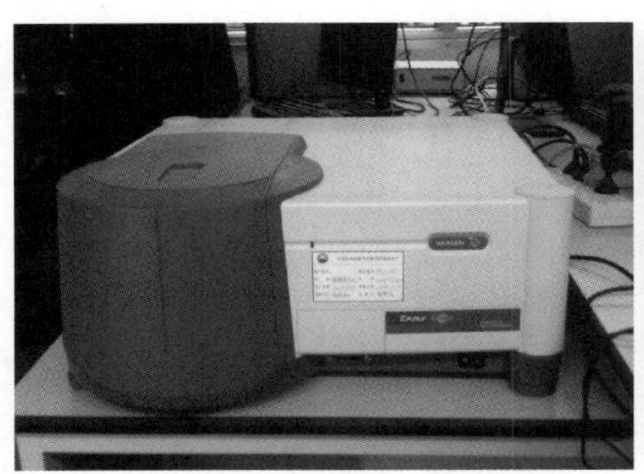

图 5.12 Varian Cary-Eclipse 荧光分光光度计及颗粒荧光检测多孔板

分别利用固体检测附件检测 QGF 和 QGF^+,利用液体检测附件检测 QGF-E、TSF 和 iTSF。按照表 5.1 中的测试参数设定荧光分光光度计,进行样品的测试。在样品测试完成之后,按照前面的参数定义,根据测试的光谱数据计算各项参数。

表 5.1 储层定量荧光分析仪器参数设置

参数设置	QGF	QGF^+	QGF-E	TSF/iTSF
采集类型	荧光	荧光	荧光	荧光
扫描模式	发射光	发射光	发射光	同步扫描
X 模式	波长	波长	波长	波长
激发波长/nm	254/228	254/228	260	220～340
开始/nm	295	300	300	250
停止/nm	605	600	600	540
波长差值/nm				30
激发狭缝/nm	20	10	5	10
发射狭缝/nm	10	10	10	10
扫描速度/(nm/min)	1200	600	600	1200
数据间隔/nm	2	1	1	2
平均时间/s	0.1	0.1	0.1	0.1
激发滤光片	开启	开启	250～395nm	自动
发射滤光片	295～1100nm	295～1100nm	295～1100nm	自动
PMT 检测器电压	高压	高压	中等	中等
校正图谱	OFF	OFF	OFF	OFF
三维模式	OFF	OFF	OFF	ON
激发停止/nm				200
激发增量/nm				5
分析附件	多孔板:96 wells	多孔板:96 wells	3.5mL 石英比色皿	3.5mL 石英比色皿

注:表中斜杠之前的数据为用于碎屑岩储层中的激发波长;斜杠之后的数据为用于碳酸盐岩储层中的激发波长。

值得指出的是在样品测试时应注意以下事项。

(1) 样品处理及测试时使用的二氯甲烷溶液最好为光谱纯,如为分析纯必须进行蒸馏二次提纯,并作本底测试,要求二氯甲烷溶液 QGF-E 光谱的本底强度必须小于 10pc,以免对测试结果产生干扰。

(2) QGF 分析注意事项:如果测试样品为石英或长石颗粒,选用 254nm 的长通滤光片;如果测试样品为碳酸盐岩颗粒,则选用 228nm 的长通滤光片。

(3) QGF-E 和 TSF 分析注意事项:①样品测试前应先做一个二氯甲烷(DCM)空白样,确认石英比色皿是否清洗干净;②做 QGF-E 分析应该先分析颜色最浅的样品,然后根据颜色加深情况逐个分析;③确定样品有没有荧光淬灭(quenching)(用颜色或实测荧光强度判断)或超出检测限,对这些样品进行倍数稀释,并记录好稀释倍数,该倍数将在数据处理里考虑进去;④在做同一油藏的 QGF-E 分析时建议从深到浅依次分析;⑤做 TSF 三维扫描前最好先作一下 QGF-E 分析,确认样品没有超出检测限,如超出检测限,应先对样品进行倍数稀释,并记录好稀释倍数,再作 TSF 扫描分析。

第三节 储层定量荧光技术应用实例

储层定量荧光分析技术以其快速、简单、经济的优势,并能很好地检测油气藏储层的含油性,已广泛应用于现今油层、残留油层和古油层识别,油气成藏历史恢复,油气运移路径追踪、原油性质判断及油源对比等方面。

一、古油-水界面识别及油气藏演化历史重建

通过对油气藏中某口井不同深度的储层样品进行系统取样并做 QGF 和 QGF-E 分析,对比测井数据和试油数据,可以有效识别古、今油-水界面,重建油气藏的演化历史。可以从以下四个方面判断油、水层:①QGF 指数,原油由轻至重的变化会导致油层的 QGF 指数比水层的高,古油层的 QGF 指数一般大于 6,古水层的 QGF 指数一般小于 6;②现今油层的 QGF-E 强度通常大于 40pc,而水层样品的 QGF-E 强度多数情况下小于 20pc(Liu and Eadington, 2005; Liu et al., 2007a);③古油层或现今油层的 QGF 及 QGF-E 光谱为 400～600nm 时有明显特征峰,而水层的曲线较为平坦接近基线;④解释油-水界面的标准还要因地区而异,需要综合考虑,受原油性质、储层类型及包裹体发育程度等控制,不同地区的 QGF 指数和 QGF-E 界限值应有所不同,通常油-水界面附近存在一个 QGF 指数或者 QGF-E 强度突然变化的拐点(Liu and Eadington, 2005;Liu et al., 2007a)。下面结合几种不同演化历史的油气藏的具体实例,详细介绍 QGF 和 QGF-E 技术在油气藏演化历史重建方面的应用情况。

(一) 古油藏受晚期气侵形成气藏实例——克拉 2 气田

克拉 2 气田位于库车前陆冲断带克拉苏构造带,是前陆盆地盐下构造勘探的重大发现之一。该气藏现今为干气藏,组分偏干,甲烷、乙烷碳同位素重,为成熟度很高的煤成气,但在开发过程中伴有少量凝析油。关于克拉 2 气田的油气来源、特征及成藏过程,前

人已有大量研究，认为天然气是高-过成熟的煤成气，主要源自侏罗系煤系烃源岩，其次为三叠系湖相烃源岩；凝析油主要为三叠系湖相烃源岩成熟阶段的产物；油气具有不同源、不同期的特征，反映了克拉 2 气田具有多源、多期的复杂成藏过程。对克拉 2 气藏克拉 201 井白垩系巴什基奇克组储层进行了系统取样，并进行了颗粒荧光分析，结合油气包裹体分析，确定在克拉 2 气藏现今气层和水层中曾存在厚约 350m 的古油藏（鲁雪松等，2012）。QGF 和 QGF-E 指数剖面都揭示了在 3994.5m 处存在古油-水界面（POWC）（图 5.13），且古油-水界面低于现今解释的气-水界面（GWC）3935m。在推测的 3994.5m 古油-水界面之上，QGF-E 指数大于 50，QGF 指数几乎都大于 4，QGF 指数和 QGF-E 指数都明显呈现向上逐渐增大的趋势，符合古油藏的颗粒荧光剖面特征，QGF-E 光谱也具有典型的富含极性化合物和沥青质的残余油特征（Liu and Eadington，2005；Liu et al.，2007a）。

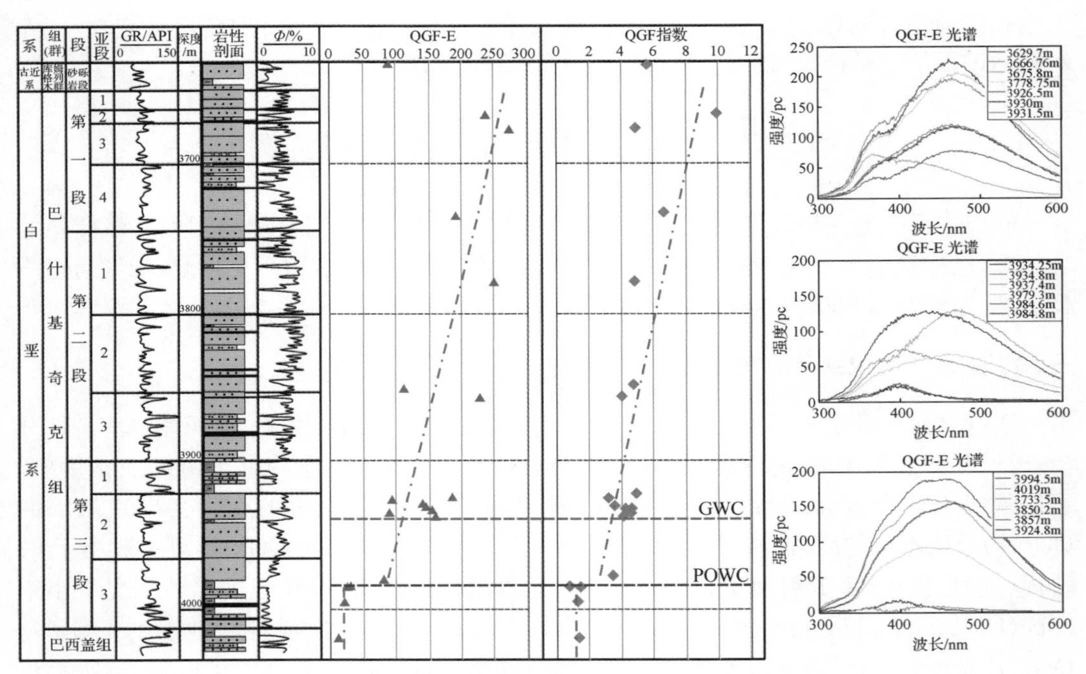

图 5.13 库车前陆盆地克拉 2 气田克拉 201 井储层定量荧光剖面

在古油藏深度范围内的储集层样品中，油气包裹体大量发育，储集层中残余的沥青及孔隙和裂缝中的荧光显示都进一步证明了古油藏的存在。除此之外，在 3925.0～3939.0m 气-水同层的岩心中见到了油浸现象；3990m 以浅的储集层岩石热解 S_0、S_1、S_2 值均较大，最大值为 0.4mg/g，具油层特征，且深度范围超过现今气柱高度。这些都证明克拉 2 构造曾存在厚约 350 m 的古油藏，后期由于油藏边部断裂的开启及晚期天然气的驱替作用造成古油藏发生调整，原油沿断裂逸散，油-水界面上调 60m。晚期大量干气的气侵作用形成了现今含少量凝析油的干气藏。

（二）古油气藏被破坏实例——依深 4 井

依深 4 井位于库车前陆盆地东部的依奇克里克构造带北部，靠近依奇克里克断裂，虽然处于构造高部位，侏罗系阿合组储层发育但试油结论为水层、含气水层，而位于较低部位的依南 2、迪西 1 等井则获得工业气流，发现迪北凝析气藏。根据 QGF 和 QGF-E 分析结果，依深 4 井构造曾经发育古油气藏，后期被断裂破坏形成残余油气层，含气饱和度低，达不到工业价值。依深 4 井古油-水界面位于 4073m，沿此界面往下，GOI、QGF 指数有突然变小的趋势，阿合组第一段深度为 3980～3992m，储层 QGF 指数大，说明早期油气充注强度大，但 QGF-E 强度整体较低，多数小于 40pc，表明早期古油藏被破坏形成残余含气水层(图 5.14)。此外，在依深 4 井阿合组储层中观察到了大量的油气包裹体，GOI 指数大于 5，同样说明早期存在油气藏，但后期被破坏。与依深 4 井相邻的依南 4 井也同样具有这样的特征。

（三）持续充注油-水界面下调的实例——牙哈 5 油气藏

牙哈凝析气田位于库车前陆盆地南部斜坡带轮台断隆中段的牙哈构造带上，储层自下而上发育新近系吉迪克组底部砂岩、古近系底部砂岩及白垩系顶部砂岩(宋文杰等. 2005)。牙哈 5 井是牙哈断裂背斜带牙哈 5 号断背斜构造上的一口预探井。在牙哈 5 井新近系吉迪克组 5088～6127.3m 取心井段内系统采集了 28 块岩石样品，其中，5087.0～5103.00m 为油气层，取样 14 块；5112.0～5121.0m 为气-水同层，取样 10 块；5122.4～5127.3m 为水层，取样 4 块。牙哈 5 井的 QGF 和 QGF-E 参数测试结果见图 5.15。在油藏顶部存在大约 10m(5088～5098m)储层段 QGF 指数基本大于 4，QGF 指数在 5098m 以上具有明显的强度峰值，而在 5098m 之下 QGF 指数值较低，接近基线，这符合古油藏的颗粒荧光剖面特征，据此确定古油-水界面发育在 5098m 附近。QGF-E 强度在 5120m 之上普遍大于 200pc，而在 5120m 之下小于 40pc，出现明显拐点；QGF-E 光谱的 λ_{max} 为 363～404nm，普遍分布在 370nm 左右，5120m 以下曲线平缓，略呈微弱的峰形，峰值在 317nm 附近，据此确定现今油-水界面在 5120m 附近，这与测井解释和试油结果是一致的。可以看出，现今油-水界面相对古油-水界面下调 22m，反映了北部拜城-阳霞凹陷的侏罗系—三叠系烃源岩生成的油气向南部斜坡带的牙哈构造持续稳定充注的过程，油气藏的规模逐渐扩大，早期油-水界面逐渐向下调整。

（四）油藏沿盖层发生泄漏实例——澳大利亚 Eromanga 盆地 Gidgealpa 油田

Eromanga 盆地位于澳大利亚昆士兰州中东部，是侏罗纪—白垩纪形成的拗陷型沉积盆地，形成了巨厚的砂泥岩互层沉积，叠加在石炭纪—三叠纪发育的 Cooper 盆地之上。Gidgealpa 油田位于 Eromanga 盆地的中西部，圈闭类型为一大型宽缓背斜带，断裂不发育，但在下侏罗统的 Poolowanna 地层，下—中侏罗统的 Hutton/Birkhead 地层，以及上覆的晚侏罗统的 Namur 砂岩中都产油，为多层系叠合含油的复合油气藏。George 等(2007)对 Gidgealpa 油田的 Hutton/Birkhead 储层段进行了系统取样，并进行了储层定量荧光和 GOI 分析(图 5.16)。结果表明，由于上覆的 Birkhead 盖层为粉砂质泥岩盖层，

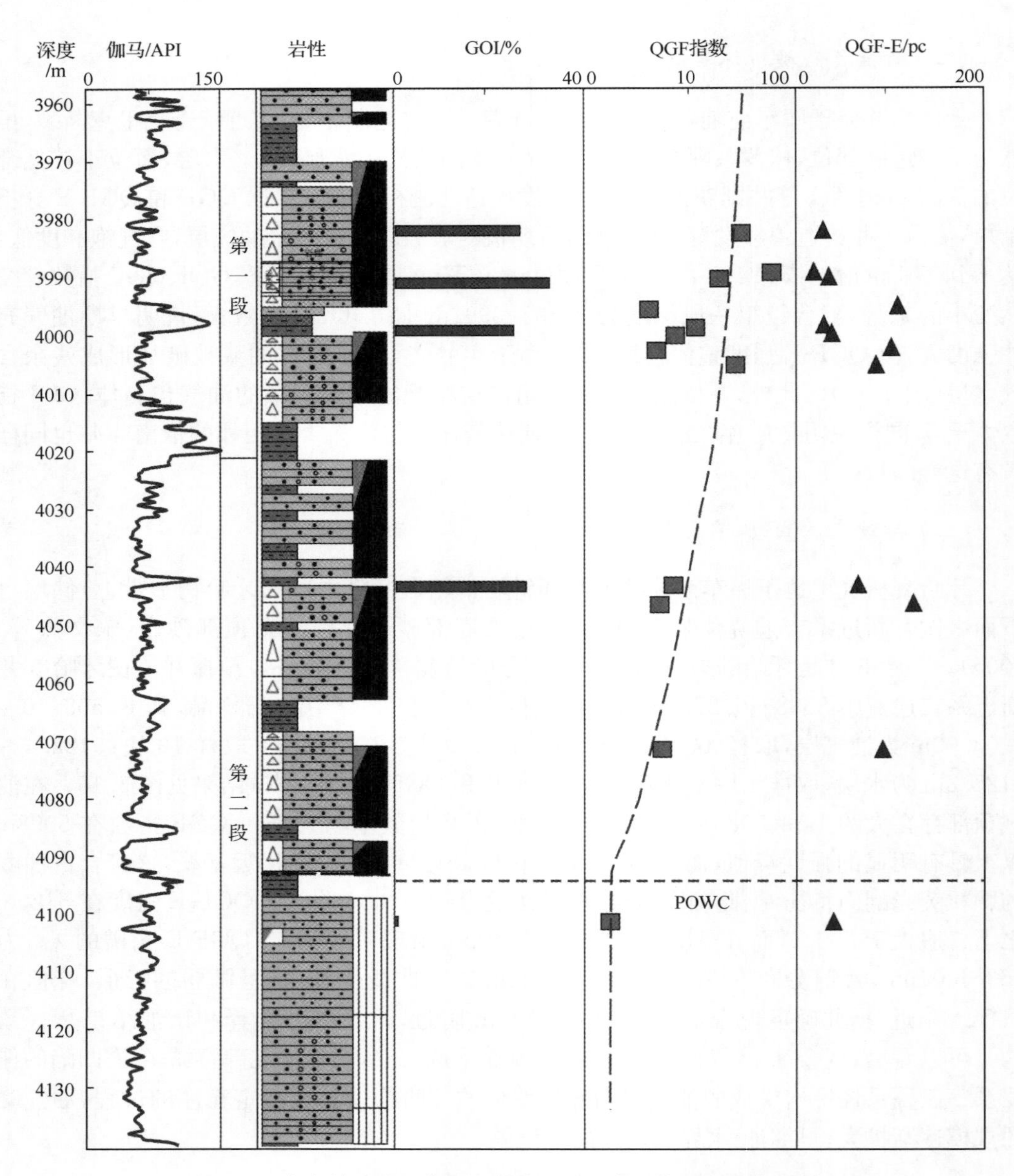

图 5.14　库车前陆盆地依深 4 井侏罗系阿合组储层定量荧光剖面

封盖性能较差，造成 Hutton 储层中的油藏不断通过 Birkhead 盖层发生泄漏，使得现今油-水界面(FWL)、残留油-水界面(ROWC)和古油-水界面(POWC)分布在不同深度，且三个界面的深度依次增大(Johnson et al.，2004；Bruensing et al.，2006；George et al.，2007；Liu et al.，2007a)。盖层中 QGF-E 强度很高说明油遗漏到盖层之中，但盖层中 QGF 指数相对低，没有发现油气包裹体，说明油的遗漏是相对近期事件(没有充足时间捕获包裹体)；残留油-水界面与现今油-水界面的不一致进一步说明油为近期遗漏。TSF 光谱图表明，现今油层中的原油相对于古油层中的原油要轻，说明了原油中轻质组分优先向

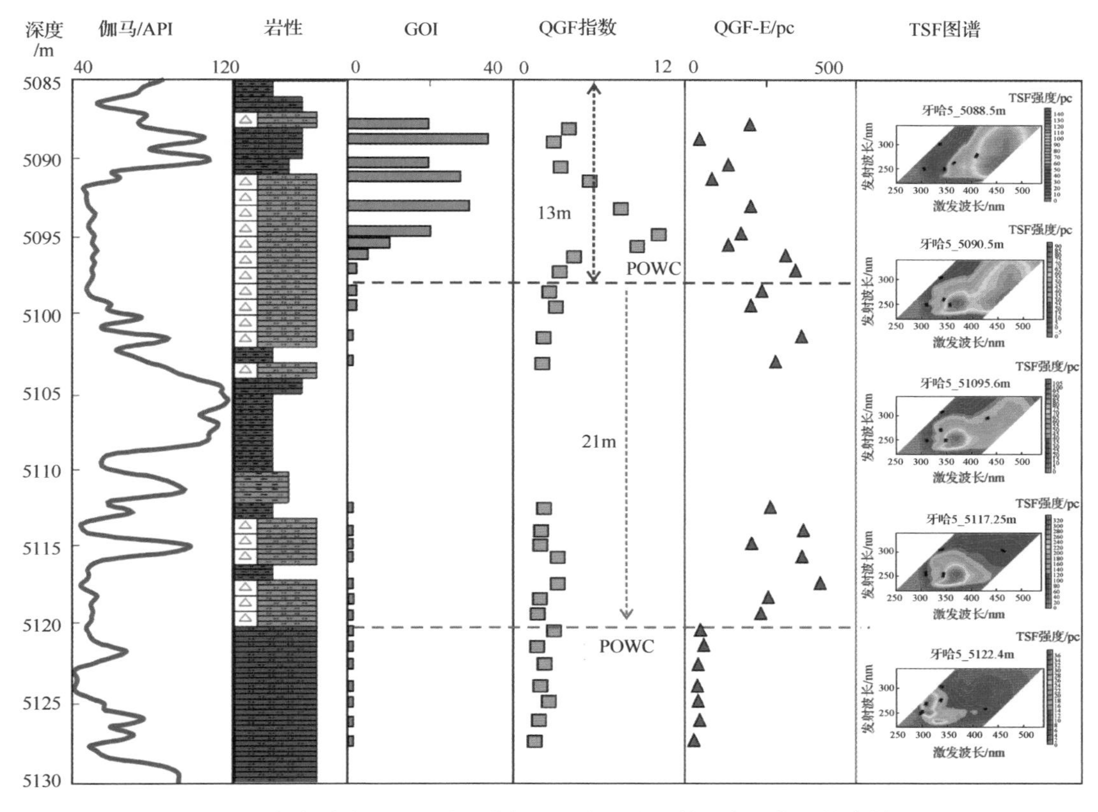

图 5.15　库车前陆盆地牙哈 5 井新近系吉迪克组储层定量荧光综合剖面图

盖层中渗漏，符合运移分异原理。GOI 结果与 QGF 指数结果基本一致，也证实古油-水界面的位置。现今油-水界面相对于古油水界面上调 20m，这是原油沿着封盖性能较差盖层发生泄漏造成的，这也可能是该区多层系含油的重要原因。

二、储层含油性检测及致密油层识别

致密砂岩油气藏，气水分布复杂，含水饱和度高，高低阻油气层与高阻水层并存，增加了测井油气层识别的难度；储层孔隙类型多样、孔隙结构变化大、非均质性强，导致测井响应关系复杂，储层含油、气饱和度定量评价难度大(张明禄和石玉江，2005；张龙海等. 2006；李霞等. 2013)。以松南扶余油层致密油储层为例，通过测井资料进行油层、水层、干层的划分往往具有多解性和不确定性，解释结果也往往与测试结果不相一致，给致密油的勘探开发带来了难度。通过对该区大量样品的颗粒荧光实验分析研究，准确识别了油-水层，为致密油储层含油性的判识提供了一个新的思路和手段。以乾 223 井为例，对乾 223 井的颗粒荧光数据分析(图 5.17)，明确了在青一段烃源岩底部泉四段发育两套油层。其中 1 号油层在以往的测井解释中皆解释为干层，但 QGF-E 分析表明这是一套含油性很好的油层，在 2130～2160m 含油性最好，QGF-E 数据达到 500pc 以上，最大可达 1500pc，并且油层厚度大，约 30m，建议试油。与之相邻的乾 238 井在 1 号油层试油获得工业油

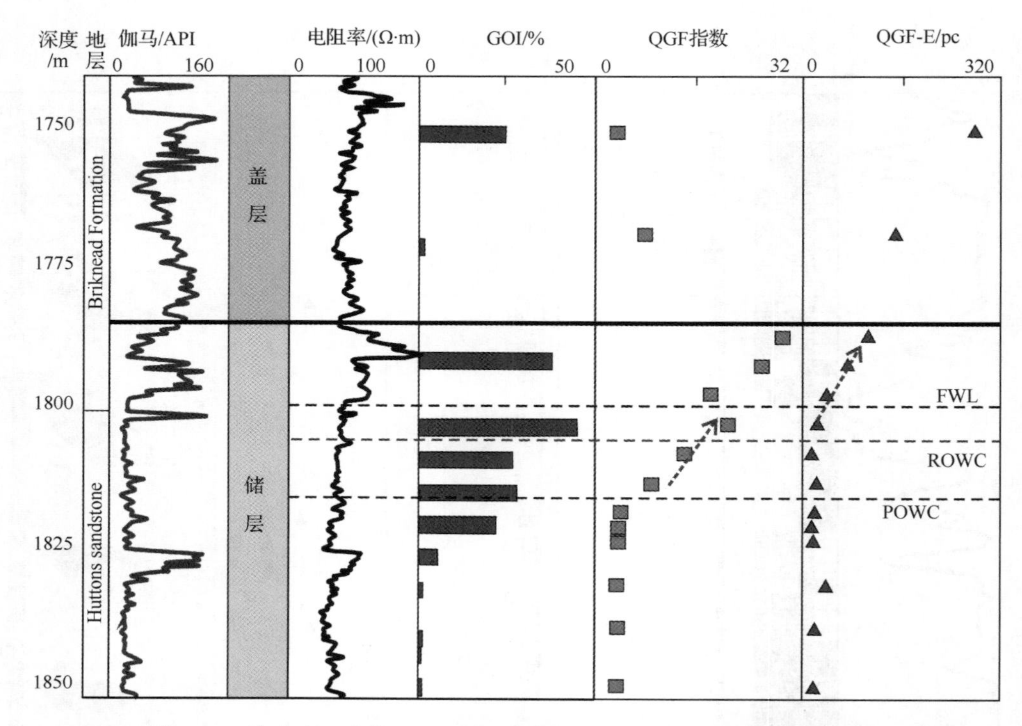

图 5.16 澳大利亚中部 Eromanga 盆地三叠系储层定量荧光综合剖面图

流，证实了 1 号油层的含油性。靠近源岩段的 QGF-E 值高达 2000pc，随着深度的不断增加，QGF-E 值逐渐降低，表明含油饱和度逐渐降低，这可能反映了烃类从顶部青一段源岩向下伏泉四段储层垂向倒灌的运移方式。2 号油层储层连续厚度大，是以往致密油勘探和试油的重点层位。1 号油层与 2 号油层之间发育 5～10m 厚度泥岩，该套泥岩阻隔了顶部烃类的继续向下充注，因此 2 号油层的油不是垂向倒灌进入的。通过对乾 223—让 53 井油藏剖面的分析，乾 223 井附近发育沟通源岩的断层，使顶部烃类沿断层垂向往下运移进入 2 号储层，再在储层内部侧向运移形成聚集。2 号油层原油以浮力驱动、侧向运移为主，由于储层非均质性强，油水分异差，物性对含油性的控制更加明显。2 号油层 QGF-E 值为 20～1500pc，差异大，没有明显的油-水分界。对比可以看出，乾 223 井之前试油的 46、47 号层并不是含油性最好的层段，试油结论也是油水同层（日产油 4.42t，日产水 5.49t），而往下含油性变好，建议往下重新试油。

三、原油组成及成熟度表征

通过对大量原油及包裹烃的测试发现，TSF 光谱的 R_1 参数与 $T_s/(T_s+T_m)$ 成熟度参数具有很好的相关性（图 5.18），即原油成熟度越高，R_1 值越低，据此可以根据 R_1 参数快速判断原油或包裹烃的成熟度、原油属性。

Liu 等（2014）通过 43 个不同类型包裹体的光谱及地化成分分析，归纳了不同类型原油的 QGF、iTSF 和正构烷烃谱图及参数的相关性。第一类为凝析油，其 λ_{max}（QGF）在 340～410nm，$R_1<2.0$，Ex/Em 为 235～261/345～370nm，正构烷烃最大碳数 $<C_{17}$；第二

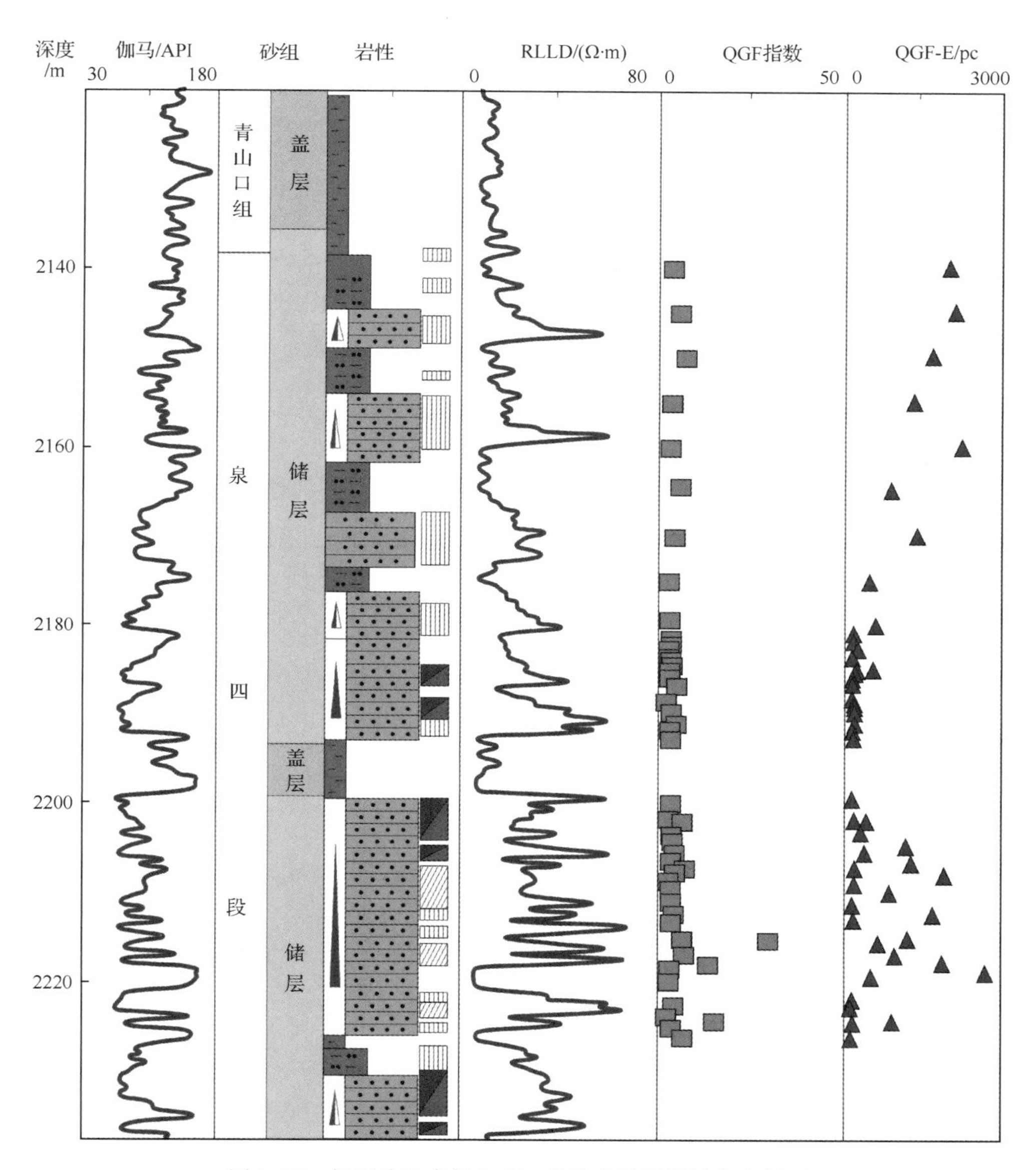

图 5.17 松辽盆地南部乾 223 井扶余油层颗粒荧光剖面

类为轻质油，其 λ_{max}(QGF)为 400～460nm，R_1＝2.0～3.0，Ex/Em 为 255～268/348～380nm，正构烷烃最大碳数为 14～26；第三类为轻质油，其 λ_{max}(QGF)为 440～580nm，R_1＞3.0，Ex/Em 为 258～268/370～380nm，正构烷烃最大碳数大于 17。

将柴达木盆地西南部、库车斜坡带和冲断带 100 多个油样(其中柴达木盆地西部原油主要为中质-稠油，库车斜坡带发育轻质油和凝析油，库车冲断带以凝析油为主)的 TSF 光谱、参数 R_1 和饱和烃气相色谱曲线进行分析，可划分出三种不同的原油类型(图 5.19)。第一类为中质-稠油，其 R_1＞3.0，最大激发波长和最大发射波长 Ex/Em 为 250/375nm 左右，饱和烃气相色谱主峰碳数一般大于 C_{24}，QGF^+ 光谱的主峰波长大于 450nm；第二类为

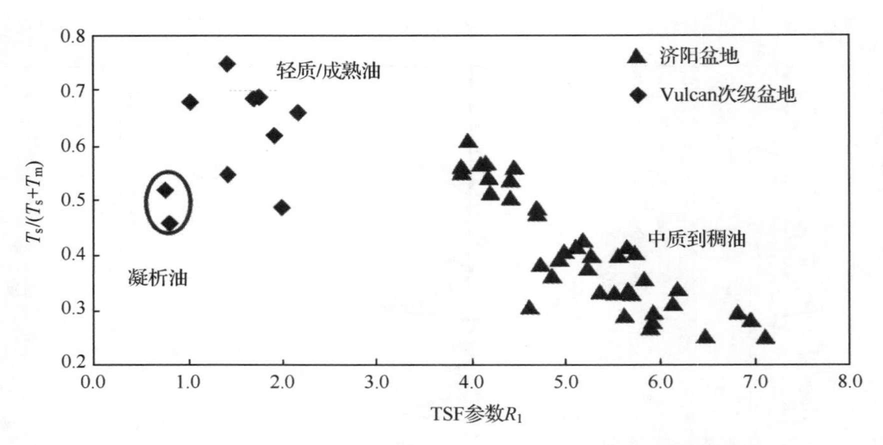

图 5.18 原油 TSF 光谱 R_1 参数与 $T_s/(T_s+T_m)$ 成熟度参数相关图

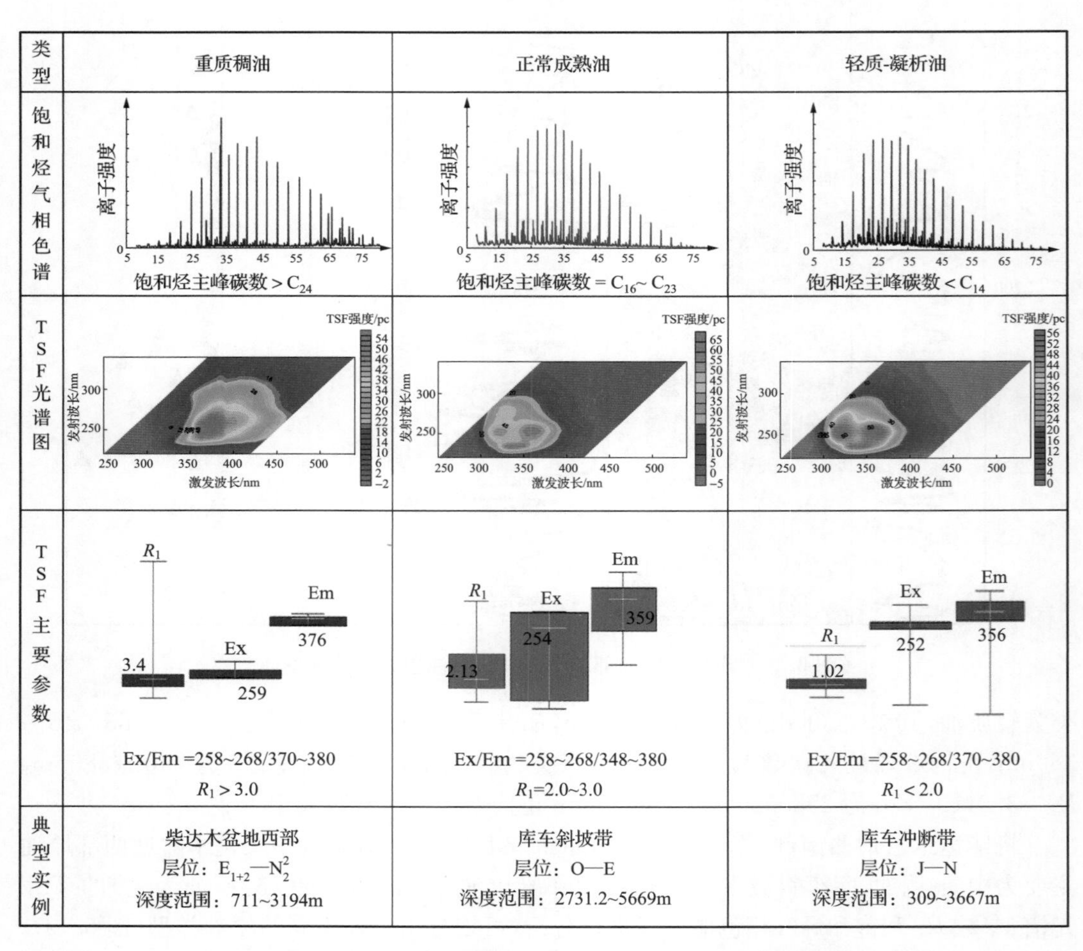

图 5.19 中西部前陆盆地典型地区原油 TSF 光谱参数与饱和烃气相色谱图

轻质油，其 R_1 主要集中在2.0～3.0，Ex/Em为260/350nm左右，饱和烃气相色谱主峰碳数为 C_{16}～C_{23}，QGF^+ 光谱的最大波长主要集中在420～450nm；第三类为凝析油，其 R_1＜2.0，Ex/Em为250/340nm左右，饱和烃气相色谱主峰碳数一般小于 C_{14}，QGF^+ 光谱的最大波长小于420nm。据此，可以根据原油的荧光光谱特征来判定原油的属性及类型。

通过以上研究可以看出，TSF、QGF^+ 光谱及正构烷烃曲线之间有一定的内在联系，可以用来预测原油及油包裹体的密度、组成及热成熟度，进而分析油气来源、包裹体成分、油气藏流体的演化历史。

参考文献

曹许迪，方世虎，桂丽黎，等. 2013. 利用定量颗粒荧光技术分析柴西英东地区油气调整特征. 科学技术与工程，13(10)：2785-2790.

范俊佳，潘懋，周海民，等. 2014. 库车拗陷依南2气藏油气运移路径及充注特征. 北京大学学报（自然科学版），50(3)：507-514.

李霞，石玉江，王玲，等. 2013. 致密砂岩气层测井识别与评价技术——以苏里格气田为例. 天然气地球科学，24(01)：62-68.

李卓，姜振学，李峰，2012. 古油层和残余油层的定量颗粒荧光响应. 光谱学与光谱分析，32(11)：3073-3077.

刘德汉，卢焕章，肖贤明. 2007. 油气包裹体及其在石油勘探和开发中的应用. 广州：广东科技出版社.

鲁雪松，刘可禹，卓勤功，等. 2012. 库车克拉2气田多期油气充注的古流体证据. 石油勘探与开发，39(5)：537-544.

宋文杰，江同文，冯积累，等. 2005. 塔里木盆地牙哈凝析气田地质特征与开发机理研究. 地质科学，40(2)：274-283.

吴凡，付晓飞，卓勤功，等. 2014. 基于定量荧光技术的库车拗陷英买7构造带古近系油气成藏过程分析. 东北石油大学学报，38(4)：32-38.

张龙海，周灿灿，刘国强，等. 2006. 孔隙结构对低孔低渗储集层电性及测井解释评价的影响. 石油勘探与开发，33(6)：671-676.

张明禄，石玉江. 2005. 复杂孔隙结构砂岩储层岩电参数研究. 石油物探，44(1)：21-23.

Barwise T，Hay S. 1996. Predicting oil properties from core fluorescence. American Association of Petroleum Geologists Memoir，66：363-371.

Berlman I B. 1971. Systematics of the electronic spectra of some substituted and bridged indole derivatives. Spectrochimica Acta Part A：Molecular Spectroscopy，27(3)：473-489.

Blanchet A，Pagel M，Walgenwitz F，et al. 2003. Microspectro fluorimetric and micro thermometric evidence for variability in hydrocarbon fluid inclusions in quartz overgrowths：Implications for inclusion trapping in the Alwyn North field，North Sea. Organic Geochemistry，34(11)：1477-1490.

Bodnar R J. 1990. Petroleum migration in the Miocene Monterey Formation，California，USA：Constraints from fluid-inclusion studies. Mineralogical Magazine，54(2)：295-304.

Bourdet J，Eadington P，Volk H，et al.，2012. Chemical changes of fluid inclusion oil trapped during the evolution of an oil reservoir：Jabiru-1A case study (Timor Sea，Australia). Marine and Petroleum Geology，36(1)：118-139.

Bruensing J，Volk H，George S C，et al. 2006. Using oil inclusions for reconstruction fluid evolutions-an example from the Gidgealpa Oilfield，Cooper-Eromanga basins，Central Australia//Presented at the Australian Organic Geochemistry Conference，Perth.

George S C，Krieger F W，Eadington P J，et al. 1997. Geochemical comparison of oil-bearing fluid inclusions and produced oil from the Toro sandstone，Papua New Guinea. Organic Geochemistry，26(3)：155-173.

George S C，Lisk M，Summons R E，et al. 1998. Constraining the oil charge history of the South Pepper oilfield from the analysis of oil-bearing fluid inclusions. Organic Geochemistry, 29(1): 631-648.

Geroge S C, Ruble T E, Dutkiewicz A, et al. 2001. Assesing the maturity of oil trapped in fluid inclusions using molecular geochemistry data and visually-determined fluorescence colours. Applied Geochemistry, 16(4): 451-473.

George S C, Volk H, Ahmed M. 2007. Geochemical analysis techniques and geological applications of oil-bearing fluid inclusions, with some Australian case studies. Journal of Petroleum Science and Engineering, 57(1): 119-138.

Hagermann H W, Hollerbach A. 1986. The fluorescence behavior of crude oils with respect to their thermal maturation and degration. Organic Geochemistry, 10(1):473-480.

Johnson L, Lisk M, Gartrell A, et al. 2004. Calibration of charge and retention models for the Gidgealpa Oilfield: implications for seal potential in the Eromanga Basin. PESA Eastern Australasian Basin Symposium II, Adelaide: 461-471.

Kihle J. 1995. Adaptation of fluorescence excitation-emission micro-spectroscopy for characterization of single hydrocarbon fluid inclusions. Organic Geochemistry, 23(11):1029-1042.

Lakowicz J R. 1999. Principles of Fluorescence Spectroscopy. 2nd Edition. New York: Kluwer Academic/Plenum Pubishers.

Lisk M, Brincat M, Eadington P, et al. 1998. Hydrocarbon charge in the Vulcan Sub-basin. The sedimentary basins of Western Australia 2//Proceedings of the West Australian Basins Symposium: 287-305.

Lisk M, O'brien G ,Eadington P. 2002. Quantitative evaluation of the oil-leg potential in the Oliver gas field, Timor Sea, Australia. AAPG Bulletin, 86(9): 1531-1542.

Liu K Y, Eadington P. 2003. A new method for identifying secondary oil migration pathways. Journal of Geochemical Exploration, 78: 389-394.

Liu K Y, Eadington P. 2005. Quantitative fluorescence techniques for detecting residual oils and reconstructing hydrocarbon charge history. Organic Geochemistry, 36(7): 1023-1036.

Liu K Y, Fenton S, Bastow, et al. 2005. Geochemical evidence of multiple hydrocarbon charges and long distance oil migration in the Vulcan Sub-basin, Timor Sea. APPEA Journal, 45: 1-17.

Liu K Y, Eadington P, Middleton H, et al. 2007a. Applying quantitative fluorescence techniques to investigate petroleum charge history of sedimentary basins in Australia and Papuan New Guinea. Journal of Petroleum Science and Engineering, 57(1): 139-151.

Liu K Y, Pang X Q, Li S M, et al. 2007b. A rapid screening method for estimating source rock maturity from core and cutting samples//23rd International Meeting of Organic Geochemistry, Torquay: 268.

Liu K Y, George S C, Lu X, et al. 2014. Innovative fluorescence spectroscopic techniques for rapidly characterising oil inclusions. Organic Geochemistry, 72: 34-45.

Mullins O C. 2008. The Physics of Reservoir Fluids: Discovery Through Downhole Fluid Analysis. New York: Schlumberger.

Munz I A. 2001. Petroleum inclusions in sedimentary basins: Systematics, analytical methods and applications. Lithos, 55(1):195-212.

Oxtoby N H. 2002. Comments on : Assessing the maturity of oil trapped in fluid inclusions using molecular geochemistry data and visually-determined fluorescence colours. Applied Geochemistry, 17(10):1371-1274.

Patrick L D, Spilke K K, Wright A C, et al. 1998. API Estimate using multiple fluorescence measurements: US Patent, 5780850.

Ralston C Y, Wu X , Mullins O C. 1996. Quantum yields of crude oils. Applied Spectroscopy, 50(12): 1563-1568.

Reyes M V. 1994. Applications of fluorescence techniques for mud-logging analysis of oil drilled with oil-based muds, SPE Formation Evaluation, 9(4):300-305.

Riecker R E. 1962. Hydrocarbon fluorescence and migration of petroleum. AAPG Bulletin, 46(1): 60-75.

Ryder A G. 2004. Assessing the maturity of crude petroleum oils using total synchronous fluorescence scan spectra. Journal of Fluorescence, 14(1):99-104.

Ryder A G. 2005. Analysis of crude petroleum oils using fluorescence spectroscopy//Annual Reviews in Fluorescence. London: Springer-Verlag: 169-198.

Ryder A G, Glynn T, Feely M, et al. 2002. Characterization of crude oils using fluorescence lifetime data. Spectrochimica Acta Part A: Molecular and Biomolecular Spectroscopy, 58(5): 1025-1037.

Stasiuk L D, Snowdon L R. 1997. Fluorescence micro-spectrometry of synthetic and natural hydrocarbon fluid inclusions : crude oil chemistry, density and application to petroleum migration. Applied Geochemistry, 12(3):229-233.

Stasiuk L D, Gentzis T, Rahimi P. 2000. Application of spectral fluorescence microscopy for the characterization of Athabasca bitumen vacuum bottoms. Fuel, 79(7): 769-775.

Supernaw I R. 1990. Method for determining oil content of an underground formation: US Patent, 4977319.

第六章　成藏年代学技术在克拉苏构造带油气成藏研究中的综合应用

油气成藏过程是一个复杂的过程，油气成藏年代学分析应从油气藏的特点出发，采用多技术手段，并结合油气藏地质背景、岩浆和构造活动、地热史和盆地分析等资料，将地球化学技术与地质背景相结合，传统方法与新方法相结合，定性与定量方法相结合，综合确定油气成藏时限。本章以库车前陆盆地克拉苏构造带为研究实例，系统介绍了利用多种成藏年代学方法，以流体包裹体分析为核心，结合常规的地质和地球化学分析，将成岩-成藏研究有效结合，综合确定复杂油气藏的成藏过程和成藏规律。

第一节　库车前陆盆地克拉苏构造带地质特征

库车前陆盆地位于塔里木盆地北部、南天山山前，是在塔里木板块北部古生代地台边缘发育的一个中、新生代陆相沉积拗陷，东起库尔勒，西至塔克拉，东西长为 470km，南北宽为 40～90km，面积约为 $2.8\times10^4 km^2$。库车前陆盆地是我国重要的天然气勘探开发基地之一，在我国中西部诸多前陆盆地中，库车前陆盆地是目前天然气储量发现最多、单体气藏规模最大的前陆盆地。自从 1998 年克拉 2 大气田发现以来，随着勘探的不断深入与地震技术的不断提高，近几年来在克拉苏构造带 6000～8000m 的深层又相继发现了大北、克深 2、克深 5、克深 8、克深 3、克深 9、博孜 1、克深 6 等一批大气田(藏)，已形成“一万亿在手，两万亿在望”的勘探局面，成为库车前陆天然气勘探开发的主战场。截至 2014 年年底，克拉苏构造带发现三级储量天然气 $13790.97\times10^8 m^3$。

随着克深 2、克深 5、克深 8 等一批大型、超大型油气藏的发现，一批深层、超深层盐下圈闭的落实，克拉苏构造带万亿方天然气储量阵地渐渐浮出水面，使得整个库车拗陷盐下油气资源规模超出前期认识。但是，随着钻井和油气藏发现的增加，克拉苏构造带盐下油气成藏呈现越来越复杂的局面，而且天然气藏中凝析油的含量忽多忽少。什么地质因素控制着油气成藏及油气相态，油气成藏过程及成藏期，克拉苏构造带不同构造带、段的成藏差异性和规律性。只有搞清了这些成藏问题，才能更好地指导克拉苏构造带下一步勘探部署和战略选区，对整个库车前陆盆地的勘探也具有重要的指导意义。

一、克拉苏构造带基本概况

克拉苏构造带是库车前陆盆地前陆冲断带的主体，位于拜城凹陷与北部单斜带之间。该区油气成藏条件优越，发育优质储层、五套烃源岩、多条逆冲油源断层、成群成带的构造圈闭、优质的膏盐盖层、晚期大量生气和晚期成藏等，储层主要分布在库姆格列木组($E_{1\text{-}2}km$)底砾岩、巴什基奇克组(K_1bs)和巴西盖组(K_1bx)，储层相对低孔低渗，圈闭为背斜、断背斜或断鼻构造，油气藏类型多为干气藏、凝析气藏，含有极少的凝析油。该区成藏特点具有断裂控藏，早油晚气，阶段聚气，油气不同源、不同期的特点。

由于构造演化的差异性，使克拉苏构造带的构造与成藏具有明显的分带性和分段性(图 6.1)。以克拉苏断裂为界南北划分为两大区带，即克拉区带和克深区带；东西向以侧断坡等构造转换带为界划分为五段，即阿瓦特段、博孜段、大北-克深 5 段、克深 1-2 段和克拉 3 段。

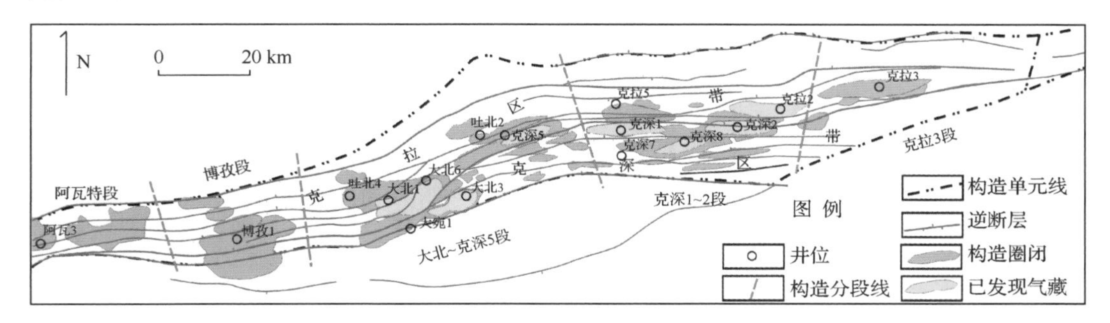

图 6.1　克拉苏构造带勘探成果及区带划分图

二、油气藏基本特征

油气藏类型从圈闭成因上看主要为构造型油气藏，发育完整背斜型(如克拉 2 气藏、克深 1-2 气藏)、断背斜型油气藏(如大北气藏)，在大北地区断裂破碎部位存在断块型油气藏，油气藏具有明显的边底水特征。从相态类型上，该区油气藏主要为干气藏，但多数含少量的凝析油。如克拉 2 气藏为干气藏，但在开发过程中截至 2011 年已累产油2.98×10^4t，大北气田探明凝析油储量 309×10^4t，克拉 3 气藏也产有少量油，博孜 1 井为凝析油气藏。油气藏储层为白垩系巴什基奇克组砂岩，沉积相类型为辫状河三角洲，储层埋藏深孔隙较致密，但裂缝发育，为裂缝-孔隙型储层。直接盖层为古近系 E_{1-2}km 优质膏盐岩盖层，膏盐岩盖层塑性强，封盖能力强，为天然气的保存提供重要条件。

克拉苏构造带油气藏具有异常高压的特征，其中克拉区带压力系数达到 2.0～2.21，克深区带的压力系数也达到 1.54～1.83，具有正常的温度系统，平均地温梯度为 2.1～2.9℃/100m。

根据油气地球化学研究结果，库车前陆盆地已发现油气藏中包括成熟原油、高成熟油气和高过成熟气，组成了一个完整的油气热演化序列(图 6.2)。但由于构造演化、圈闭形成的差异性，不同区带、不同构造段储层捕获的油气又有所不同。其中，北部冲断带油气藏油少气多，油气成熟度普遍较高，特别是第二期油和晚期天然气的成熟度，R_o 为 0.65%～2.2%；南部斜坡带油气藏油多气少，原油和天然气成熟度相对较低，R_o 为 0.6%～1.4%，从油到气组成一个连续的序列。北部冲断带不同构造段圈闭捕获油气也有所差异，大北段盐下气藏和盐上油藏基本形成了一个连续的演化序列；克拉和克深段盐下气藏缺少中间成熟度的油气，而且早期原油含量也极少，说明该区段早中期的油气虽有充注，但多数没有保存或形成有效聚集，圈闭最终聚集的只是晚期高过成熟的天然气。

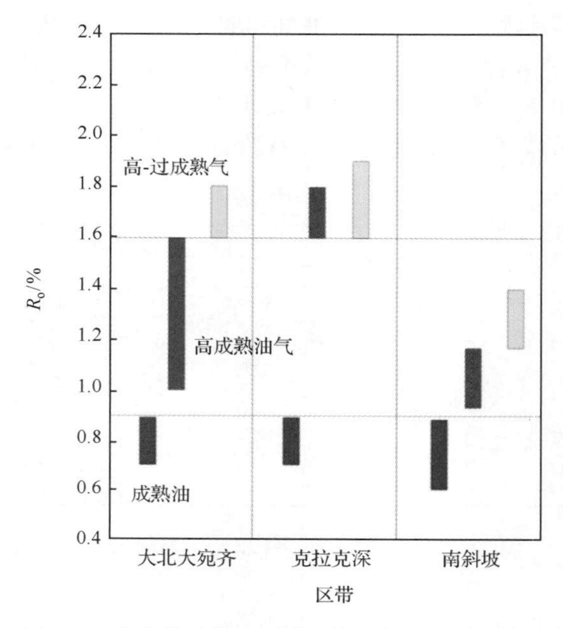

图 6.2 库车前陆盆地不同区带油气成熟度对比图

第二节 基于裂变径迹与 R_o 资料对热史、生烃史的分析

已有的构造及地层研究很好地描述了库车拗陷中新生代的构造变形和沉积历史，经历了多期抬升剥蚀事件，烃源岩镜质体反射率表明岩石经历过较高的古地温，但是岩石在什么时间达到最高古地温尚不明确。本节利用克拉2、依南2、吐孜2井等3口井19个砂岩样品的磷灰石裂变径迹分析对该拗陷的热历史进行了进一步评价，在此基础上，对库车拗陷烃源岩的热演化生烃史进行了分析。

一、库车前陆盆地形成演化历史

库车地区中新生代盆地也经历了三个演化阶段：①三叠纪前陆盆地发展阶段。自晚二叠世塔里木板块北部与伊犁-中天山地体碰撞，使塔里木板块向南天山发生"A"式俯冲，三叠纪形成了库车周缘前陆盆地，广泛接受了湖盆沉积。②侏罗纪—古近纪断陷-拗陷盆地发展阶段。侏罗纪塔里木盆地发生应力松弛伸展夷平作用，库车地区亦进入断陷-拗陷演化阶段，至白垩纪末强烈隆升大范围遭受剥蚀，上白垩统全部剥蚀；至古近纪再次表现为伸展演化，具有间歇性海侵，形成半闭塞海湾-潟湖的蒸发边缘海沉积环境。③新近纪—第四纪再生前陆盆地发展阶段。新近纪伊始，库车北侧古天山受印度板块与欧亚板块的碰撞影响，迅速隆升，大规模向盆内逆掩推覆，形成挤压前陆盆地，至第四纪库车进入褶皱、断裂强烈发育时期，沉积中心具有向南迁移的特点，形成了目前构造格局。

库车拗陷中新生代层序具有两个重要的不整合，分别对应于两次主要的幕式挤压变形,一次是晚白垩世的燕山运动,另一次是新近纪的喜马拉雅运动,主要发生在库车组沉积末期。这两次重要的抬升剥蚀事件对于库车坳陷的热演化史具有重要的影响。

二、镜质体反射率资料对热史的启示

库车坳陷三叠系—侏罗系地层的镜质体反射率数据从 0.57%到 1.85%,表明岩石最大达到过 180℃左右的古地温,而且,烃源岩 R_o 与深度关系不明显(图 6.3),在很浅的埋深也会出现较高的 R_o,说明曾遭受过较大程度的抬升剥蚀,岩石所经历的古地温要远大于现今的地温。但是岩石在何时达到最大古地温和最大 R_o,是无从得知的。北部山前带的逆冲推覆作用使烃源岩被抬升至浅部或地表,即使现今埋深很浅,实际镜质体反射率仍较高。环阳霞凹陷钻探的一系列探井,如阳 1 井、依南 2、依深 1 和依西 1 井中、下侏罗统烃源岩,尽管现今埋藏深度存在明显差异,但它们具有相近的成熟度,R_o 均为 0.9%~1.1%(王飞宇等,1999)。不同埋深的同一层位烃源岩有机质成熟度相近,反映有机质成熟作用主要定型于逆冲作用之前。

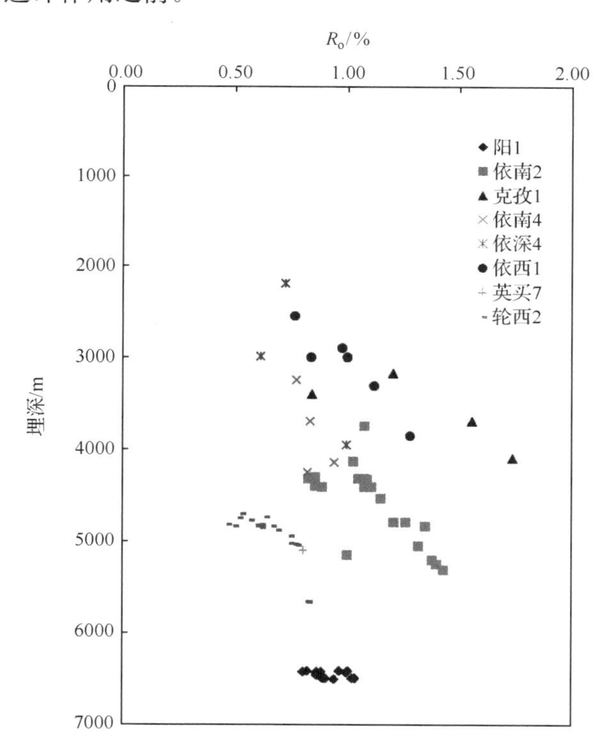

图 6.3 库车坳陷三叠系—侏罗系 R_o 随埋深关系

三、磷灰石裂变径迹数据对热史的启示

(一)依南 2 井磷灰石裂变径迹数据

依南 2 井位于库车东部依奇克里克构造带中部的南倾断鼻斜坡带上,分析了 6 个样

品，深度从 3944.64m 到 5001.5m，层位为上三叠统到中下侏罗统。裂变径迹年龄为 5Ma±1Ma 到 0.76Ma±0.4Ma，这些年龄值远小于岩石的沉积年龄(图 6.4)，说明径迹遭受了强烈的退火。在分析过程中没有见到封闭径迹，无法进行长度测量。

根据依南 2 井侏罗系及三叠系的镜质体反射率资料，其值从 3835m 的 0.72%逐渐增加到 5310m 的 1.28%，反映最高古地温从大约 113℃升高到 155℃。从镜质体反射率资料估计古地温梯度大约为 30 ℃/km，而由井底温度得到的现今地温梯度大约为 23℃/km(假定地表温度为 10℃)(图 6.4)，这表明地层达到最高古地温之后盆地的热流值和地温梯度减小。

通过单颗粒裂变径迹分析，依南 2 井深部样品中大多数(大于 80%)颗粒年龄为 0，但仍有少量颗粒存在少量径迹。在现今井底温度已超过完全退火温度(110℃)的情况下，这种现象与现今井底温度没有完全达到平衡状态。因此我们可以得出结论，样品在最近才刚进入最高地温，达到该地温的时间不足以使样品完全退火。

综合磷灰石裂变径迹及镜质体反射率资料，分析认为依南 2 井中生界地层应在 N_2k 沉积期达到最大埋藏和最高古地温，但样品达到最高地温的时间较短不足以使样品完全退火，从而仍有少量颗粒中存在少量径迹。之后发生抬升剥蚀，新产生的较小的磷灰石裂变径迹年龄记录了这期剥蚀事件。

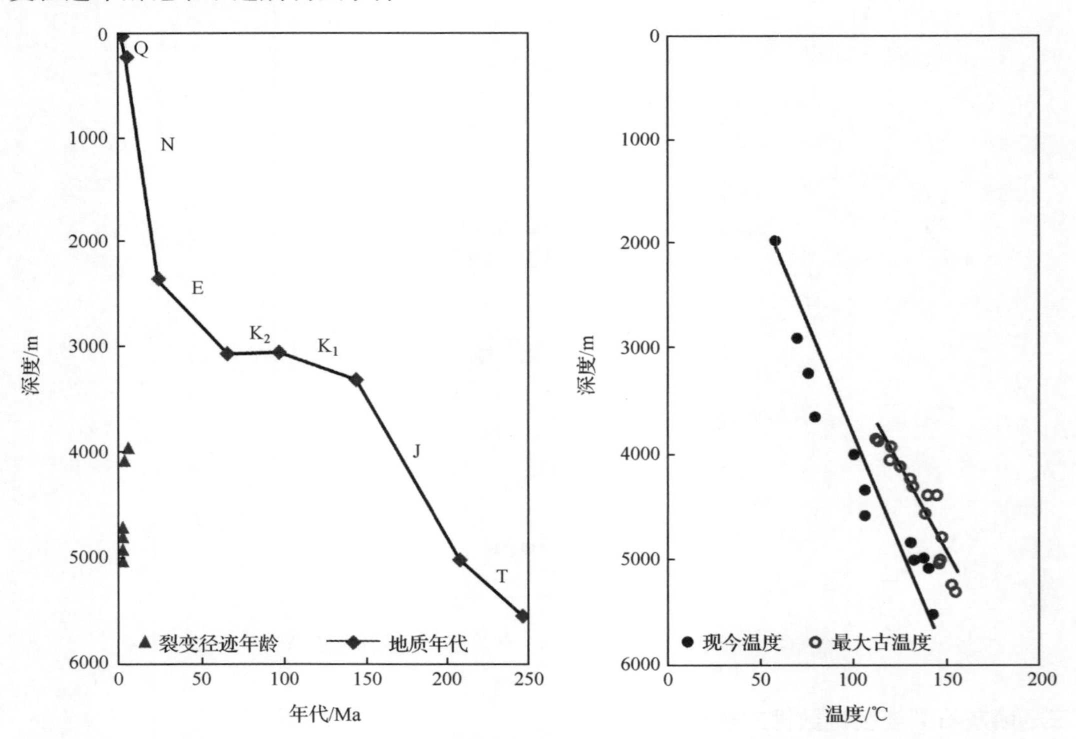

图 6.4　依南 2 井磷灰石裂变径迹年龄、现今地温与镜质体反射率得到的最高古地温

（二）克拉 2 井磷灰石裂变径迹数据

克拉 2 井位于克拉苏冲断带北部的克拉区带克拉 2 背斜构造，在克拉 2 井中对 6 个样品进行了磷灰石裂变径迹分析，样品时代从古近系到白垩系，深度均大于 3km。裂变径迹年龄从 3.5Ma±0.5Ma 到 16Ma±2.5Ma，比其地层年龄要小很多。在鉴定中没有发现可供测量的封闭径迹。

从井底温度得到的现今地温梯度约为 26℃/km，与依南 2 井接近。最深的四个样品现今温度大于 110℃，这些样品中的大多数磷灰石颗粒与所处的温度相平衡，年龄为 0；但仍有几个颗粒中存在径迹，这表明这些样品在距今很短的时间内才到达现今的温度。

在中生代不整合之上的一个古近系样品其磷灰石裂变径迹年龄（15.8Ma±2.5Ma）比其沉积年龄小，该样品现今温度约 95℃，这也进一步证实了样品在现今温度范围内仍处于退火过程。样品的最小裂变径迹年龄为 3.5Ma±0.5Ma，相比依南 2 井较大，说明克拉 2 井抬升剥蚀的时间要早于依南 2 井，大约发生在库车组沉积中期。

（三）吐孜 2 井磷灰石裂变径迹数据

吐孜 2 井位于库车东部依奇克里克构造带吐孜洛克背斜，在 1804～4344m 的深度范围内分析了 7 个样品。上部的三个样品取自古近系与新近系，裂变径迹年龄在 101Ma±15Ma 到 60Ma±18Ma 之间，该年龄大于样品的地层年龄（古新世到中新世），这表明这三个浅层样品沉积后埋藏较浅只经历了轻微的退火或没有经历过退火，该数据与样品现今所处的温度（小于 75℃）相一致。其他四个样品来自侏罗系，深度为 3339～4344m，磷灰石裂变径迹年龄在 9.95Ma±1.2Ma 到 0.57Ma±0.3Ma 之间，没有得到有效的封闭径迹长度。这些样品现今温度在 100～127℃，每个样品中的大多数颗粒裂变径迹年龄为 0，但仍有少量颗粒中保留有径迹，说明样品进入较高温度的时间不长，反映该区埋藏厚度较小且很晚才达到最大埋深，尚未完全退火。

（四）研究区中生界地层热史、沉积埋藏史讨论

从镜质体反射率资料来看，中生界样品经历过的最高古地温比现今地温要高许多，但究竟在什么时间达到最高古地温，无法从镜质体反射率数据中得到答案。但是，通过磷灰石裂变径迹数据则能给我们提供区域构造抬升事件的时间信息。

总的来说，通过对库车拗陷依南 2 井、克拉 2、吐孜 2 井等磷灰石裂变径迹分析研究，可以得到以下几点认识。

（1）有限的磷灰石裂变径迹资料表明，所有井中的沉积层到达最高地温的时间与达到现今地温的时间相隔不长，所有的样品裂变径迹年龄与现今温度基本平衡，且裂变径迹年龄小，结合构造发育特征说明在 N_2k 沉积中后期经历了一定程度的剥蚀，之后接受较薄的第四系沉积，但厚度较小，不足以造成二次退火。

（2）不同地区不同井位的埋藏史和热史差异较大，但总体上，样品的裂变径迹年龄较小，反映了前陆冲断带喜马拉雅晚期构造变形，但是构造变形时间、抬升剥蚀程度在区域上具有较大差异性。克拉 2 井更靠近山前带，构造抬升时间要早于依南 2 井，而吐孜 2 井

区则为长期继承性的古隆起，新生代沉积厚度较薄，仅侏罗系发生退火，而新生界尚未进入退火温度。

(3) 从裂变径迹资料和镜质体反射率资料估计古地温梯度大约为30℃/km，现今地温梯度大约为23℃/km，这表明地层达到最高古地温之后盆地的热流值和地温梯度减小。这与前人对古地温演化的认识相一致。

四、烃源岩热演化生烃史

(一) 古地温演化与烃源岩热史特征

关于库车拗陷地质历史时期的古地温梯度和热流演化前人也做了大量工作。前人利用镜质体反射率和流体包裹体均一化温度(T_h)等古地温数据，结合盆地构造沉积演化，重构了库车前陆区古地温演化，认为库车前陆区地温梯度在中新生代总体上呈现降低，古地温梯度从中生代的33℃/km降至新近系的25℃/km，相对较明显的降温过程与新近纪快速埋藏过程相对应(王飞宇等，1999，2005)。根据王良书等(2005)的研究成果，库车前陆盆地平均热流值为44.6mW/m²，属于低热流冷盆，且北部山前冲断带热流值相对高(如大宛齐、克拉等地区均在46mW/m²以上)，往中央凹陷部位逐渐降低(均低于44mW/m²)。经热史恢复认为库车前陆盆地自三叠纪以来，始终处于较低热流状态，表现为中生代相对较热(50～55mW/m²)，新生代以来热流处于持续缓慢降低但2Ma以来快速降低的过程，最终降至现今的40～46mW/m²。

根据裂变径迹和镜质体反射率、实测地温数据，利用盆地模拟软件对库车拗陷的烃源岩热演化生烃史进行了模拟。库车拗陷构造变形复杂，在冲断带上多处发生冲断叠覆，所以单井的热史模拟难度较大，这里只选用变形简单的依南2井来进行说明。从依南2井热史演化剖面上可以看出(图6.5)，侏罗系和三叠系烃源岩在白垩系沉积末R_o值仍小于0.7%，尚未规模生烃，之后白垩系抬升剥蚀，生烃相对停滞一段时间，直到新近纪快速沉降阶段，地层R_o值也快速增加，在库车组沉积末期R_o达到最大，侏罗系烃源岩R_o达到1.0%～1.3%，三叠系烃源岩R_o达到1.3%～1.6%，进入湿气生烃阶段。在库车组末期又发生构造抬升遭受剥蚀，剥蚀量较大，生烃停滞，虽然之后第四系有少量沉积，但R_o不再变化(图6.6)。从依南2井的热演化来看，侏罗系和三叠系烃源岩的成熟生烃主要是发生在新近纪，R_o在库车组末期基本定型，这为油气的晚期规模成藏提供油气源基础。

从几口单井的埋藏史和热史分析结果可以看出，库车拗陷三叠系和侏罗系烃源岩基本上都是在库车组末期演化程度达到最大，主要是由于新近纪的快速沉降造成的，规模生烃过程是在新近纪完成的，由此决定了库车拗陷大规模生排烃和成藏过程较晚。

(二) 烃源岩热史演化规律

由于前陆盆地的冲断构造带、前渊及前隆等各构造单元的沉积、变形特征不同，这直接控制了前陆盆地烃源岩的热演化生烃时空差异性。在冲断构造带的主要特征是逆掩推覆体发育，构造侵位强烈，烃源岩热成熟度主要是通过多重逆掩断片的叠置来实现的，在冲断带前缘由于埋深最大，逆掩断片叠置最厚，烃源岩现今的热成熟度最高(Edman

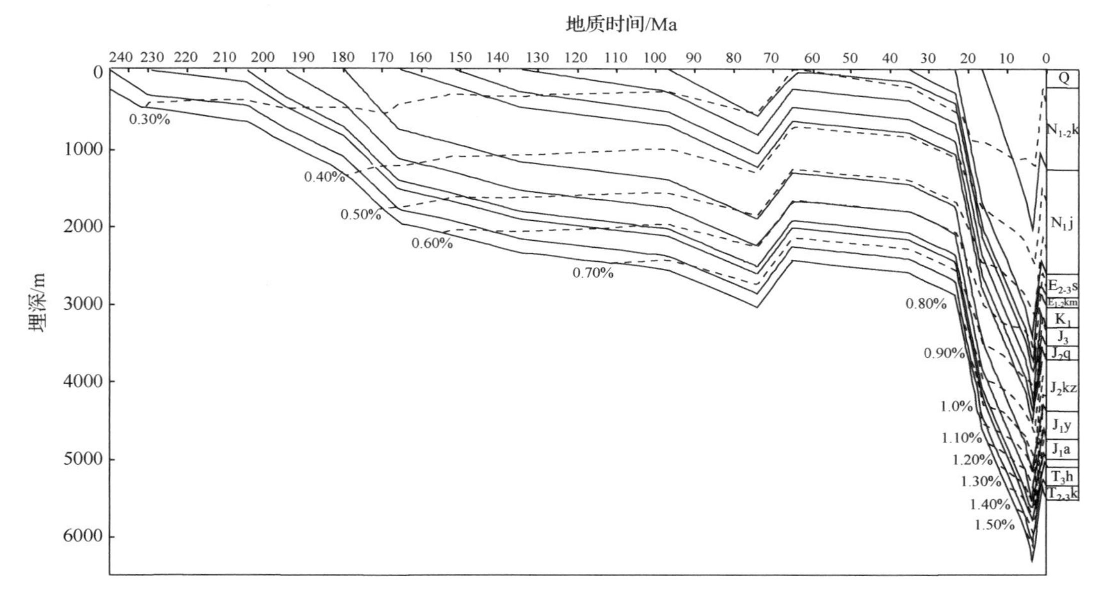

图 6.5 依南 2 井埋藏史与热史演化图

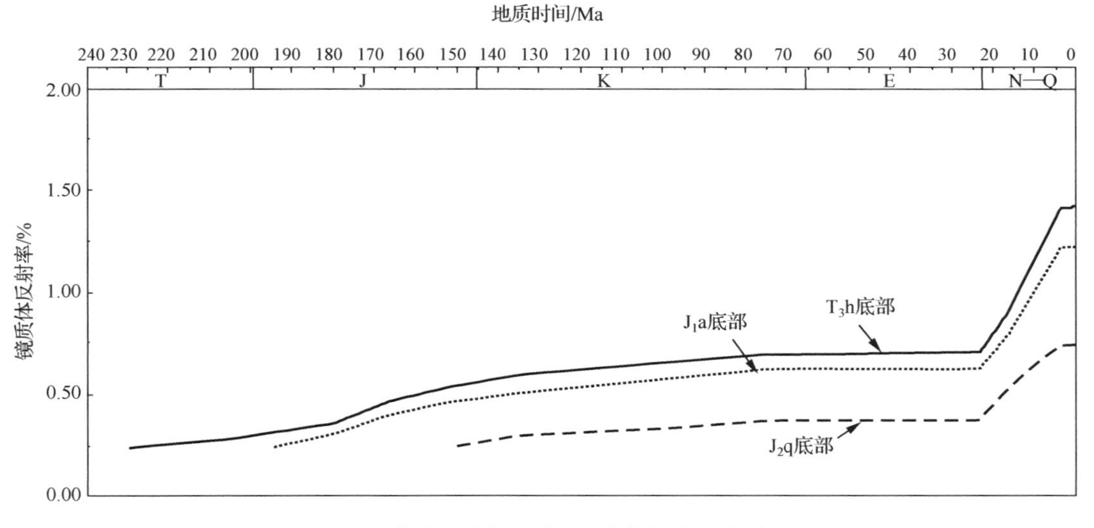

图 6.6 依南 2 井烃源岩 R_o 演化与时间关系图

et al.，1984；Deming and Chapman，1989）。在冲断带靠近山前部位地层强烈抬升遭受剥蚀而使其有机质热演化停止，因此在山前带烃源岩成熟度较高且与深度无明显相关性。而前陆盆地前渊及斜坡带的成熟度则是由于晚期的沉积深埋而达到最大的受热结果，但由于快速沉积起到降低热流的作用，虽然现今埋深最大，但烃源岩成熟度却并不是最大的。

本书在单井和剖面模拟约束的基础上，重新绘制了库车前陆烃源岩成熟度分布图（鲁雪松等，2014）。对比本书研究与前人研究成果得到的三叠系顶界 R_o 分布图（图 6.7），两

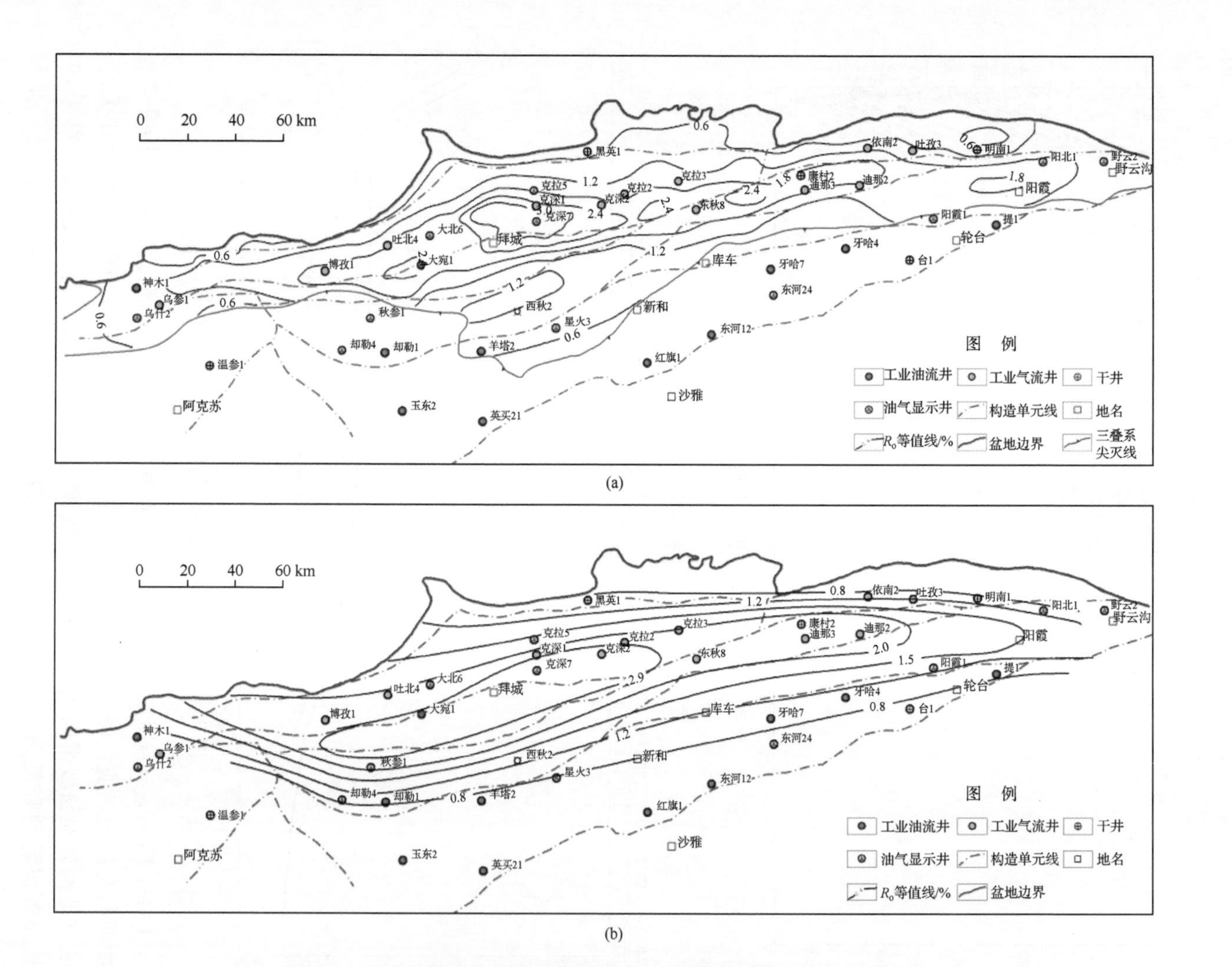

图 6.7 库车前陆盆地三叠系顶界现今 R_o 等值线图与前人成果对比图

(a) 库车拗陷三叠系顶界现今 R_o 等值线图(本书结果)；(b)库车拗陷三叠系顶界现今 R_o 等值线图(据梁狄刚,2004)

者在 R_o 分布趋势上存在着较大的差异：①前人认识都是认为烃源岩成熟生烃中心在拜城凹陷中心（王飞宇等，1999，2005；梁狄刚等，2004），这是因为拜城凹陷现在埋深最大，如以地温梯度去推算，拜城凹陷中心的烃源岩成熟度则会最大，但这并未考虑快速沉积作用对热流的影响。而本次研究则考虑了拜城凹陷中心快速沉积作用的影响及冲断带逆冲叠置对烃源岩成熟度的影响，研究认为烃源岩成熟中心位于克拉苏-依奇克里克构造带冲断前缘深层一线，而并非现今的拜城凹陷中心，与前人认识相比，生烃中心往北有所偏移。冲断带深层的烃源岩自身就能就近为冲断带构造提供大量的油气源。烃源岩生气中心，成排成带、垂向叠置分布的大量构造圈闭，优质储层相带及巨厚膏盐岩盖层的有效叠合使克拉苏前陆冲断带具有天然气富集的得天独厚的地质条件（杜金虎等，2012；王招明，2014），这也是为什么现在在克拉苏构造带发现克拉 2、大北、克深 2 等千亿方大气田，形成万亿方天然气规模的主要原因。②新作的 R_o 等值线图基于最新勘探成果，对烃源岩的分布范围刻画更加精确，可以看出在南部斜坡带和秋参 1—却勒地区缺失侏罗系和三叠系，不发育烃源岩，而梁狄刚等（2004）研究成果未考虑这一点。③新作的 R_o 等值线图的细节变化刻画得更加清楚，也与现今发现油气相态和成熟度分布更加符合（赵孟军等，2015），能更好地评价油气源条件。

根据以上热史模拟研究，总结库车前陆盆地侏罗系—三叠系烃源岩热演化史具有以下规律：①南北方向上，从北部单斜带—克拉苏构造带—拜城凹陷带到南部斜坡带，中生界烃源岩热演化程度先增大后减小，位于克拉苏构造带靠近凹陷一侧，即冲断带前缘深层的烃源岩 R_o 值最大，也就是说，烃源岩最大成熟中心位于克拉苏构造带冲断前缘深层一线，而非现今的拜城凹陷—阳霞凹陷中心（鲁雪松等，2014）。②东西方向上，从库车前陆盆地的西部到东部，烃源岩的成熟度先增大后减小，在克拉苏构造带中段的克深 5-克深 2 井区 R_o 最大，向东西两侧减小。③时间上，山前带烃源岩早期成熟、晚期抬升剥蚀生烃停滞，克拉苏冲断带早期低熟-成熟、晚期快速进入高-过成熟阶段，拜城凹陷—南部斜坡带烃源岩早期未熟、晚期进入低熟-成熟阶段。

（三）烃源岩生烃史特征

三叠系烃源岩在白垩纪末已初步生油，但可能尚未达到规模排烃运聚的程度，主力生排油阶段在 E—N_1 时期，在 N_1 时期应该是该区大规模油藏形成的关键时期。而生气则经历了两次生气高峰，即 N_1 时期的第一次生气高峰和康村组—库车组沉积时期的第二次生气高峰，且以第二期生气高峰为主。第一次生气高峰以三叠系黄山街组烃源岩生气为主，第二期生气高峰则以 T_3t—J 的煤系生气为主（图 6.8）。总体分析，库车拗陷烃源岩具有早期生油、晚期大量生气的特征，从根本上决定了库车前陆具有“早油晚气”的成藏特征，特别是 N_2k 以来的大规模生气为晚期大量天然气的聚集和保存提供了资源基础，对于库车前陆盆地晚期天然气富集成藏有重大意义。通过对克拉苏构造带典型油气藏的成藏解剖，发现了翔实的早期油聚集和破坏、晚期天然气气侵的古流体和地质证据（卓勤功等，2011；鲁雪松等，2012；马玉杰等，2013），揭示了克拉 2 和大北气田存在中新世早中期（N_1）原油充注、上新世库车组沉积期（N_2）高成熟油气充注与破坏、第四纪（Q 以来）高-过成熟煤成气充注的三期成藏过程，这种成藏过程是与烃源岩的生烃史十分吻合的。

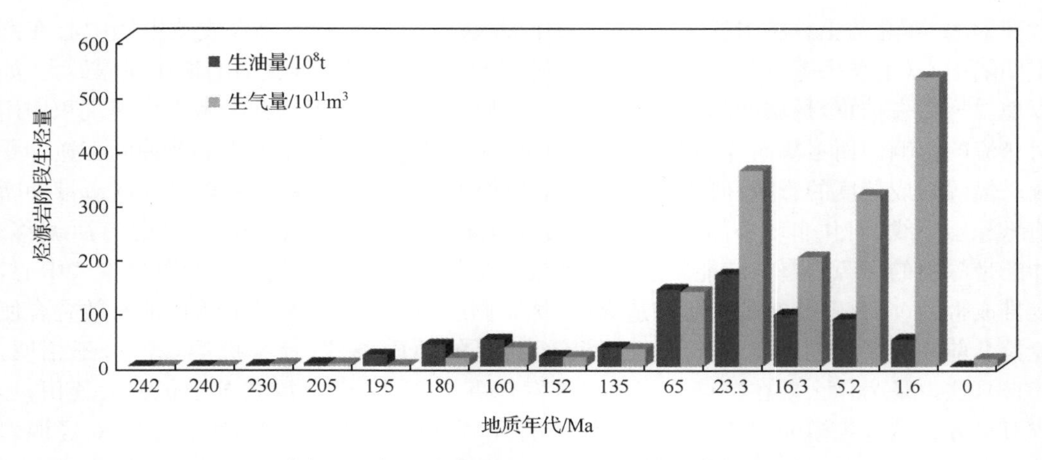

图 6.8 烃源岩各阶段生油量和生气量直方图

第三节 典型油气藏成岩-成藏序列与成藏过程分析与对比

本节重点对克拉苏构造带的三个典型油气藏，即对克拉2气田、克深2气田、大北气田进行详细解剖，综合利用油气成藏年代学的分析手段，结合常规的地质和地球化学分析，将成岩-成藏研究有效结合，综合确定复杂油气成藏过程和成岩-成藏时间序列。

一、克拉2气田储层成岩-成藏序列与成藏过程

（一）克拉2气田基本概况

克拉2气田位于库车前陆冲断带克拉苏构造带，是前陆盆地盐下构造勘探的重大发现之一，是我国陆上勘探发现的最大整装干气田，甲烷含量大于97%（贾承造等，2002）。克拉2号构造位于克拉苏构造带北部的克拉区带，古近系膏盐岩盖层之下的库姆格列木群白云岩夹层和底砂岩及白垩系巴什基奇克组砂岩是克拉2气田的主要含气层段。在古近系白云岩顶面构造图上[图6.9(a)]，克拉2背斜是一个长轴背斜，长轴长为18km，短轴长为4km，长短轴之比4.5∶1，长轴呈近SW向展布，在克拉201井与克拉2井之间转向NE向，使构造呈向南凸出的弧形构造。在剖面上，克拉2号背斜被克拉202断裂、克拉2北断裂夹持，背斜南翼被一系列NW、NE向的北倾小逆断层复杂化，总体是一个对称背斜，北翼地层倾角为16°～20°，南翼为19°～22°。位于气藏内的这些小断层，其断距正好断开白云岩与底砂岩之间的膏泥岩夹层和巴什基奇克组下部泥岩夹层（2～3m），使古近系白云岩、底砂岩和白垩系巴什基奇克组砂岩、巴西盖组砂岩在剖面上相互连通，形成统一的油气藏系统[图6.9(b)]。

克拉2气藏中部埋深为3825m，中部地层温度为100.58℃，地温梯度为2.188℃/100m，属正常的温度系统。古近系白云岩段、砂砾岩段及白垩系的三个岩性段均属同一压力系统，气藏中部地层压力为74.41MPa，平均压力系数为1.95～2.20，属超高压气藏。克拉2气田天然气组成以烃类气体为主，甲烷含量为96.9%～98.22%，C_2H_6含量很低，

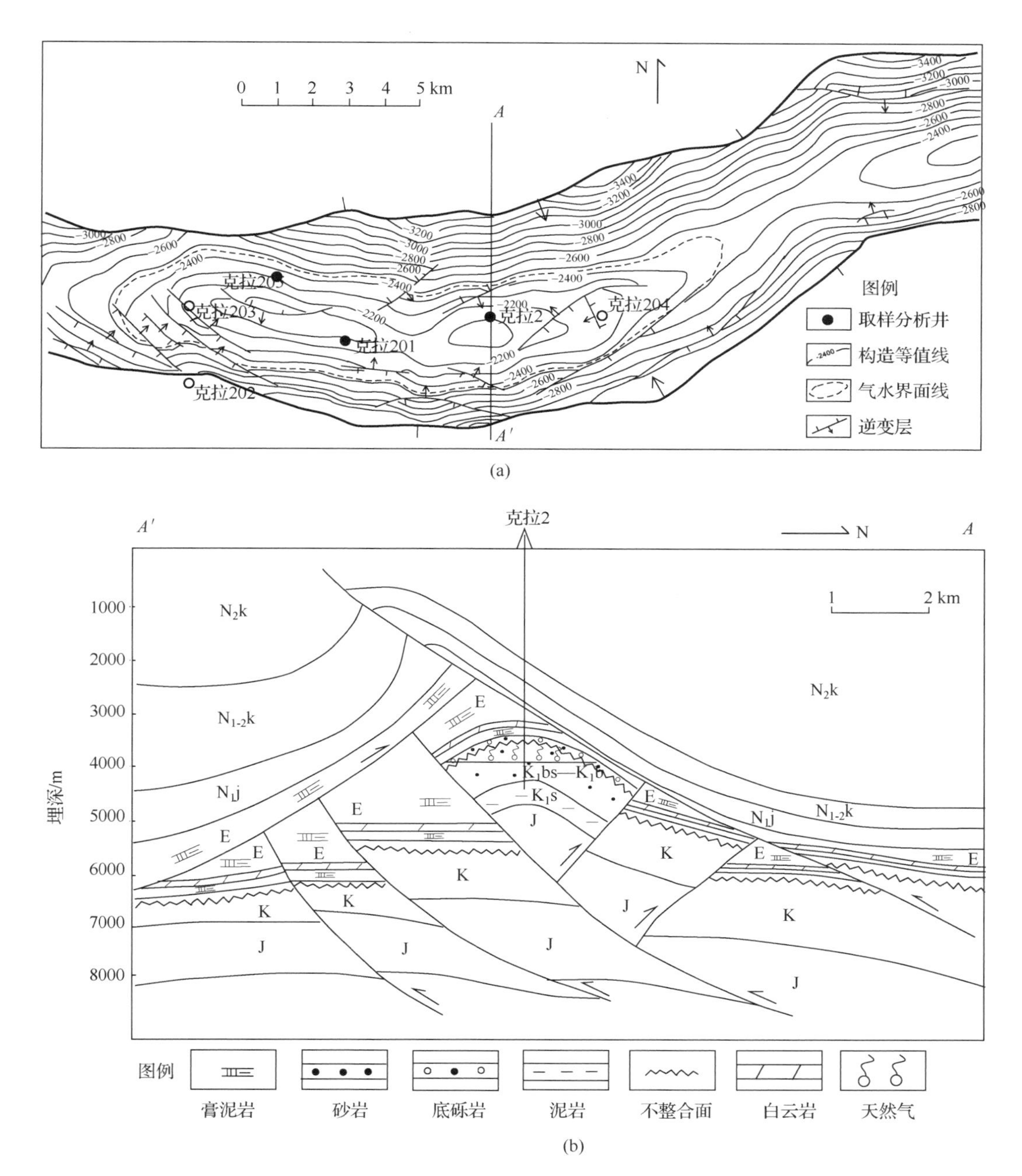

图 6.9 克拉 2 气田 K_1bs 储层顶面构造图和气藏剖面图

(a) 克拉 2 气田 K_1bs 储层顶面构造图;(b) 克拉 2 气田南北向气藏剖面图

为 0.31%~0.53%,几乎不含大于乙烷的烃类组分，因此天然气干燥系数几乎接近 1.0。非烃气体含量极低,CO_2 含量为 0~1.24%,N_2 含量为 0.6%~2.84%。地层水为 $CaCl_2$ 型,总矿化度为 12×10^4~16.5×10^4mg/L,显示封闭条件很好。PVT 分析表明克拉 2 气田为超高压的干气藏,天然气临界点(P_c=4.81~4.96MPa、T_c=-80.6~-79.0℃)远离气藏原始压力和温度。但在克拉2气田开发的过程中，除了日产10^6m^3级的天然气外，也产出了少量的凝析油（日产$n\times10^{-3}m^3$以下）。至2010年年底，克拉2气田累产气$551.81\times10^8m^3$，凝析油2.98×10^4t。

关于克拉2气田的油气来源、特征及成藏过程，前人已有大量研究，主要认为天然气是高-过成熟的煤成气，主要源自侏罗系煤系烃源岩，其次为三叠系湖湘烃源岩；凝析油主要为三叠系湖相烃源岩成熟演化阶段的产物；油气具有不同源、不同期的特征，反映了克拉2气田具有多源、多期的复杂成藏过程。克拉2气田是库车油气系统中储量规模最大（地质储量为$2840.29\times10^8m^3$）、储量丰度最大（储量丰度大于$53.2\times10^8m^3/km^2$）、圈闭充满程度高（近于100%）、超高压（压力系数高达1.95～2.20）、高产（日产气超过$20\times10^4m^3$）的大型整装气田。如此规模和特征的气田能在复杂的前陆冲断带中形成和保存在国内外实属罕见，因此克拉2气田的发现引起了石油地质界的特别关注。自1997年发现克拉2气田以来，众多专家、学者对其地质特征、油气来源、形成条件、异常高压成因、成藏过程和成藏机理等进行过大量研究（朱玉新等，2000；夏新宇等，2001；贾承造等，2002；王招明等，2002；周兴熙等，2003；付晓飞等，2004；赵孟军等，2004；王震亮等，2005；邹华耀等，2005；赵文智等，2005；鲁雪松等，2012）。这些论文从多学科、多角度对克拉2气田的形成条件和成藏机制作了深入讨论，对充足的气源、卓越的封隔层、良好的储层、完整的背斜圈闭、高效的运移通道五个成藏要素的有效匹配及晚期成藏是克拉2气田形成的主要地质条件这方面已形成共识，但在是否存在早期油充注、具体的成藏时间和成藏过程、超压成因及流体演化等问题上仍存在分歧。针对这一科学问题，本次通过成岩作用和流体包裹体相结合的方法研究油气充注与成岩流体之间的关系，并且建立起两者在成岩-成藏史上的演化序列。

（二）成岩矿物特征及成岩序列

大量的薄片鉴定和XRD分析显示，克拉2气田巴什基奇克组砂岩经历了显著的化学胶结作用，其自生矿物和胶结物所占比重最高可达整个岩石体积的30%。组成这些自生矿物和胶结物的矿物类型主要有石英、高岭石、方解石、白云石和铁白云石。此外，固体沥青在该区的砂岩中也比较发育。石英胶结物主要以次生加大边和微晶石英的形式产出，含量小于岩石总体积的1%。石英次生加大边的长径宽为15～40μm，通常被方解石和其他碳酸盐矿物所交代[图6.10(a)]，形成时间明显早于碳酸盐矿物。微晶石英常伴随着固体沥青产出于长石溶蚀后的剩余孔隙中[图6.10(b)]，预示着微晶石英和固体沥青可能同时形成。碳酸盐胶结物是该区砂岩中最为发育的孔隙填充物，主要由方解石和白云石组成。阴极发光显微镜鉴定表明该区砂岩主要发育两个世代的碳酸盐胶结物：第一期为方解石，在阴极射线下发黄色光，并且被发橘红色光的白云石交代[图6.10(c)]，说明其形成时间晚于白云石；第二期为白云石，在阴极射线下显示橘红色光，有时还可见到其特有的环带结构[图6.10(c)]。电子显微镜观察显示：极少量铁白云石以加大边的形式沉淀于不含铁的白云石颗粒边部[图6.10(d)]。此外，铁白云石偶尔会和高岭石和固体沥青同时出现，并被溶蚀成一个个的小坑[图6.10(d)、图6.10(e)]，暗示着铁白云石的形成时间要早于高岭石和固体沥青。克拉2气田巴什基奇克组砂岩中发育了数量可观的自生高岭石，平均含量为1.2wt%左右。这些高岭石单体呈六方板状、集合体呈书页状(直径为5～20μm)和固体沥青及微晶石英一起沉淀于孔隙中[图6.10(e)、图6.10(f)]。

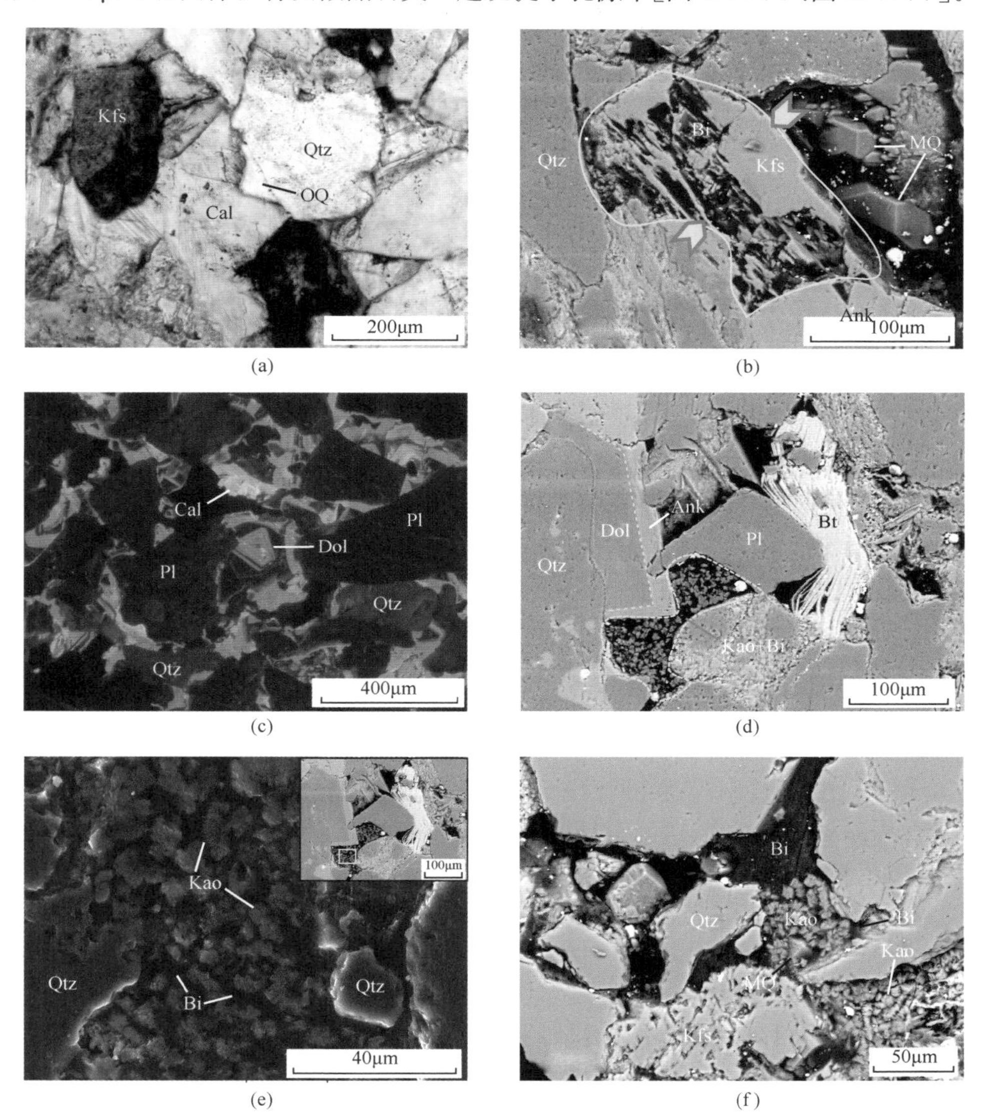

图6.10 巴什基奇克组砂岩成岩矿物显微特征照片

OQ. 石英加大边；MQ. 微晶石英；Qtz. 石英颗粒；Kfs. 钾长石；Pl. 斜长石；Bi. 储层沥青；Bt. 黑云母；Kao. 自生高岭石；Cal. 方解石；Dol. 白云石；Ank. 铁白云石

确定不同自生矿物形成的先后顺序是研究油气流体充注特征的前提条件，因为几乎所有阶段的油气充注过程都能以包裹体的形式记录在成岩矿物中(Goldstein，2001)。克拉2气田巴什基奇克组砂岩的成岩矿物组成为方解石、白云石、高岭石、石英次生加大边和微晶石英。接触交代关系表明，石英次生加大边是该区最早形成的成岩矿物。但是，巴什基奇克组砂岩中的自生石英含量非常低，这可能与该区大规模的油气充注有关。因为，沉积储层中油气充注会抑制硅质矿物的沉淀(Parnell et al.，1996)。方解石胶结物的形成时间要晚于石英次生加大边，在薄片中可以观察到其交代石英次生加大边[图 6.10(a)]。白云石是区内最为发育的碳酸盐胶结物，形成时间晚于方解石。大量发育的白云石胶结物说明区内曾经长期处于一个高浓度的 Ca、Mg、Na 和重碳酸盐的碱性流体环境下。铁白云石以加大边的形式沉淀于白云石颗粒的边部[图 6.10(d)]，说明其形成时间要晚于白云石。国外的相关研究表明，该种结构的铁白云石形成温度可高达 110℃(Schmid et al.，2004)，略大于现今取样层位的实际地层温度(100～106℃)，说明铁白云石是晚期成岩作用产物。高岭石在该区十分发育，并且多和固体沥青相伴生，沉淀在长石溶蚀后的剩余孔隙中[图 6.10(d)、图 6.10(e)]。此外，扫描电镜观察表明，微晶石英和高岭石及固体沥青可以同时存在于孔隙中[图 6.10(f)]，并且不同程度地溶蚀了铁白云石，推断这三种成岩-成藏产物很可能是最晚一期形成的，其形成与该区的天然气充注有关。

(三) 流体包裹体岩相学特征和期次划分

克拉 2 储层砂岩中的烃类包裹体比较发育，主要产于石英愈合裂隙，碎屑颗粒边部和碳酸盐胶结物中。但是，与之伴生的盐水包裹体非常稀少。基于包裹体的产状和荧光颜色，可以将克拉 2 气田的巴什基奇克组储层中的烃类包裹体划分为三期：第一期烃类包裹体显示黄褐色荧光，直径较小，为 1～15μm，气液比为 0～30%，呈浑圆状或是不规则形态产于碎屑颗粒的愈合裂隙[图 6.11(a)、图 6.11(b)]、长石的解理[图 6.11(c)]，和早期方解石中[图 6.11(a)、图 6.11(b)]。荧光光谱分析显示，该期油气包裹体成熟度较低，谱峰范围为 500～550nm，峰值为 523nm(图 6.12)。第二期烃类包裹体显示黄白-蓝白色荧光，直径较大，为 20～30μm，气液比为 5%～25%，呈椭圆或是不规则状产于石英颗粒边部[图 6.11(c)、图 6.11(d)]和晚期白云石中[图 6.11(e)、图 6.11(f)]。荧光光谱分析显示，该期包裹体成熟度较高，谱峰范围为 475～525nm，峰值为 495nm(图 6.12)。第三期主要为灰黑色气烃包裹体，无荧光显示，直径为 15～20μm，呈圆形或长条形产出，多数产于石英愈合裂隙中[图 6.11(g)]，偶尔在铁白云石胶结物中也可以见到该类型的包裹体[图 6.11(h)]。

符合测温条件的包裹体数量很少，本次研究总计测试了 3 个烃类包裹体和 20 个与不同期次烃类包裹体相伴生的盐水包裹体的均一温度。图 6.13 为研究区烃类包裹体及相伴生的盐水包裹体的均一温度直方图。第一期黄褐色荧光包裹体的均一温度在 80℃左右，与之伴生的盐水包裹体的均一温度为 95～120℃。第二期黄白-蓝白色荧光包裹体的均一温度为 93℃，与之伴生的盐水包裹体均一温度为 114～123℃。与第三期气烃包裹体相伴生的盐水包裹体均一温度为 123～178℃。考虑到油气流体充注的连续性，此次研究将每一期伴生盐水包裹体的最小均一温度作为该期油气流体的捕获温度。因此，克拉 2 气田巴什基奇克组砂岩储层中第一期油气流体的捕获温度为 95℃，第二期为 114℃，第三期为 123℃。

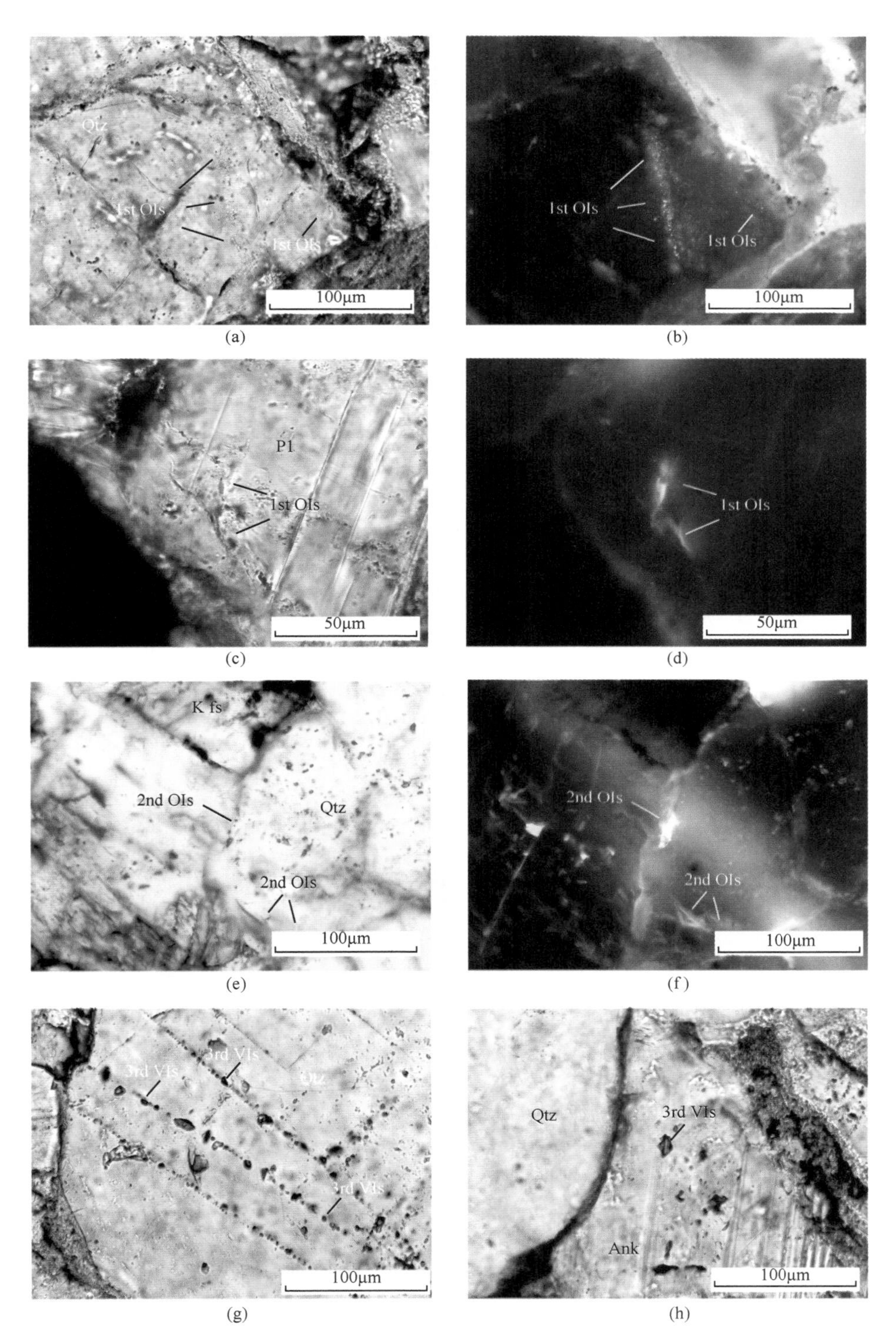

图 6.11 巴什基奇克组砂岩烃类包裹体显微特征照片

Qtz. 石英；Pl. 斜长石；Kfs. 钾长石；Ank. 铁白云石；1st OIs. 第一期烃类包裹体；
2nd OIs. 第二期烃类包裹体；3rd VIs. 第三期气烃包裹体

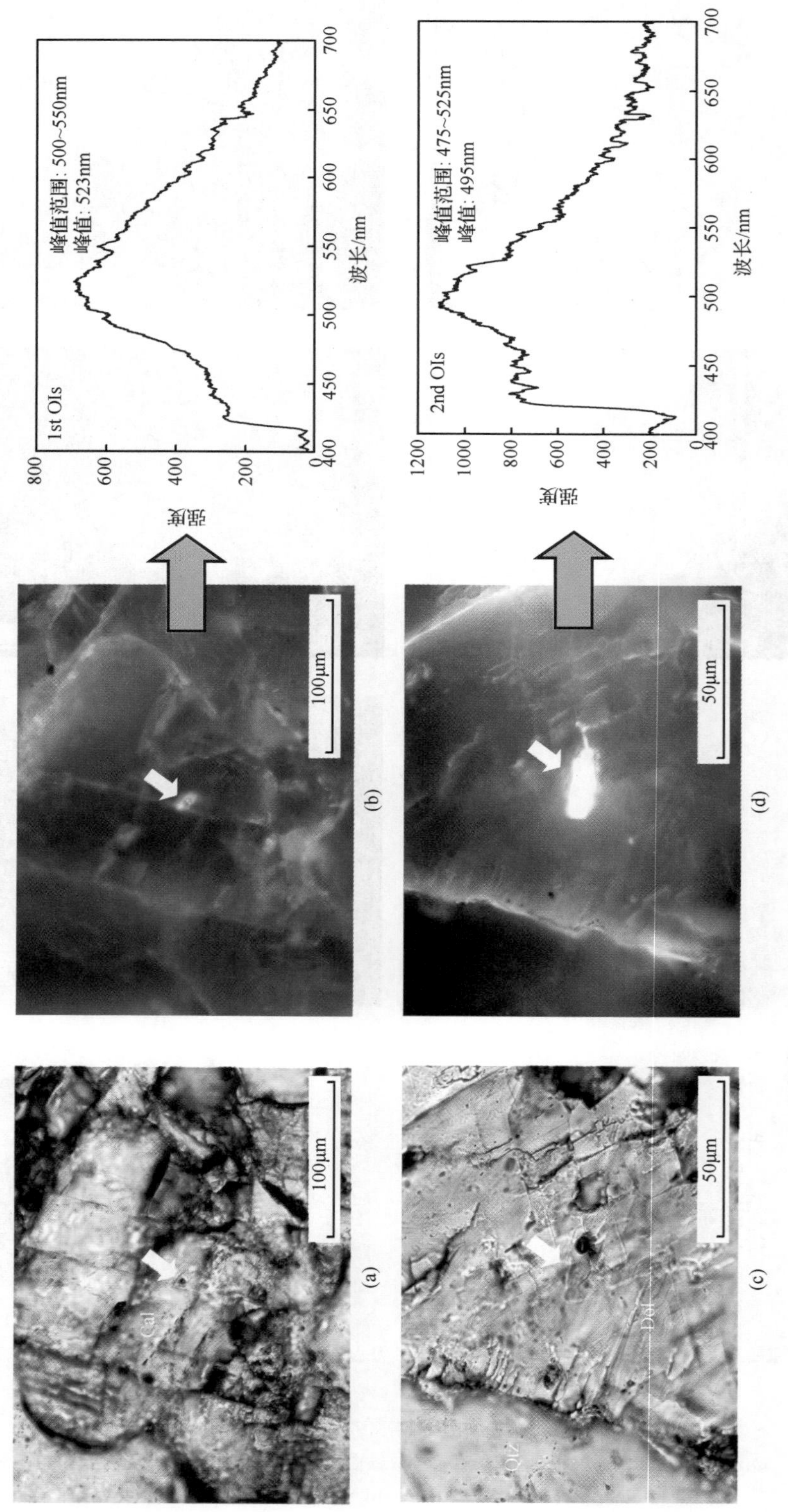

图 6.12 巴什基奇克组砂岩两期烃类包裹体显微特征和荧光光谱曲线

由于与烃类包裹体相伴生的盐水包裹体体积较小，测温时相态观察困难，本次研究仅测试了其中的 14 个盐水包裹体的冰点。如图 6.13 所示，不同期次的包裹体盐度和均一温度具有较好的相关性。第一期和第二期流体流体包裹体的盐度较高，为 17.34wt%～20.52wt%；第三期流体流体包裹体的盐度较低，为 13.94wt%～18.13wt%，与现今的地层水盐度接近。

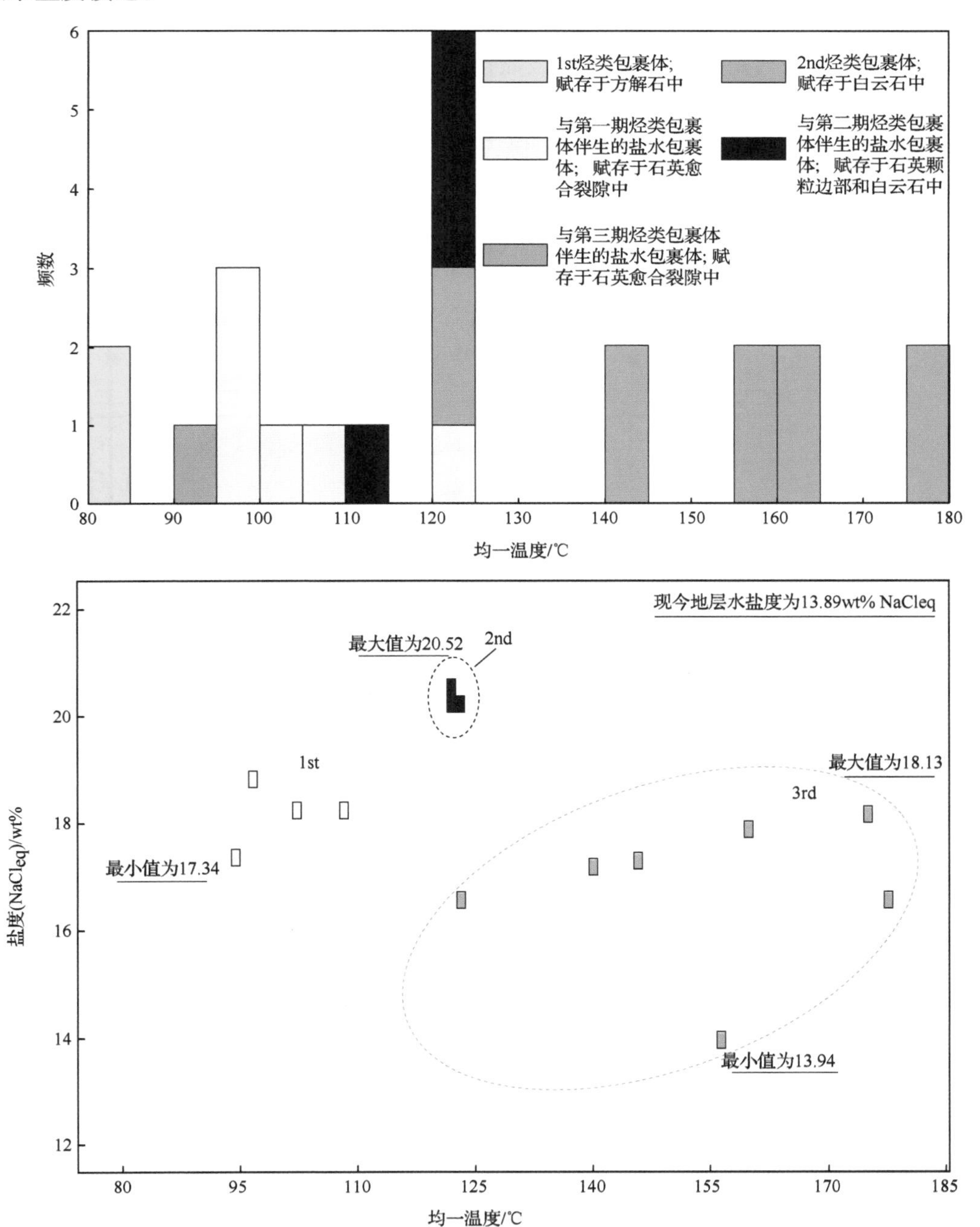

图 6.13　烃类包裹体及伴生盐水包裹体均一温度直方图

（四）克拉 2 地区成岩-成藏序列

流体包裹体、成岩作用结合热埋藏史曲线研究显示（图 6.14），克拉 2 气田巴什基奇克组储层总计发生了三期油气充注事件：第一期油气充注时间为 18Ma，以赋存在碎屑颗粒的愈合裂隙、长石的解理缝和早期方解石胶结物中的黄褐色烃类包裹体为代表，捕获温度较低，为 95℃；盐度较高，为 17.34wt%～18.8wt%；成熟度低，荧光光谱峰值为 523nm。第二期油气充注时间为 6Ma，以赋存在石英颗粒边部和晚期白云石胶结物中的黄白-蓝白色荧光包裹体为代表，捕获温度较高，为 114℃；盐度最高，为 20.22wt%～20.52wt%；成熟度高，荧光光谱峰值为 495nm。第三期主要为天然气充注，充注时间为 2Ma，以赋存在石英愈合裂隙和晚期铁白云石胶结物中不发荧光的气烃包裹体为代表，捕获温度最高，为 123℃；盐度较低，为 13.94wt%～18.13wt%，接近现今地层水的盐度（13.89wt%）。

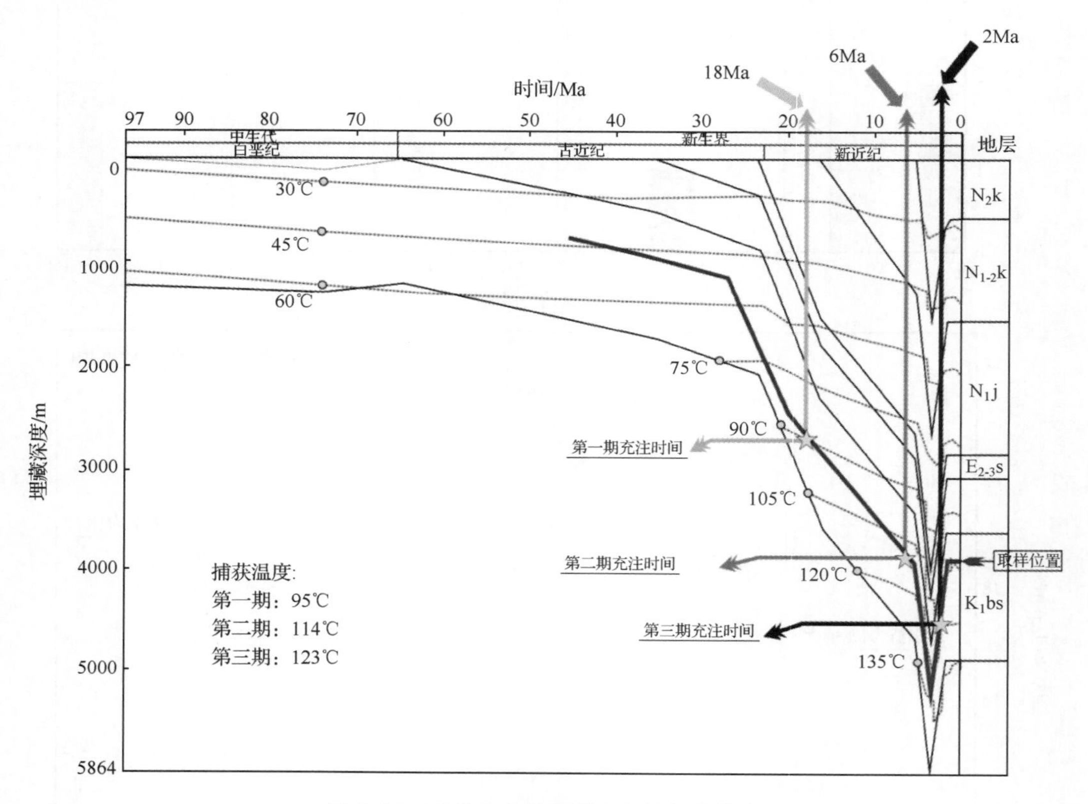

图 6.14 克拉 201 井埋藏史与油气充注史

伴随着油气流体的充注必然会导致储层的次生变化，而成岩矿物及赋存在成岩矿物中的烃类包裹体则可以很好地记录下这些变化。克拉 2 气田储层砂岩中的自生石英非常稀少，而且没有观察到任何长石加大现象。相同的结论在国外的同类型研究中也可见到：Girish 等（1992）的研究表明，在同一层位中，油层砂岩中石英和长石加大边的含量要远小于水层中的砂岩，说明油气的充注抑制了这些硅质矿物的沉淀。

此外，克拉 2 储层砂岩中自生高岭石比较发育，并且和自生微晶石英、沥青同时沉淀在长石溶蚀后的孔隙中。CT 扫描也显示这些储层沥青多与高岭石相伴生，并且可以占到整个岩石体积的 1%左右。推断这三种成岩-成藏产物很可能是因晚期油气充注而同时形成的，证据如下：①勘探表明，克拉 2 气田是一个含气丰度非常高的干气气藏，并且伴生有少量的凝析油，说明其下伏烃源岩的成熟度非常高。当这些油气沿断裂进入储层时必定会伴随着油气裂解产生的有机酸充注，当这些有机酸进入到储层后，便会与长石颗粒发生化学反应，进而沉淀出高岭石和微晶石英；②测井结果表明，现今克拉 2 气田储层中存在一个近 300m 的气层，储层中沥青是晚期天然气成藏时大规模气洗作用形成的（卓勤功等，2011；鲁雪松等. 2012）。这些高成熟的油气流体充注，一方面带来了数量可观的高温有机酸流体，溶蚀长石形成高岭石和微晶石英；另一方面大量的天然气充注可以萃取先期赋存在高岭石晶间孔隙中早期原油的轻质组分，形成储层沥青。③该区高岭石是最晚期的成岩产物（邹华耀，2005），形成时间要晚于铁白云石。原因如下：第一，高岭石与固体沥青同时沉淀于长石溶蚀后的孔隙中并与铁白云石接触，且不同程度溶蚀铁白云石[图 6.11(b)、图 6.11(d)]，说明其形成时间要晚于铁白云石；第二，克拉 2 巴什基奇克储层上部被巨厚的膏岩盐层所封闭，大气降水很难进入到储层中。但是在其下部，逆冲断层非常发育，使储层处于一个半开放的体系中，下部侏罗系煤系地层中排出的有机酸可以沿着这些断裂通道进入储层中溶蚀长石等碎屑颗粒形成高岭石。据此推测该区高岭石并非大气水淋滤形成的早期成岩作用产物（Meisler et al.，1984；Morad et al.，2000；Ketzer et al.，2003）；而可能是下部有机酸沿断裂注入储层，溶蚀长石后形成的晚期成岩作用产物（Surdam et al.，1984；van Keer et al.，1998）。

在以上研究的基础上，结合成岩共生序列，克拉 2 地区三期油气流体充注与成岩矿物先后顺序如图 6.15 所示：第一期油气充注之前形成的成岩矿物组合为石英次生加大边和早期方解石，并以黄褐色荧光包裹体的形式记录于方解石胶结物中；第二期油气流体充注前的成岩矿物组合为石英次生加大边，方解石和白云石，并以黄白-蓝白色荧光包裹体的形式记录于白云石胶结物中；第三期天然气充注前的成岩矿物组合为石英次生极大边、方解石、白云石和铁白云石，并以不发荧光气烃包裹体的形式记录于铁白云石中。克拉 2 地区油气充注以第二和第三期高成熟油气流体为主，尤其是天然气，是该区最晚成藏的流体。这些天然气多以气烃包裹体的形式被记录在晚期铁白云石胶结物中，有时这些气烃包裹体甚至可以切穿整个石英颗粒[图 6.11(g)]。以上研究证明，克拉 2 地区的天然气成藏时间很晚，并以同时期沉淀于孔隙中的自生高岭石、微晶石英和储层沥青的成岩-成藏形式记录下来。

（五）克拉 2 地区油气成藏过程

在以上研究的基础上，结合该区的构造演化史、生烃演化史，总结克拉 2 地区成岩-成藏演化史如图 6.16 所示，认为克拉 2 气田具有中新世早中期（N_1）原油充注、上新世库车组沉积期（N_2）高成熟油气充注和破坏、第四纪（Q）以来过成熟干气充注的三期成藏过程。

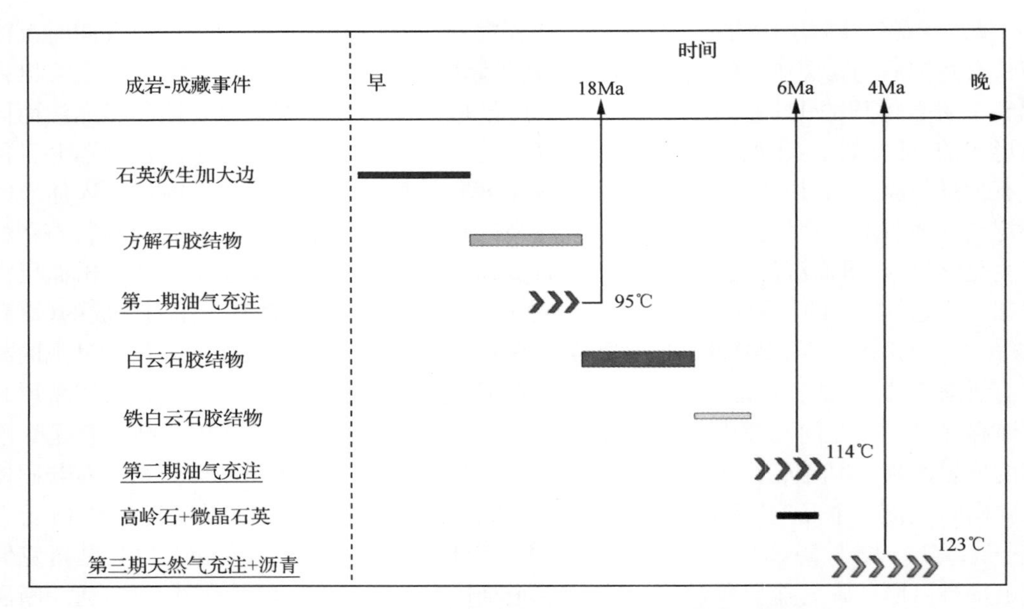

图 6.15 克拉 2 气田巴什基奇克组砂岩成岩-成藏共生序列

古近纪末期—新近纪初期，三叠系湖相烃源岩 R_o 值达到 1.3%～1.6%，进入高成熟演化阶段，而侏罗系煤系烃源岩 R_o 值仅为 1.0%左右。喜马拉雅早期的构造挤压运动使克拉 2 断背斜初具规模，中新世早中期大量三叠系高成熟油气和少量侏罗系成熟原油沿断层向上运移形成了古油气藏。这一时期的油气流体以赋存在石英愈合裂隙和早期方解石中的黄褐色烃类包裹体为代表，拥有较低的充注温度和较高的盐度，充注时间为 18Ma。储集层自生伊利石测年数据一般代表了最早成藏时间，对克拉 2 气藏储集层岩心样品的自生伊利石 K-Ar 测年结果为 9.8Ma±1.0Ma～13.9Ma±1.4Ma，指示早期原油充注时间基本为康村组沉积期。与之相邻的迪那 201 井白垩系储集层中自生伊利石年龄为 15.47～25.49Ma(张有瑜等，2004)，与克拉 2 气田基本相当，反映库车拗陷在中新世的早期成藏作用可能具有区域性。

库车组沉积早期，烃源岩快速埋藏，三叠系湖相烃源岩进入生干气阶段，侏罗系煤系烃源岩进入高成熟阶段，生成大量的轻质油气，此时构造挤压作用加强，克拉 2 断背斜圈闭高度增加，大量新生油气顺油源断层进入克拉 2 圈闭，形成古油柱超过 350m 的轻质油气藏。直到现在，克拉 2 气田还会产出少量的高成熟度轻质油。这说明，克拉 2 地区的第二次油气充注的强度和规模远超过第一期。这一时期油气流体以赋存在石英颗粒边部和晚期白云石胶结物中的黄白-蓝白荧光包裹体为代表，拥有较高的充注温度和盐度，充注时间为 6Ma。该阶段充注的天然气对早期原油有一定的气洗脱沥青作用，如发现的油-气-沥青三相包裹体常与第Ⅱ期无色、发蓝白色荧光的油气包裹体相伴生。

但库车组沉积期末强烈的构造运动导致穿盐断层继续活动，克拉 2 地区抬升剥蚀厚度在 2000m 以上，使古油气藏沿着断层向上漏失而部分产生破坏，处于散失量大于充注量的动态平衡过程。关于这一期古油气藏发生破坏的证据如下：①克拉 2 气藏的天然气甲烷、乙烷碳同位素异常重，$\delta^{13}C_1$ 为－28.24‰～－26.16‰，$\delta^{13}C_2$ 为－19.4‰～

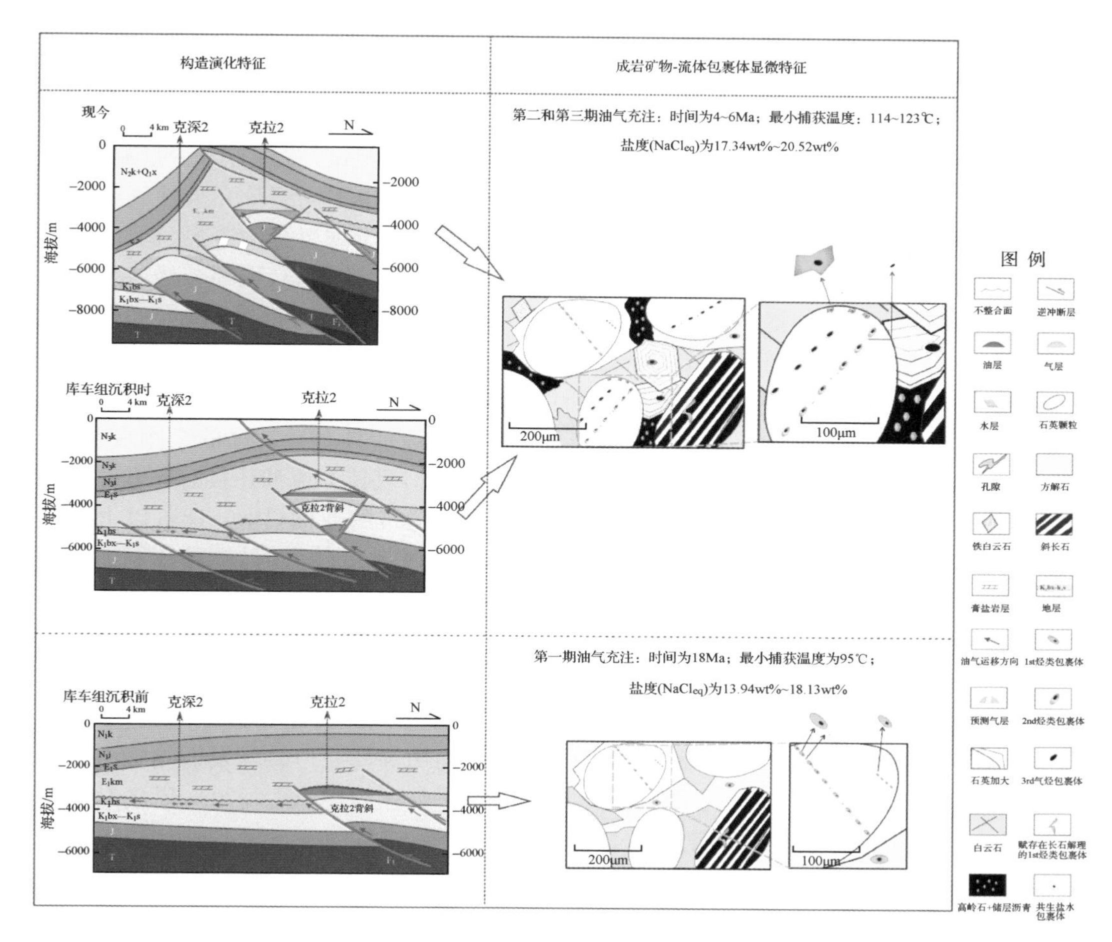

图 6.16 克拉 2 气田成岩-成藏演化图

－16.8‰，远高于库车拗陷其他含气构造。赵孟军和卢双舫(2003)及赵孟军等(2005)认为克拉 2 气田早期捕获的天然气散失，而主要聚集了烃源岩在高-过成熟阶段生成的天然气，从而导致克拉 2 气藏中的天然气碳同位素异常重。克拉 2 气田晚期聚气的特征也从碳同位素动力学方面得到了证实(李贤庆等，2004)。②克拉 2 构造浅层气测显示普遍，克拉 2 井新近系库车组、康村组、吉迪克组多套砂岩层综合解释为差气层，荧光显示呈黄色，是油气向上漏失的证据。③在克拉 2 构造 F_1 断层附近地表发现了大量油气显示，是克拉 2 古油气藏沿 F_1 断层发生泄漏的直接证据。④颗粒荧光剖面揭示古油-水界面比现今气-水界面低，说明油气藏曾发生过破坏(图 5.13)。在古油藏深度范围内的储集层样品中，油气包裹体大量发育，据邹华耀等(2005)统计烃类包裹体相对丰度多大于 60%，储集层中残余的沥青及孔隙和裂缝中的荧光显示都进一步证明了古油藏的存在。克拉 201 井现今气-水界面埋深为 3935m，但在 3925.0～3939.0m 气-水同层的岩心中见到了油浸现象；3990m 以浅的储集层岩石热解 S_0、S_1、S_2 值均较大，最大值为 0.4mg/g，具油层特征，且深度范围超过现今气柱高度。这些都证明克拉 2 构造曾存在厚约 350m 的古油藏。

第四系西域组沉积至今，快速冲断挠曲沉降使侏罗系煤系烃源岩进入高-过成熟阶段，生成大量干气，此时构造运动相对减弱，圈闭逐渐定型，膏盐岩盖层随埋深增大转为塑性特征，穿盐断裂封闭，深部高压侏罗系高-过成熟煤成气沿断层大量快速充注，并对早期残留原油产生了强烈气洗脱沥青作用，从而形成了现今的干气藏，并具有带少量凝析油、储集层中有大量残余沥青的特征。在遭受气洗作用时，原油中不同组分在天然气中的溶解度不同，由于轻组分的正构烷烃在天然气中的溶解度远高于重组分的芳烃、稠环芳烃、石蜡等，气洗通常会造成原油中正构烷烃的大量散失，同时导致芳烃、稠环芳烃、蜡质、沥青质等重组分在原油中的富集，这一现象被称为“蒸发分馏”作用(Thompson，1987；苏爱国等. 2000；Losh et al.，2002；张斌等. 2010)。原油色谱分析表明，克拉 201 井、克拉 205 井原油中轻组分正构烷烃缺失严重；凝析油轻烃中苯、甲苯含量相对较高，而正己烷、正庚烷等正构烷烃含量相对较低(图 6.17)；克拉 2 气田原油具有异常高的金刚烷含量，且金刚烷含量与原油的芳香度具有良好的正相关性，此外，克拉 2 原油还具有非常高的稠环芳烃含量，芘、屈、萤蒽等化合物含量都远高于其他构造带的原油(图 6.18)，以上都说明克拉 2 气田原油曾遭受过强烈气洗作用的改造。当气洗程度较大时，会导致原油发生脱沥青作用形成沥青质沉淀。显微观察在储集层中发现了较多的黑色干沥青，这些沥青主要分布于粒间残余孔缝、碳酸盐胶结物晶间缝中，沥青形成时间晚于石英加大边和胶结物形成时间(图 6.19)。对沥青反射率测定结果表明，这些沥青的反射率较低，并不是原油裂解形成的沥青。从沥青的产状、反射率、原油裂解发生的条件都可以判断，这些沥青应属于原油遭受晚期气洗作用形成的沥青质沉淀(卓勤功等，2011)。场发射扫描电镜观察揭示黑色干沥青主要分布在白云石交代方解石的剩余孔洞中(图 6.20)，形成时间很晚，进一步证实黑色沥青应是晚期强烈气洗作用的产物。这一时期的油气流体以赋存在石英愈合裂隙和晚期铁白云石胶结物中的不发荧光的气烃包裹体为代表，拥有着最高的充注温度，但是盐度较低，接近于现今地层水的盐度(图 6.13)。构造挤压条件下产生的大量裂缝及早期残留储集层沥青形成的网络系统可能是晚期天然气快速充注的主要渗流通道。现今气藏以距今 2Ma 以来捕获的高-过成熟天然气为主。

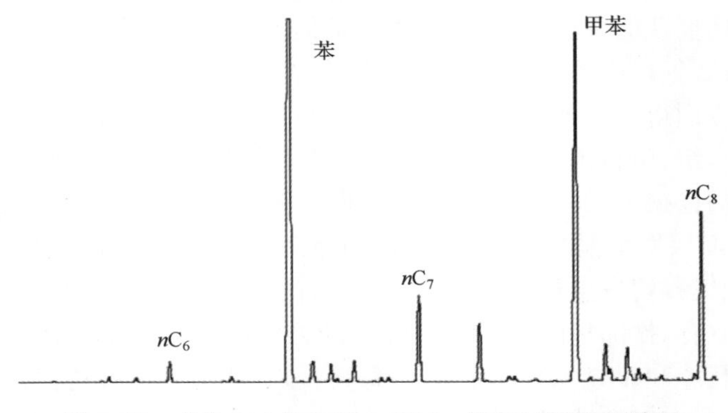

图 6.17　克拉 203 井 3698～3716m 凝析油轻烃色谱图

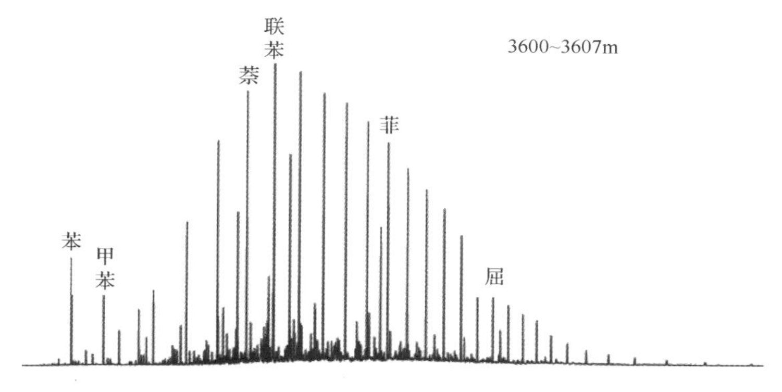

图 6.18 克拉 201 井原油芳烃色谱图

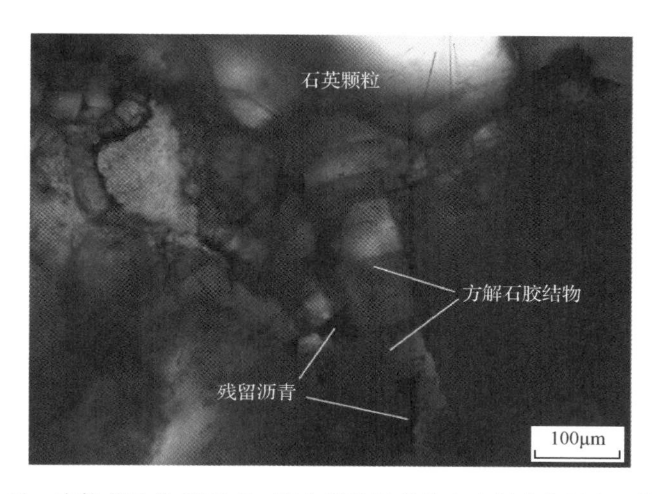

图 6.19 克拉 205 井 3376.7m 下白垩统巴什基奇克组残余沥青显微照片

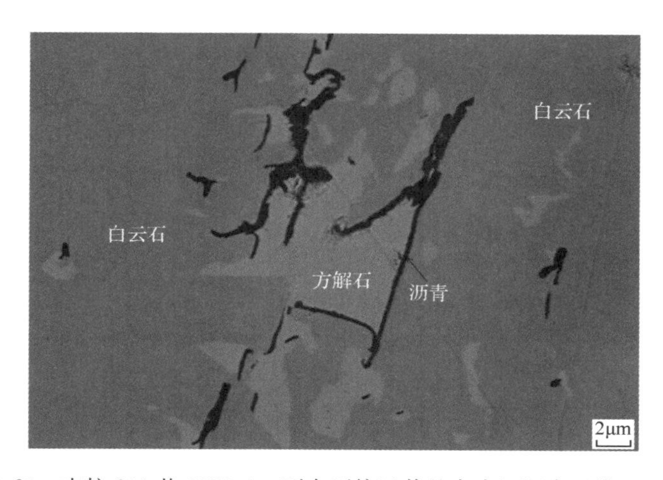

图 6.20 克拉 201 井 3979.8m 下白垩统巴什基奇克组沥青显微 CT 照片

二、克深 2 地区储层成岩-成藏序列与成藏过程

（一）克深 2 气田基本概况

克深 2 气藏位于库车拗陷克拉苏构造带克深区带的克深 2 号构造。克深 2 号构造所处的克深区带是克拉苏构造带的第三排区带，南北分别以断层为界线与克深南区带、克深北区带相邻。构造带发育于新近纪晚期，以发育古近系大型盐下局部构造为特征，局部构造隆起幅度高，面积大，为油气聚集的有利场所，目前已经发现的千亿方规模的大北 1、克深 2 气藏均位于该构造区带。克深 2 气藏中部深度为 6915m，地层温度为 169℃，属正常的温度系统，气藏中部深度处压力为 112.92MPa，压力系数为 1.63。天然气甲烷含量高，平均为 97.45，重烃（C^{2+}）含量很小，氮气（N_2）含量低，平均为 1.14%，CO_2 含量平均 0.806%，不含 H_2S；干燥系数（C_1/C^{1+}）高，可达 0.994。

古近系巨厚的膏盐层是库车拗陷最优质的区域性盖层，同下覆的白垩系砂岩组成区域性的储盖组合，同古近系白云岩段构成次一级储盖组合。克深 2 号构造是一个完整背斜，地震剖面同相轴连续性较好，小断层并不发育，且克深 2 井古近系白云岩段底与底砂岩段之间存在 48m 的膏泥岩段，这套泥岩段区域上是稳定分布的，因此，目前暂且认为白云岩段和白垩系砂岩段各自具有独立的压力系统和气-水界面，分属于两个气藏。克深 2 气藏类型为边水层状、高压、背斜型、干气气藏（图 6.21）。

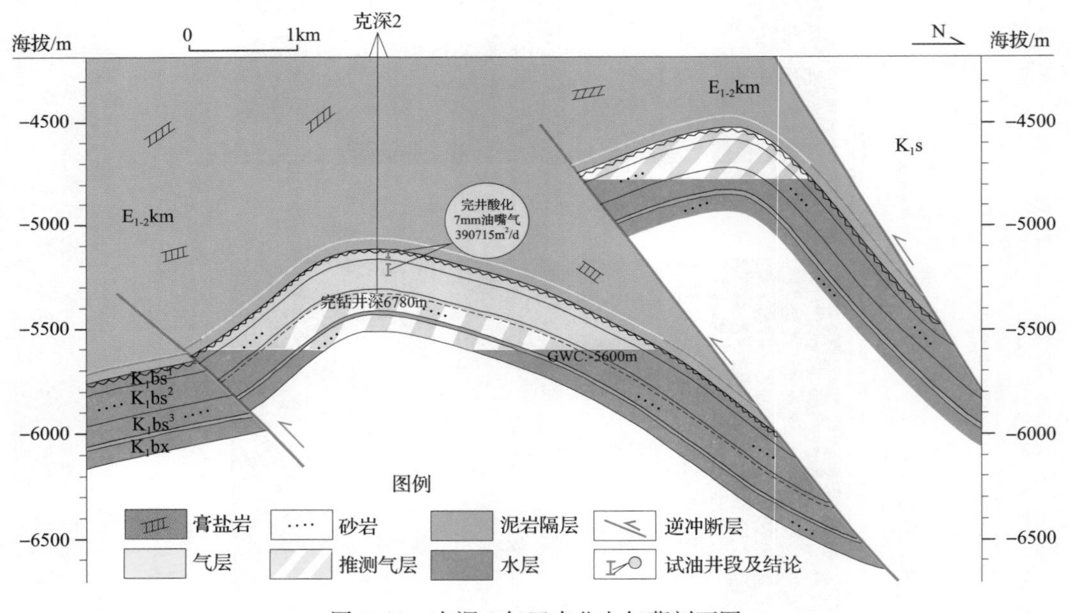

图 6.21　克深 2 气田南北向气藏剖面图

（二）成岩矿物特征及成岩序列

系统的薄片鉴定表明，克深 2 井区巴什基奇克组储层砂岩中的自生矿物组成为黏土

矿物包壳、石英次生加大边、早期泥晶方解石、晚期亮晶方解石、白云石和伊利石。此外，孔隙中还发育有一定量的固体沥青。黏土矿物包壳为该区最早形成的成岩产物，以贴附颗粒边部的形式产出，形成黏土矿物包壳，在显微镜下显示为一条彩色的亮带[图 6.22(a)]。与黏土矿物包壳准同期形成的自生矿物是泥晶方解石，这些方解石晶体粒径普遍小于 1μm，并且有被早期油气流体侵蚀的痕迹[图 6.22(b)]。石英次生加大边形成时间稍晚于早期泥晶方解石，显微镜下可见在石英加大边和碎屑石英颗粒的接触部位存在一条黏土线，局部可见石英加大边被早期酸性流体所溶蚀[图 6.22(c)]。考虑到该区的石英加大边不发育，仅局部可见，且被早期油气流体所溶蚀，推测第二期亮晶方解石的形成时间要晚于石英加大边。因为本期亮晶方解石极少被上述酸性油气流体溶蚀，而且这些方解石紧挨着早期的泥晶方解石沉淀于孔隙中，推测该期亮晶方解石很可能是早期的泥晶方解石在埋藏深度加大、温度升高后重结晶形成的。这些重结晶的方解石晶体较大，粒径多数大于 20μm[图 6.22(d)]，与早期泥晶方解石相比，本期亮晶方解石极少被油气流体溶蚀，仅局部可见。白云石区内最主要的胶结物，阴极射线下显示橘红色光[图 6.22(e)]，显微镜下呈菱形晶体产出，并且交代亮晶方解石[图 6.22(b)]，形成时间晚于亮晶方解石。伊利石是该区最晚形成的自生矿物，克深 2-2-1 井储层砂岩孔隙中的伊利石十分发育，扫描电镜下呈毛发状产出[图 6.22(f)]，扫描电镜和偏光显微镜下均可见到这些毛发状伊利石垂直碎屑颗粒的边部生长，同时伴生有一定量的固体沥青[图 6.22(g)、图 6.22(h)]，推测这些自生伊利石矿物沉淀时间与晚期油气充注和沥青形成时间一致。

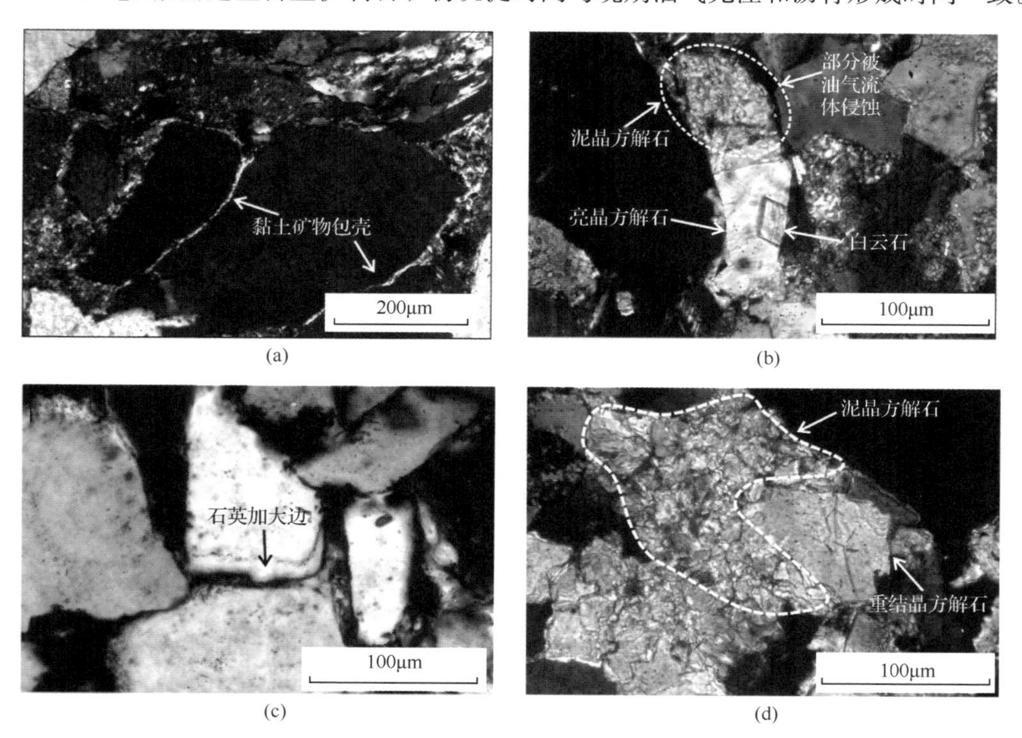

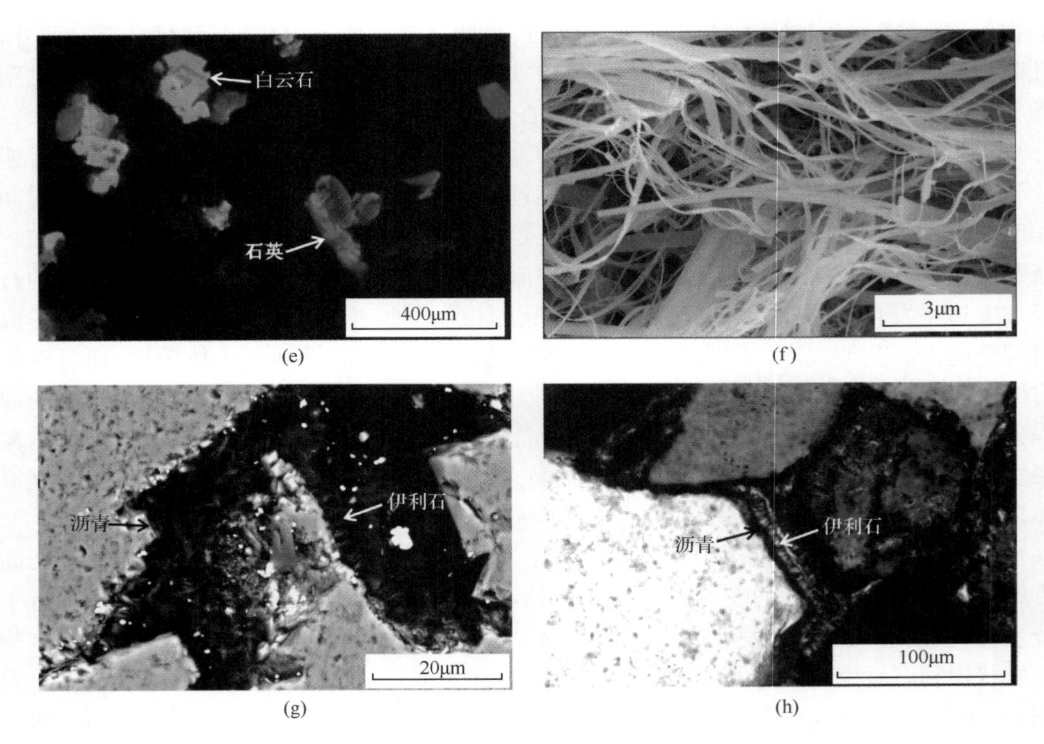

(e) (f)

(g) (h)

图 6.22 克深地区储层砂岩成岩作用典型照片

（三）流体包裹体岩相学特征和期次划分

与克拉 2 相比，克深 2 地区的烃类包裹体不发育，主要以气烃包裹体为主，产出形式也比较单一，主要以愈合裂隙的形式产于石英和长石中。没有在碳酸盐胶结物中找到烃类包裹体及与之伴生的盐水包裹体。按照烃类包裹体的产状和荧光颜色，可以将克深地区的流体包裹体划分为两期：第一期烃类包裹体显示黄-黄白色荧光，直径很小，多数小于 1μm。呈不规则状或是近似圆形产于长石颗粒的愈合裂隙中[图 6.23(a)、图 6.23(b)]，呈椭圆状或浑圆状产于石英颗粒的愈合裂隙中[图 6.23(c)、图 6.23(d)]。第二期是气烃包裹体，个体较大，直径为 3～10μm，无荧光显示，呈串珠状或带状产于石英颗粒的愈合裂隙中[图 6.23(e)、图 6.23(f)]。

（四）克深 2 地区成岩-成藏序列

克深 2 井区巴什基奇克组储层砂岩中的烃类包裹体不发育，所以与之伴生的可供测温的盐水包裹体十分稀少。本次仅在第二期气烃包裹体中找到了一些能够测温的伴生盐水包裹体。这些与气烃包裹体相伴生的盐水包裹体，其均一温度区间为 150～160℃，冰点温度为 −4～−8℃，相对应的盐度为 6.45wt%～11.70wt%。结合热埋藏曲线，基本确定该区晚期天然气充注时间应该为 2.5～2Ma(图 6.24)。

在上述研究的基础上，结合成岩共生序列，克深地区两期油气流体充注与成岩矿物先

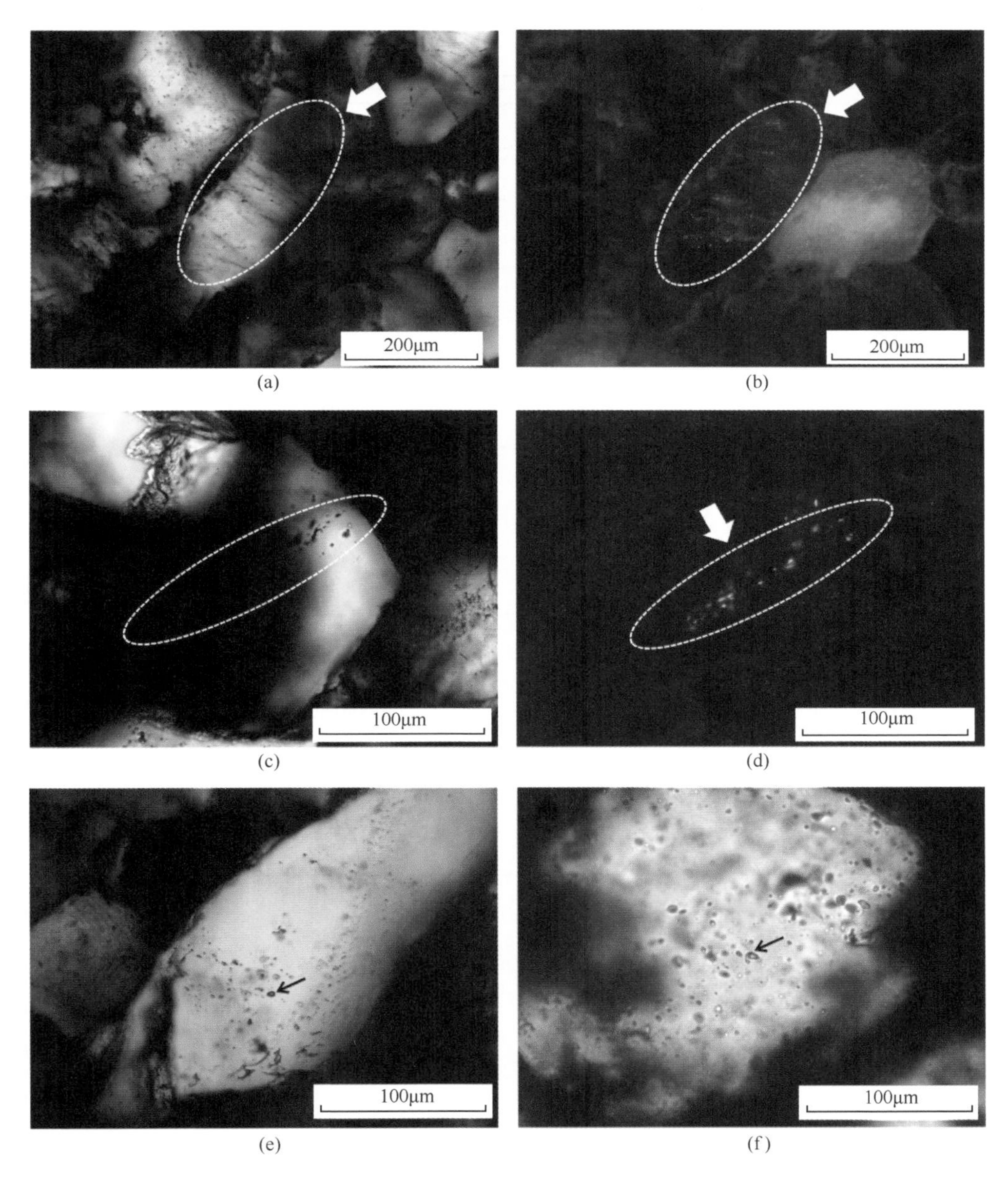

图 6.23　克深 2 地区油气包裹体镜下特征

后顺序如图 6.25 所示:第一期油气充注之前及同期形成的成岩矿物组合为黏土矿物包壳,早期泥晶方解石,石英次生加大,亮晶方解石和白云石,并以黄色-黄白色荧光包裹体的形式记录于长石和石英颗粒的愈合裂隙中;该期油气充注相当于克拉 2 气田油气充注的第二期,时间为 6Ma 左右。第二期天然气充注前的成岩矿物组合为伊利石和储层沥青,并以不发荧光气烃包裹体的形式记录于石英愈合裂隙中。在第一期油气充之后,克深地区部分砂岩进入到中成岩 B 期,部分晶形完好的毛发状自生伊利石生成,此时,储层的成岩作用温度可能为 150～180℃,早期原油发生热裂解最后以沥青的形式残存下来,并

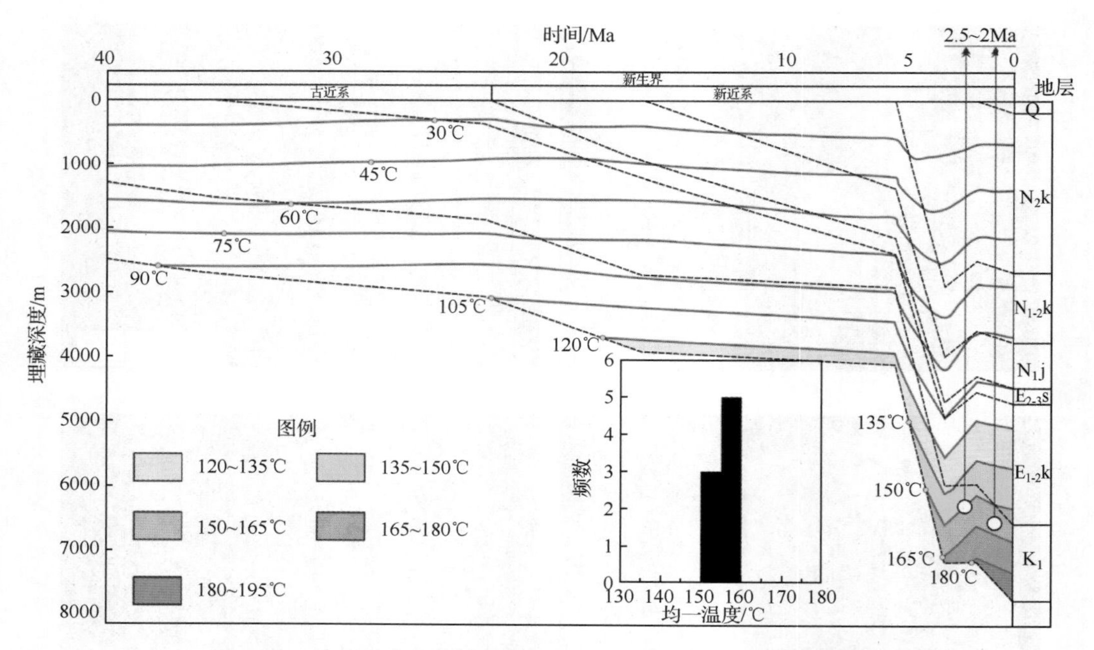

图 6.24 均一温度结合热史曲线确定油气充注时间(克深 201 井)

导致部分自生伊利石发生了绢云母化。天然气充注应该稍晚于自生伊利石,是该区最晚成藏的流体,时间为 2Ma 左右。

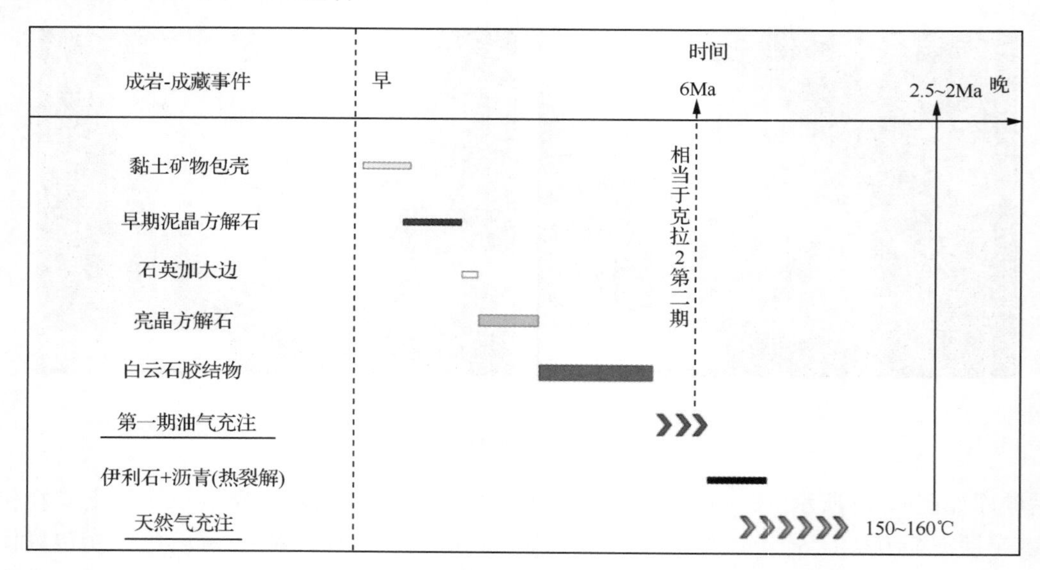

图 6.25 克深 2 地区巴什基奇克组砂岩成岩-成藏共生序列图

(五) 克拉-克深地区成岩-成藏特征对比

在以上研究工作的基础上,现将不同期次的克拉-克深地区成岩-成藏综合特征对比如图 6.26 所示：第一期成藏-成岩特征：克拉地区的充注时间大约为 18Ma，成藏流体特征为低温高盐度、重质油，同期形成的成岩矿物共生组合为早期碳酸盐；克深地区没有发现该期油气成藏记录，同期形成的成岩矿物共生组合为石英次生加大边和碳酸盐；第二期成藏-成岩特征：克拉地区的充注时间为 6Ma，成藏流体特征为高温、高盐度、轻质油流体，同期形成的成岩矿物共生组合为高岭石和微晶石英；克深成岩-成藏特征与之对应，以发育在石英愈合裂隙中的黄白-白色荧光包裹体为代表；第三期成藏-成岩特征：克拉地区的充注时间为 2Ma，成藏流体特征为高温低盐度的天然气；克深天然气充注要晚于克拉地区，此时期的主要成藏变化是早期油气在高温作用下裂解成储层沥青。同期形成的成岩产物主要是伊利石和被热液蚀变的碎屑石英颗粒，特征就是颗粒表面上有橘红色碳酸盐的蚀变条带。随着成岩作用和晚期天然气充注的持续进行，克拉-克深区带表现出不同的成岩-成藏特征：克拉区带晚期成岩作用受制于天然气影响，成岩-成藏组合为高岭石＋储层沥青；克深地区晚期成岩则主要是深埋成岩作用和晚期天然气充注的共同作用的结果，其成岩-成藏产物组合为储层沥青和自生伊利石，且部分伊利石绢云母化。

克拉区带成岩成藏序列				克深区带成岩成藏序列			
成岩特征	成藏特征	成藏时间	显微证据	成岩特征	成藏特征	成藏时间	显微证据
早期碳酸盐	低温、高盐度、重质油	18Ma	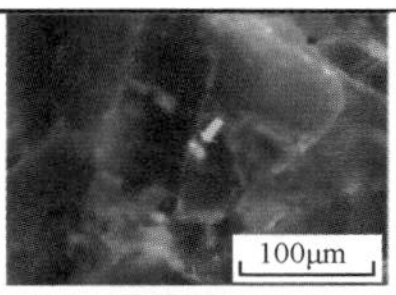	石英加大边+碳酸盐			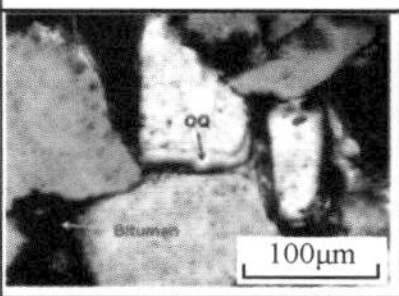 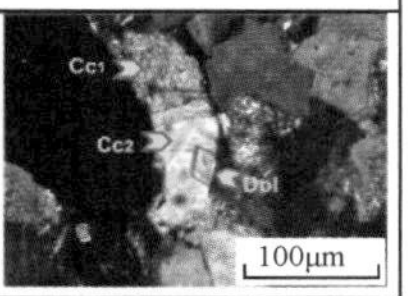
高岭石+微晶石英	高温、高盐度、轻质油	6Ma	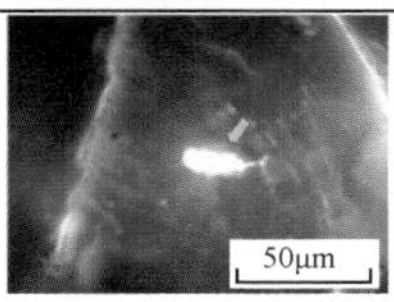	石英愈合裂隙	高成熟、轻质油	6Ma	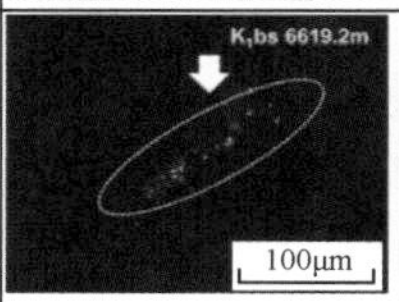 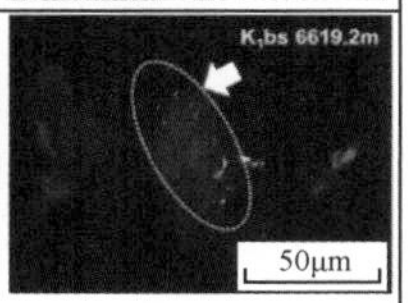
高温低盐度天然气充注~120℃		2Ma	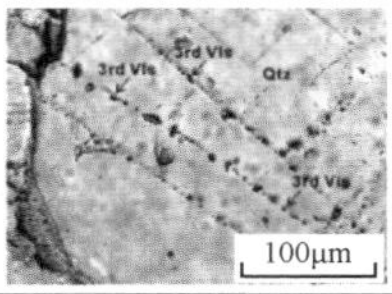	石英颗粒热蚀变+伊利石	储层沥青	6~2Ma	 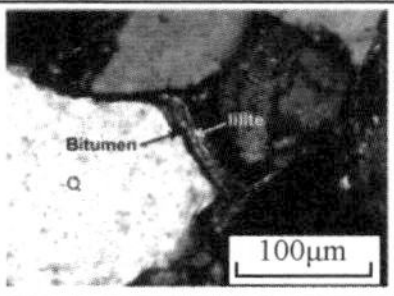
储层沥青		~2Ma		天然气150~160℃		~2Ma	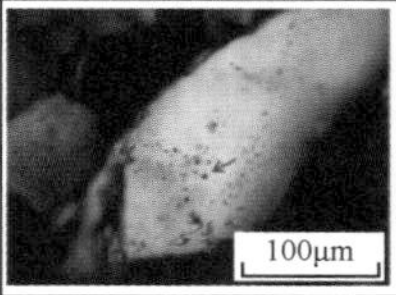 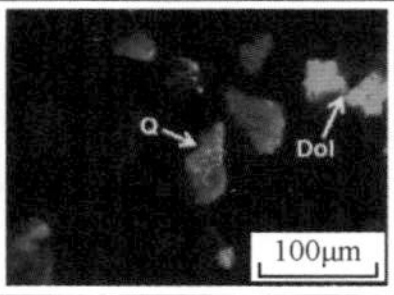

图 6.26 克拉-克深地区成岩-成藏特征综合对比

克拉-克深地区具有这样的成岩-成藏序列特征与该区的构造演化时序是息息相关的。克拉-克深地区构造演化模式为挤压前展式（图 6.27），克拉区带圈闭发育早、定型晚，克深区带圈闭形成晚，该区断裂走向多为近东西向，断距大，晚期克深构造形成过程中使克拉圈闭抬升幅度增高，早期古油藏被破坏。

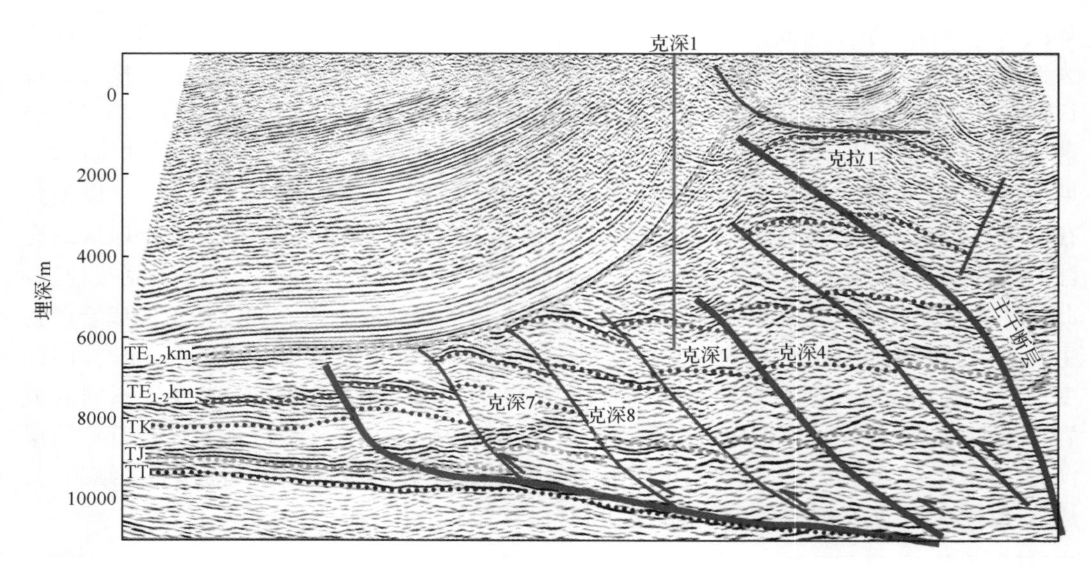

图 6.27 克拉地区前展式构造模式

总结克拉-克深地区成藏过程如图 6.28 所示：克拉-克深地区发育两个阶段的成岩作用和三期油气充注过程。成藏-成岩特征如下：克拉地区具有早晚多期充注、后期改造、成岩作用较弱的特征；克深地区具有晚期成藏、成岩作用较强、储层致密、深部发育优质裂缝型储层的特征。

在埋藏成岩作用阶段，克拉-克深地区砂岩的成岩作用强度相当，但由于与物源区距离的不同，克拉区带储层砂岩多以长石岩屑砂岩为主，而克深地区则主要为岩屑长石砂岩。同时该阶段也是克拉地区第一期油气流体充注时期，依据流体包裹体结合热埋藏史定年确定克拉区带油气的充注时间大约为 18Ma。此时，克深地区没有形成有效的圈闭，故该期流体只是路过克深地区，没有成藏。相比之下，克拉地区已经形成了一定圈闭（古构造），部分原油被存储在克拉 2 圈闭中，同时也以包裹体的形式被记录下来。在构造挤压成岩作用阶段，克拉 2 背斜初步形成，克深地区推测可能仍然没有有效的圈闭形成，但是在侧向挤压应力的作用下，克深地区的砂岩开始发育裂缝。此时，第二期油气充注开始，依据克拉 2 储层砂岩中流体包裹体的定年分析，该期油气流体的充注时间为 6Ma 左右。克深地区发现有该时期的烃类包裹体存在，不排除克深地区局部、小范围内存在该期油气藏的可能性。由于克拉 2 古背斜的存在，本期油气流体被很好地保存于克拉 2 地区，并逐渐形成一个带有气顶的油气藏。随着时间的进一步推移，克拉-克深地区进入到构造挤压成岩作用阶段的后期，在此时期内，克拉 2 背斜构造的发育逐渐完善，大量的油气流体被存储在该构造中。但是由于受侧向挤压应力的作用，克拉 2 地层快速向上隆升，从而散失了部分油气。不过在上部致密膏岩盐盖层的遮挡下，受益于下部优质的烃源岩，克拉 2 逐渐形成了一个储量十分可观的干气气藏。在此期间，克深地区的构造圈闭逐渐形成，大量的天然气沿着断裂不断地汇聚到克深圈闭中，形成一定规模的气藏。与克拉 2 地区不同的是，克深地区的砂岩在整个演化过程中埋藏深度一直在增加，尤其是到了后期埋深达到了近万米，埋藏深，成岩作用较强。与之相比，克拉地区的砂岩则在演化后期快速隆

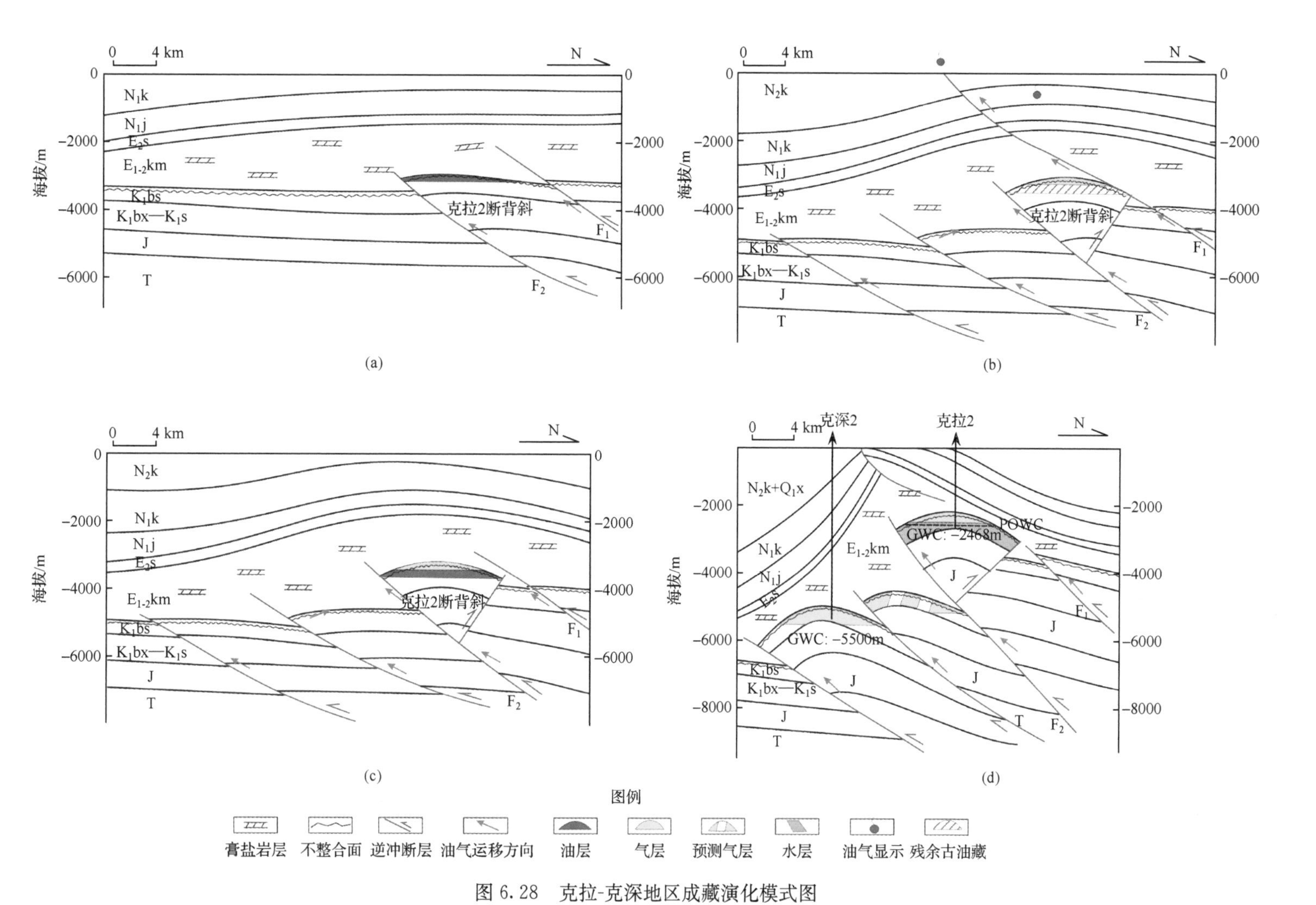

图 6.28 克拉-克深地区成藏演化模式图

(a)康村组沉积时期；(b)库车组沉积末期；(c)库车组沉积早期；(d)第四纪至现今

升,并且部分地层被剥蚀,埋藏浅,成岩作用较弱。同时,在侧向挤压应力的作用下,克深地区的裂缝持续发育,形成大范围分布的深部裂缝性储层。克拉区带则在侧向挤压应力的作用下,伴随着天然气的不断充注,逐渐形成一个压力系数达 2.0 的超压气藏。流体包裹体分析结合热埋藏史定年分析表明:克拉-克深区带这一时期的天然气充注时间在 2Ma 左右。

三、大北地区储层成岩-成藏序列与成藏过程

(一)大北 1 气田基本概况

大北 1 气田位于库车拗陷克拉苏构造带克深南区带的大北 1 号构造。大北 1 号构造所处的克深南区带发育两条大的北倾逆冲断裂,北部为克深南断裂,该断裂以北为克深区带;南部为拜城北区带北部边界断裂,该断裂以南为拜城北区带。在上述两条大断裂之间,大北 1 号构造受多条次一级逆冲断层控制而形成五个断背斜,即大北 1 断背斜、大北 101 断背斜、大北 103 断块、大北 2 断背斜和大北 201 断背斜(图 6.29)。平面上根据构造形态、气藏认识可分为五个气藏单元,即大北 1 气藏、大北 101-102 气藏、大北 2 气藏、大北 103 气藏、大北 201 气藏;前三个气藏均有井获高产气流,大北 103 气藏、大北 201 气藏上的大北 103 井、大北 201 井测井解释大段含气,证实了各断背斜的含气性;各断背斜不同的气-水界面说明断层起分割作用,各断背斜间为不同的气藏单元。

纵向上各断背斜白垩系巴什基奇克组砂岩储层间没有明显存在分布稳定、对比性强的泥岩隔层,薄层泥岩在横向上不连续,储层段内普遍发育裂缝,产气层段相互沟通。各断背斜白垩系巴什基奇克组砂岩与顶部膏盐岩层组成一个储盖组合、一套气水系统。大北 101-102 气藏类型为边水层状断背斜型凝析气藏,大北 2 气藏类型为底水块状断背斜型凝析气藏,大北 103 气藏类型为底水块状断块型凝析气藏,大北 1 气藏类型为边水层状断背斜型凝析气藏。

大北 1 气田地面凝析油密度为 0.786~0.828g/cm^3(20℃),平均为 0.801g/cm^3;平均含硫为 0.066%,平均含蜡为 7.158%,气油比 28763~39671m^3/m^3。总体上具有密度低、黏度低、含硫低的特点。通过油源对比,大北 1 气田凝析油为三叠系、侏罗系烃源岩的混源油。原油 R_o 为 0.7%~0.80%范围,是烃源岩成熟阶段生成的原油,即在生油高峰前后生成的。天然气甲烷含量较高,平均含量为 91.78%,乙烷平均含量为 3.02%;已烷及以上烃组分平均含量为 0.16%;氮气平均含量为 3.16%;CO_2 平均含量为 0.82%,相对密度为 0.58~0.82,平均为 0.61,干燥系数为 0.95~0.97。天然气属成熟度较高的煤成气。天然气的 $\delta^{13}C_1$ 为-29.73‰~30.5‰,折算天然气成熟度 R_o 为 1.6%~1.8%,$\delta^{13}C_2$ 为-21.39‰~-22.6‰,重于划分煤成气和油型气的分界线-28‰,说明与侏罗系—三叠系煤系烃源岩有关,属典型的成熟度较高的煤成气。地层流体在地层条件下呈单一气相,气藏具有微含凝析油的凝析气藏特征。

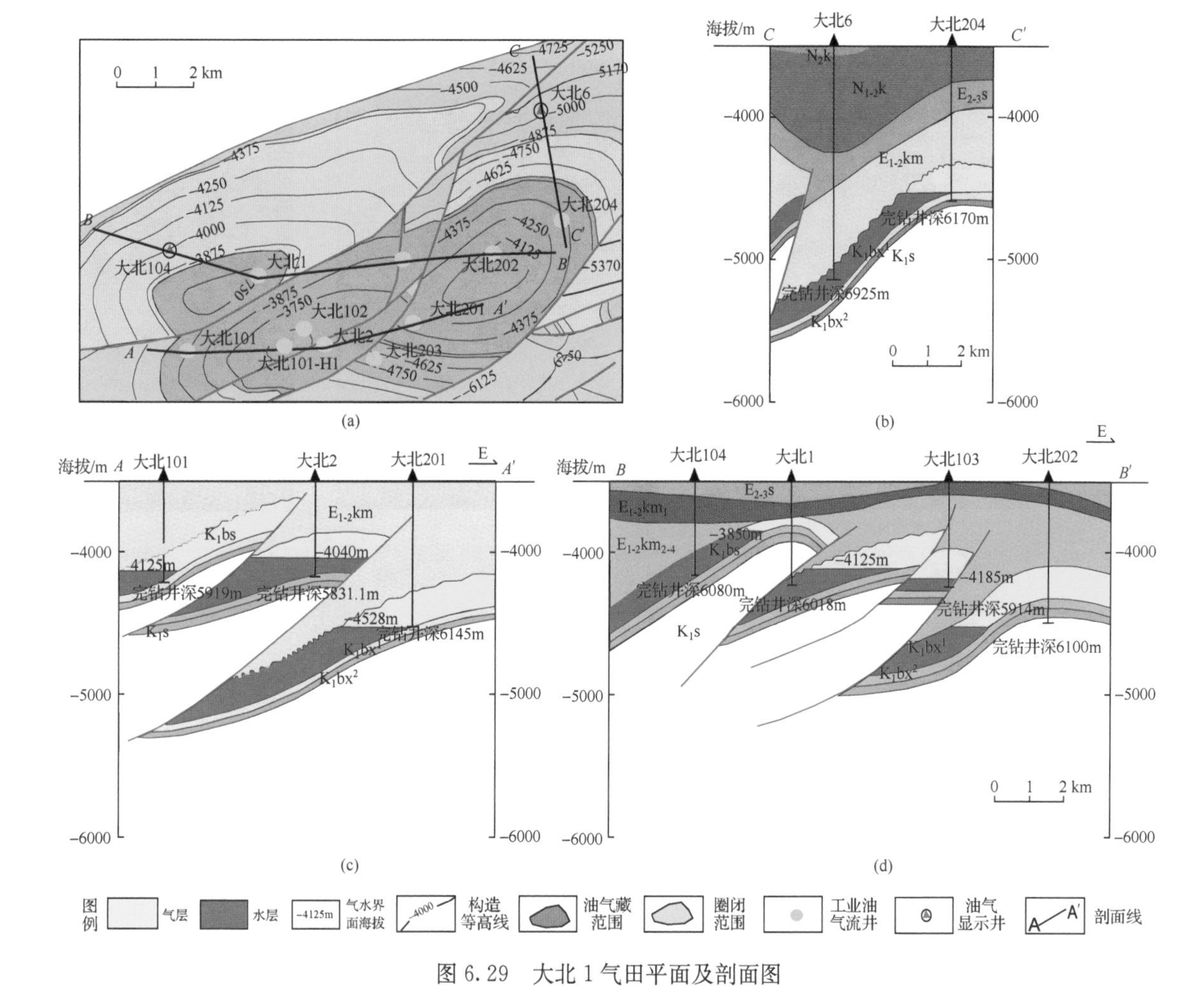

图 6.29 大北 1 气田平面及剖面图

(a)大北气田 K_1bs 顶面构造图；(b)过大北 6—大北 204 井连井剖面；(c)过大北 101—大北 101—哈 1—大北 2—大北 201 井连井剖面；(d)过大北 104—大北 1—大北 103—大北 202 井连井剖面

（二）包裹体岩相学特征及成藏期次

通过大量的包裹体薄片镜下观察，大北地区白垩系巴什基奇克砂岩储层中发育三期不同类型的油气包裹体（图 6.30）：第Ⅰ期为发黄褐色荧光的成熟度相对低的油气包裹体，单偏光下为浅褐色-无色，气液比较小，主要发育在石英内裂缝中[图 6.30（a）、图 6.30（b）]；第Ⅱ期为发蓝色、蓝色荧光的成熟较高的油气包裹体，单偏光下无色，气液比较大，为凝析气包裹体[图 6.30（c）、图 6.30（d）]，主要赋存在石英裂缝及方解石脉体中；第Ⅲ期为不发荧光的气态烃包裹体，单偏光下黑色、灰黑色，为干气包裹体[图 6.30

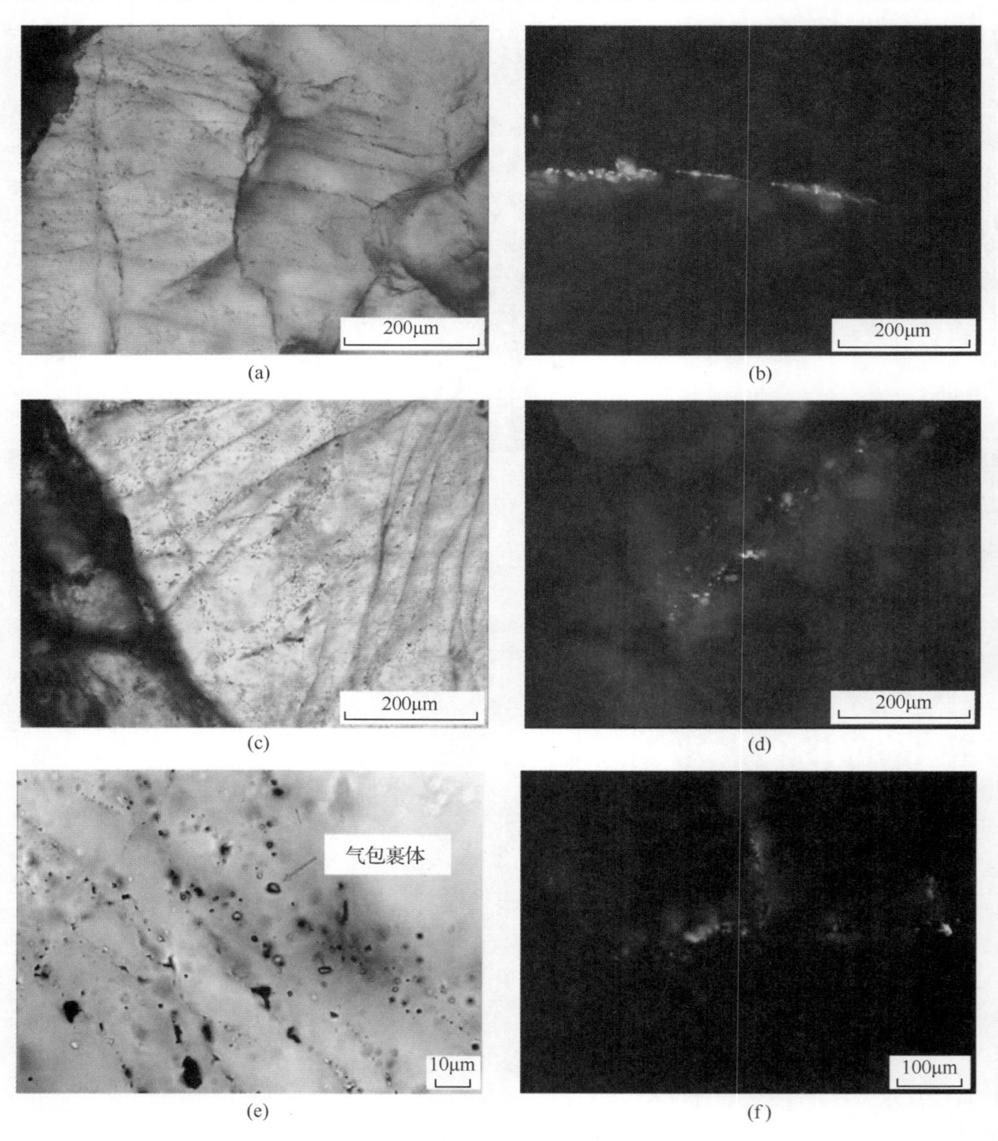

(a) (b) (c) (d) (e) (f)

图 6.30 大北地区油气包裹体特征

(e)],主要赋存在石英裂缝中。局部可看到第Ⅱ期蓝白色荧光包裹体切割第Ⅰ期黄褐色荧光包裹体[图 6.30(f)],说明蓝白色荧光包裹体形成时期晚于黄褐色荧光包裹体。

在大北地区储层薄片中可观察到两种类型的沥青:第一种沥青为黄褐色,主要发育在石英次生加大与石英颗粒之间的尘线中[图 6.31(a)],反映了该期沥青的形成时间早,应为最早一期油气充注留下的沥青;第二种沥青为黑色干沥青,在储层中分布较为广泛,主要发育在颗粒之间的残余粒间孔、次生溶孔、方解石胶结物和脉体的晶间孔中[图 6.31(b)~图 6.31(d)],从黑色沥青发育特征看,晚于石英加大边和方解石胶结物的形成,形成于储层致密化之后,应为第Ⅱ期充注原油受晚期干气气洗形成的胶质沥青的影响。鉴于储层沥青较少且个体细小,为了测定储层中沥青的反射率,采用"盐酸、氢氟酸、重液分选"干酪根提取的方法,溶蚀矿物、浓缩沥青,然后做成压光片,用分光光度计测量。对大北 202 井 K_1bs(5717.15m)储层沥青反射率测试,得到两组值,平均 R_o 分别为 1.07%和 0.47%,反映了两期不同成熟度的沥青,且反射率都较低,与石油高温裂解残余物焦沥青特征相差较大,基本可排除原油裂解成因(卓勤功等,2011)。

图 6.31 大北地区储层沥青特征

利用 X 射线显微 CT 对大北 202 井白垩系砂岩储层进行三维 CT 扫描成像后发现,储层中孔隙式充填的沥青具有很好的连通性,多呈孔隙式和缝合线式分布(图 6.32),反映油充注时期储层孔隙连通性应较好,而储层沥青则是形成于储层致密化之后天然气充注气洗分馏过程中。可以看出,早期油的充注在储层致密化过程中保持了连续的运移通道，改变了孔隙-喉道的润湿性，有利于晚期天然气的充注及产出。

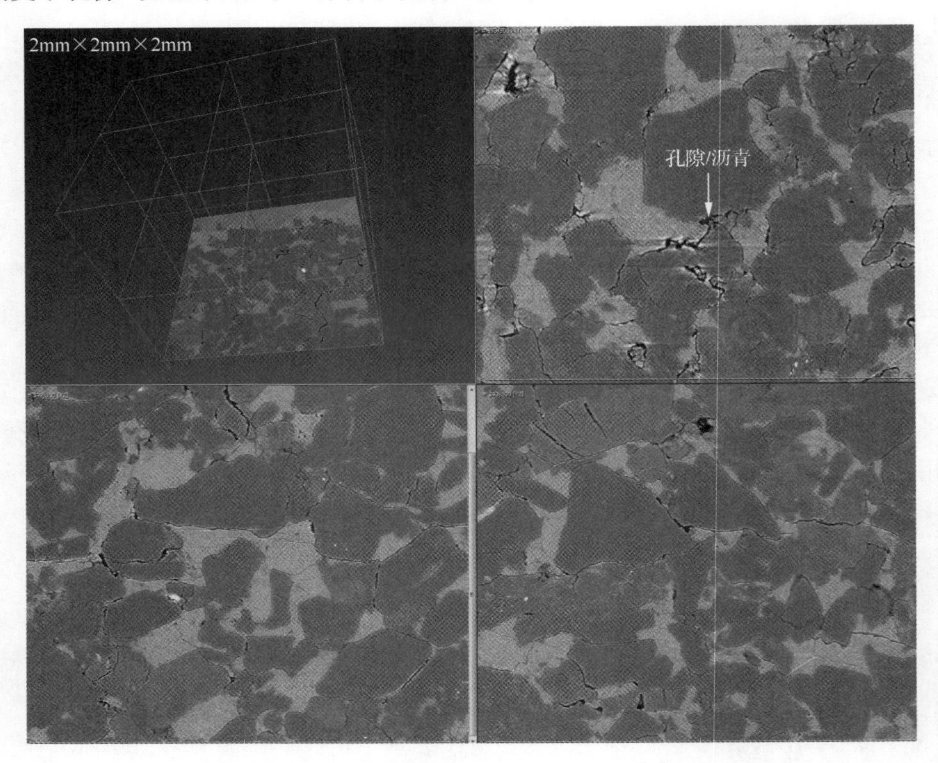

图 6.32 大北 202 井白垩系砂岩储层 X 光显微 CT 照片

镜下观察显示，第Ⅰ期黄褐色荧光包裹体个体较小，无伴生盐水包裹体，无法测温。第Ⅱ期蓝白色荧光油包裹体的均一温度的范围为 50～60℃，与其共生的盐水包裹体的均一温度为 100～110℃(图 6.33)。与第Ⅲ期天然气包裹体共生的盐水包裹体的均一温度为 125～140℃。盐水包裹体均一温度与冰点温度和盐度关系显示油的充注造成地层水盐度稍微上升，盐水包裹体冰点温度下降，天然气充注时地层水的盐度继续上升，这可能是深部高盐度流体混合的结果。将包裹体共生的盐水包裹体均一温度投影到古地温的埋藏史上(图 6.33)得到第Ⅱ期油充注时间为 5～4Ma，也在康村组沉积末期至库车组沉积早期，与克拉地区一致。天然气充注时间为 2～0Ma，也与克拉地区相似。

大北地区第Ⅱ期蓝白色荧光油包裹体的均一温度比伴生盐水包裹体的均一温度小 50℃左右，显示弱超压捕获的特征。根据流体包裹体 PVT 模拟法，恢复了第Ⅱ期和第Ⅲ期油气充注的古压力条件(图 6.33)。第Ⅱ期油充注的时间为 4Ma，PVTX 模拟确定的捕获压力为 49.6Ma，成藏期古埋深为 4200m，计算成藏期古压力系数为 1.21，此时为弱超压充注；第Ⅲ期气充注的时间为 2Ma，PVTX 模拟确定的捕获压力为 78.6Ma，成藏期古埋深为 5800m，计算成藏期古压力系数为 1.5，为强超压充注，与现今压力系数 1.56 基本相当。

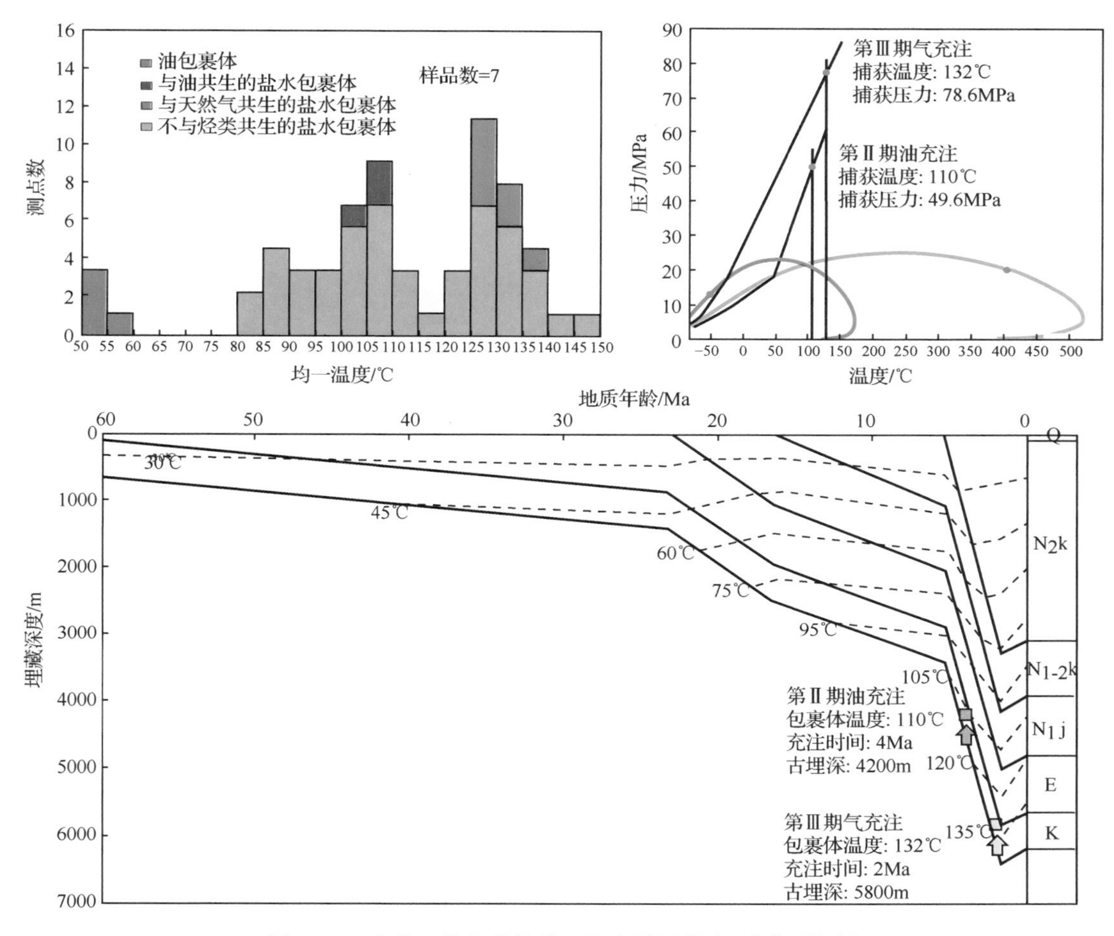

图 6.33 大北 1 井包裹体均一温度及埋藏史、成藏时间图

(三) 大北地区油气成藏过程及模式

大北地区储层流体成分分析、岩石薄片和包裹体荧光观察结果均表明存在两期原油和一期天然气充注，早期充注的原油在晚期遭受气侵破坏形成沥青。黄色荧光的油包裹体代表了早期相对成熟度较低的原油充注，发蓝白色荧光的油包裹体代表了相对晚期的较高成熟原油充注，黑色干气包裹体代表了高-过成熟天然气的充注。

大北地区不同断块压力梯度、天然气成熟度和组分、原油地球化学特征和成熟度、地层水的特征都具有很好的相似性。为了分析大北地区不同断块流体演化的差异性，在不同断块各选一口井的储层砂岩样品中的包裹体进行古盐度和古压力分析从而分析不同断块流体演化特征，所选井分别是大北 1 井、大北 102 井、大北 2 井、大北 202 井(与大北 201 井处以同一断块)(图 6.34)。结果显示大北地区不同断块储层砂岩样品的包裹体古盐度和古压力演化趋势具有很好的相似性(图 6.35)。在距今 5Ma 以前，盐水包裹体盐度保持相对稳定，为 40～60mg/g，储层孔隙流体压力系数为 1.1～1.2，属于正常压力。在距今5Ma,盐水包裹体盐度和压力开始增加。到大约距今3Ma增加到最大,距今3Ma以来盐度基本趋于稳定。大北地区不同断块储层流体压力演化趋势都具有很好的一致性,在距今5Ma,孔隙流体压力开始快速增加,晚期由于遭受了持续的构造挤压作用导致孔隙流体压力持续增加。

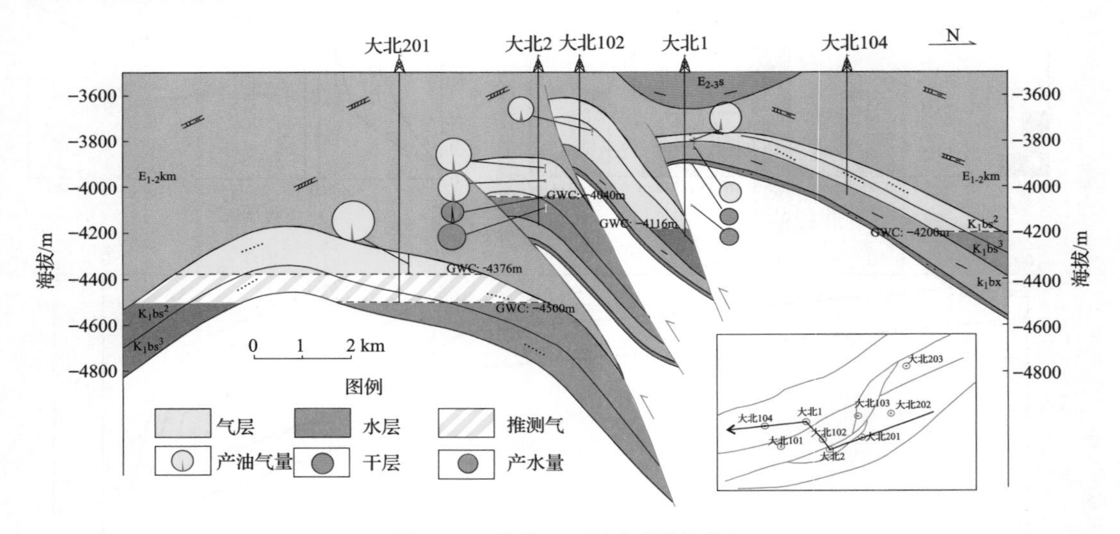

图6.34 大北地区油气藏剖面图

综上所述,大北地区不同断块压力梯度、天然气成熟度和组分、原油地球化学特征和成熟度、地层水的特征都具有很好的相似性,而且油气充注时间相同、包裹体古盐度和古压力演化趋势也具有很好的相似性,因此推测大北地区在早期为一个统一的圈闭,在构造挤压作用下使统一的圈闭形成断层,将大北地区分成不同的断块,断层活动沟通烃源岩和储层,深部流体充注到大北地区不同断块中。大北地区不同断块古流体演化具有很好的相似性,因此认为大北地区控制不同断块的断层活动时间相对同步,也就是大北地区不同断块的形成及油气成藏过程都基本一样。

早期统一的圈闭在晚期构造挤压作用下形成不同的断块,断层活动沟通气源和储层,深部流体充注到大北地区不同断块中。这种特征与大北地区的构造演化密不可分,大北地区构造演化属于挤压后展式(图6.36),与克深地区具有较大的差异。大北地区大型圈闭形成时间相对较早,受南部主干断层的控制,后期挤压构造产生多条小级别的断裂,使大构造复杂化,形成了多个断块,各断块在后期的成藏过程类似。

油气源对比表明,大北气田及大宛齐油田的原油来源相同、特征相似,均来源于上三叠统黄山街组和中侏罗统恰克马克组的湖相烃源岩;天然气均为煤成气,但大宛齐油田的天然气成熟度明显低于大北气田的天然气成熟度,表明盐上圈闭聚集了早期的煤成气,盐下圈闭捕获的煤成气相对较晚。

综合储层沥青、颗粒荧光、油气地化等分析数据及膏盐岩盖层脆塑性转换研究成果,结合构造演化,揭示大北气田和大宛齐油田的关系及油气成藏过程(图6.37)。

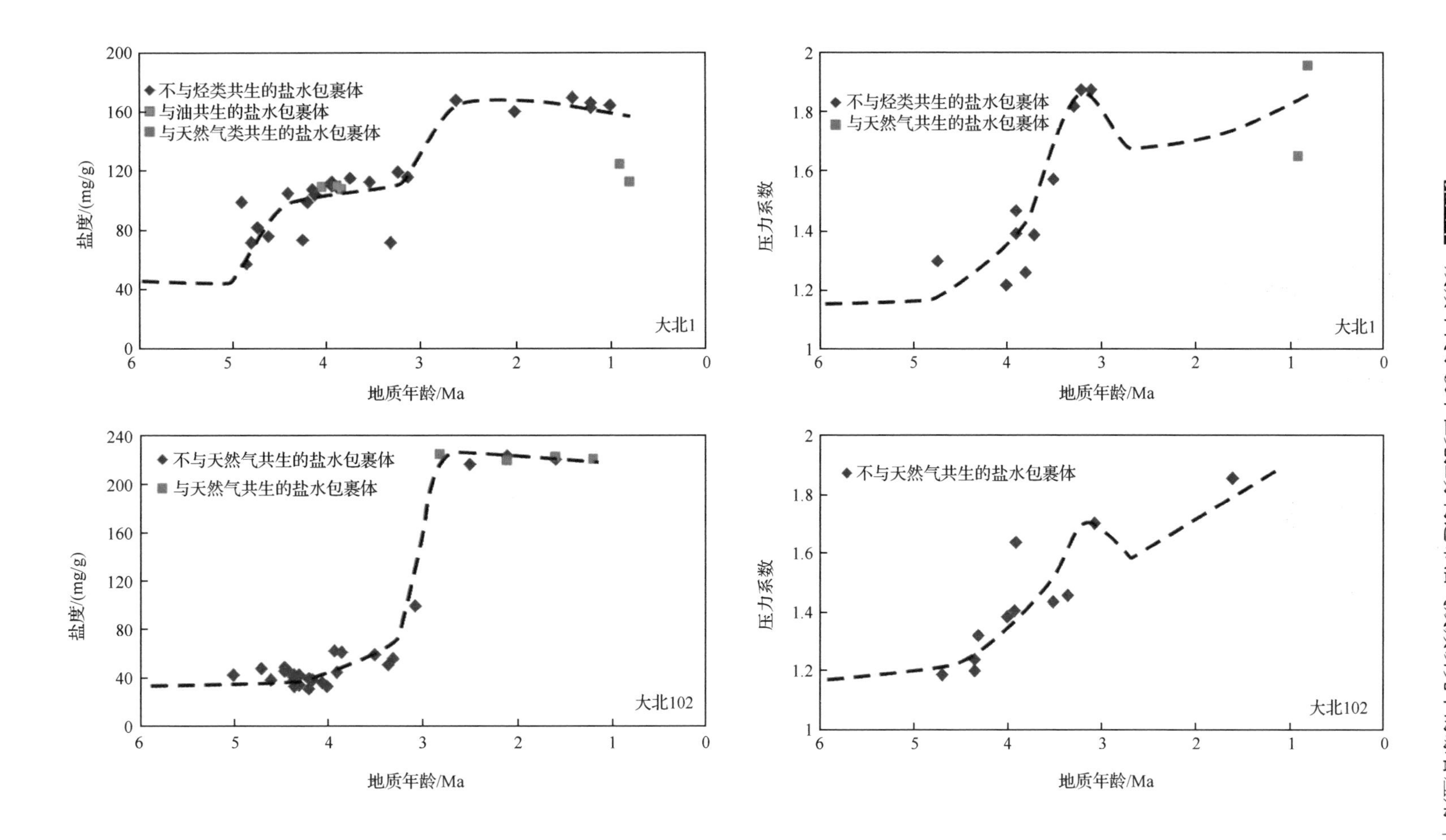
不与烃类共生的盐水包裹体
与油共生的盐水包裹体
与天然气类共生的盐水包裹体
盐度/(mg/g)
大北1
地质年龄/Ma
不与烃类共生的盐水包裹体
与天然气共生的盐水包裹体
压力系数
大北1
地质年龄/Ma
不与天然气共生的盐水包裹体
与天然气共生的盐水包裹体
盐度/(mg/g)
大北102
地质年龄/Ma
不与天然气共生的盐水包裹体
压力系数
大北102
地质年龄/Ma

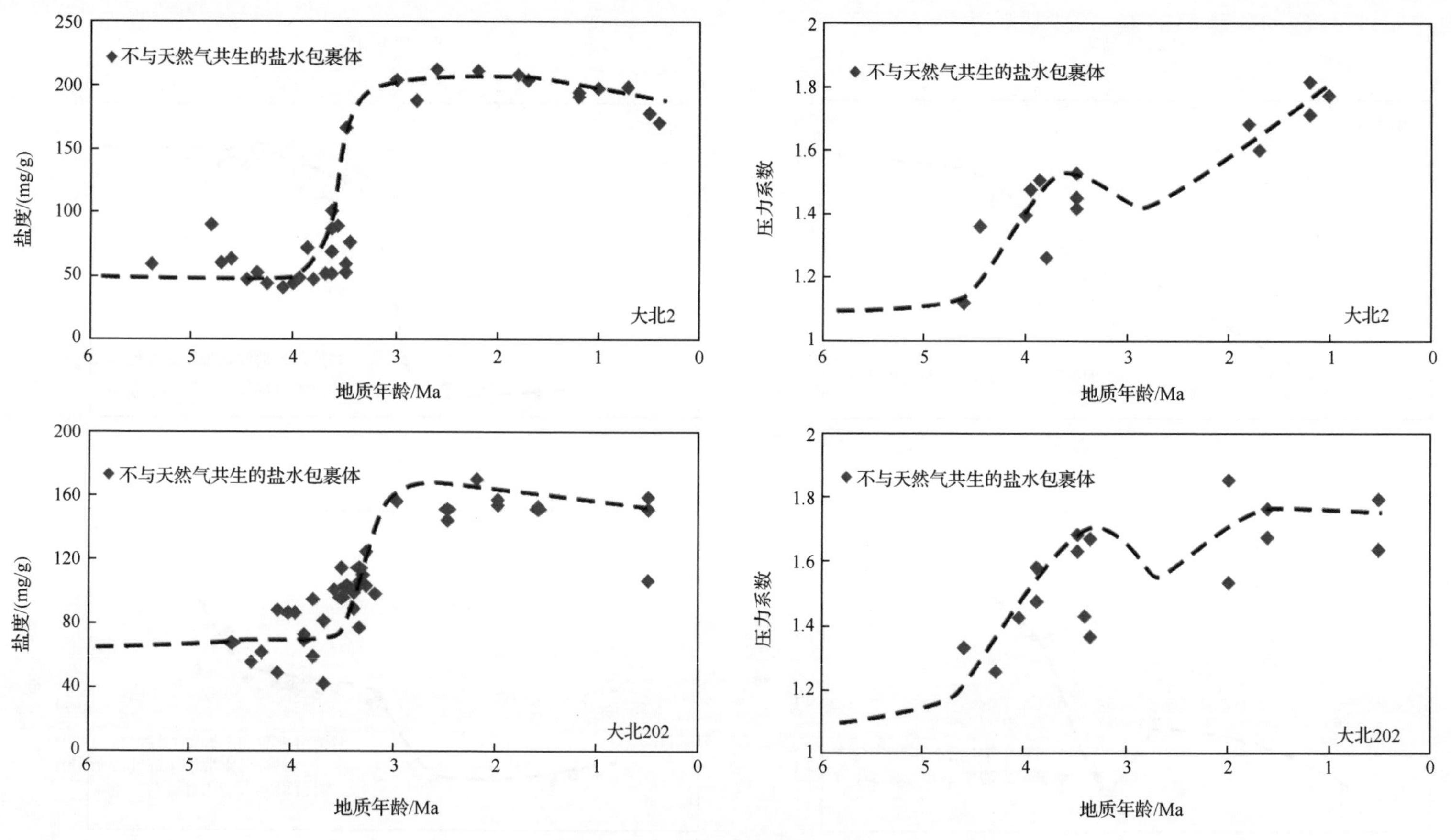

图 6.35 大北地区不同断块储层包裹体盐度和压力演化特征

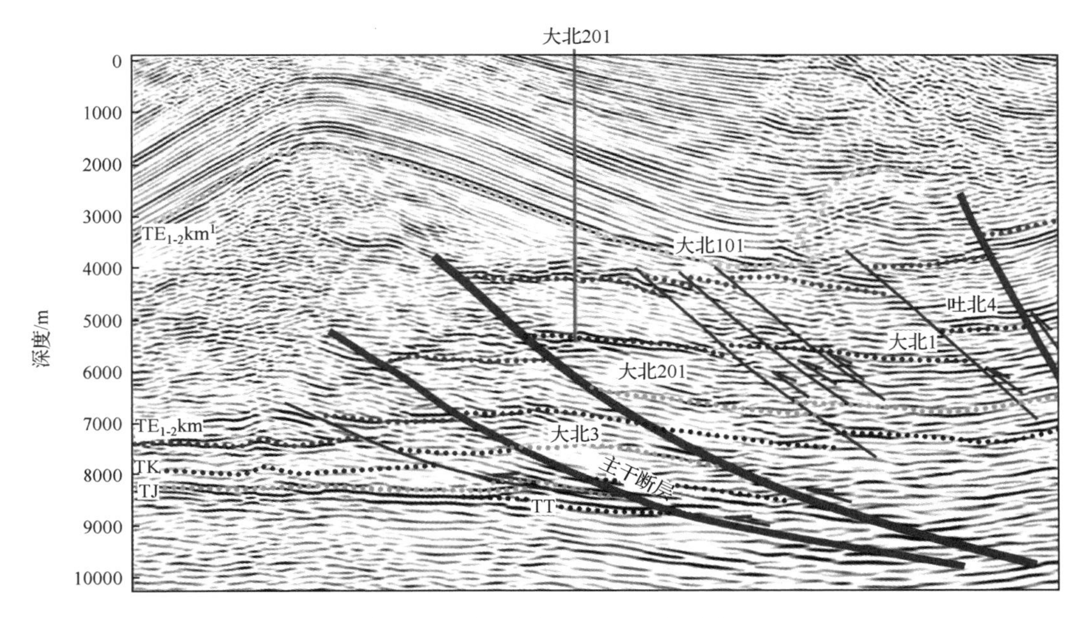

图 6.36　大北地区后展式构造模式

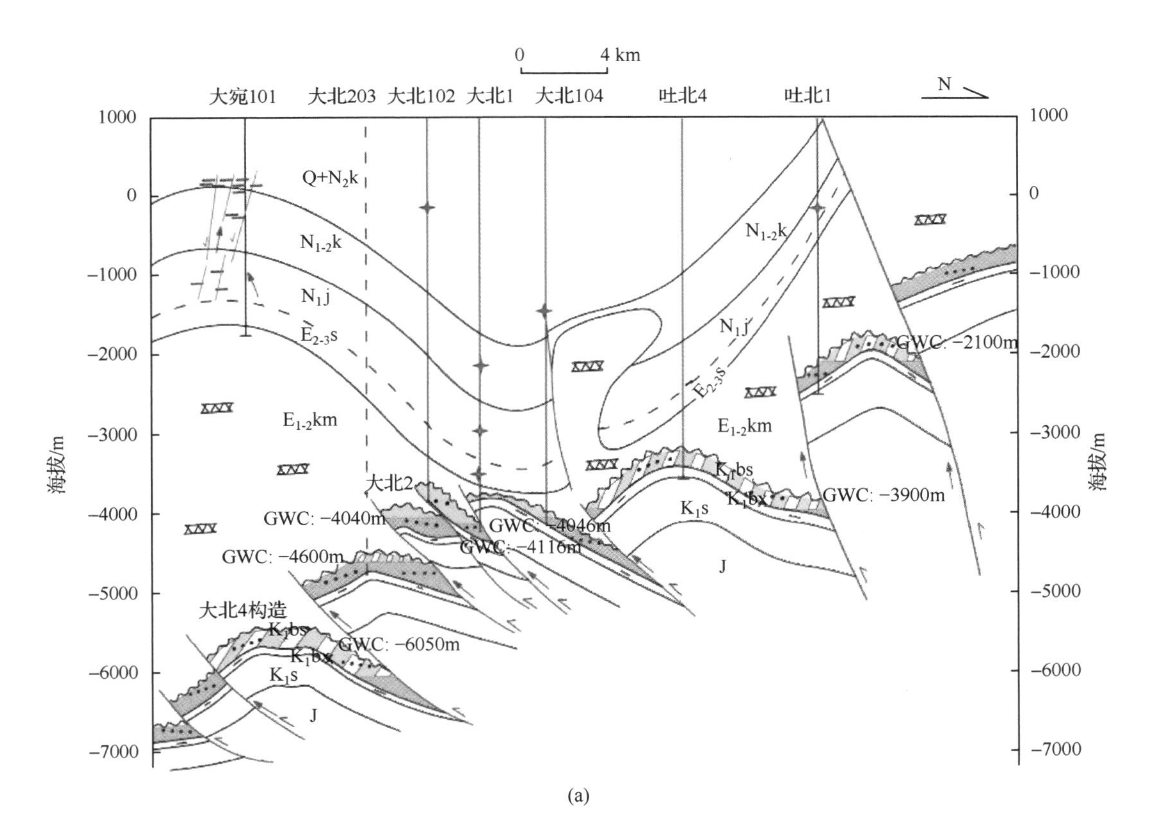

(a)

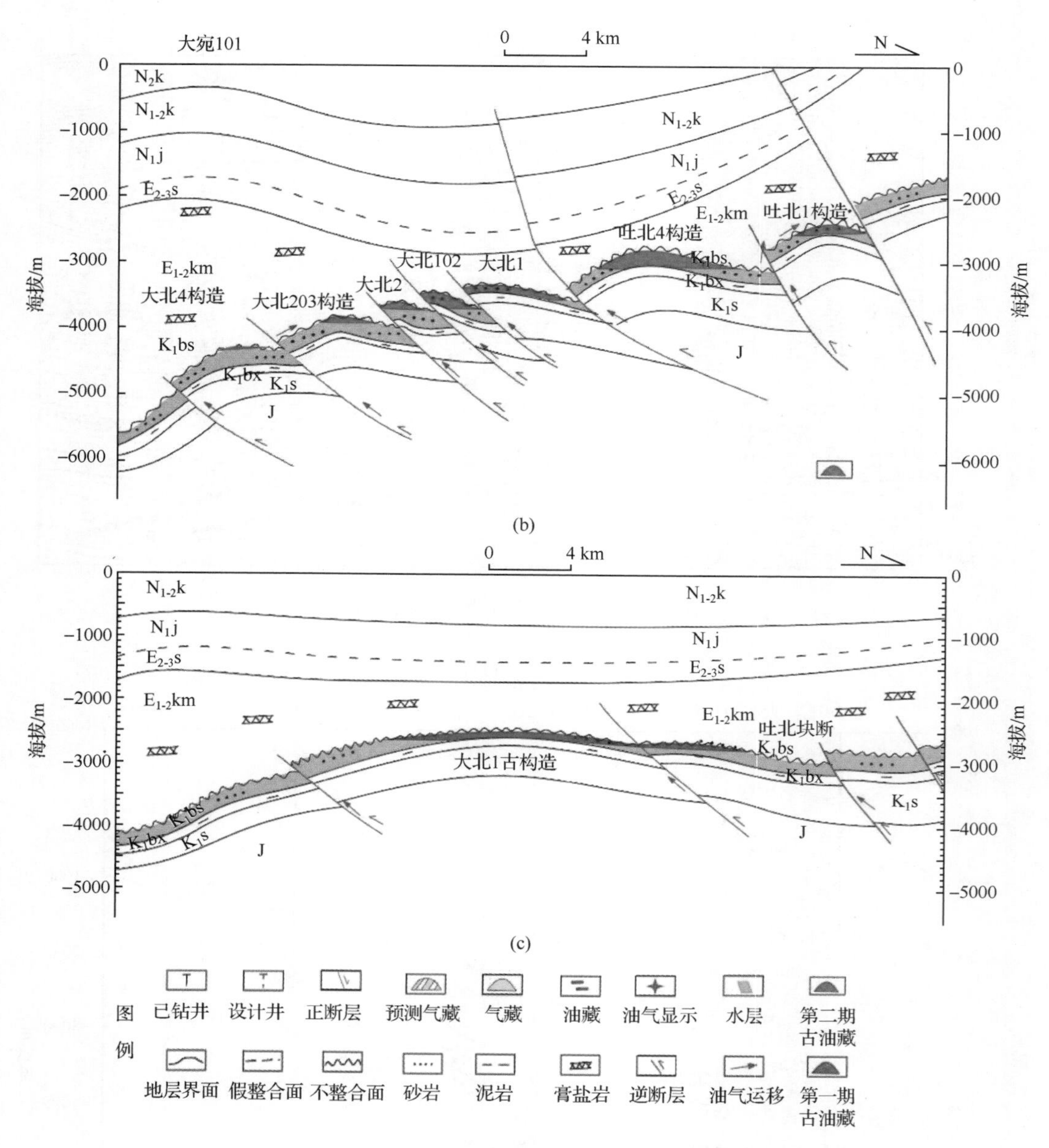

图 6.37 大北气田-大宛齐油田动态成藏过程

(a)库车组沉积末期—第四纪；(b)库车组沉积早中期；(c)库车组沉积前

在库车组沉积之前，天山的隆升可能对大北地区具有一定的挤压作用，使大北地区形成一个大的古构造。包裹体荧光观察发现大北地区存在早期低成熟原油的充注，没发现与油包裹体共生的盐水包裹体，因此只能推测早期低成熟原油的充注时间在库车组沉积之前。有原油的充注就必然存在沟通油源的通道，这通道应该是由构造挤压作用所形成的逆断层。虽然大北古构造存在断层，但应该没有将储层分隔，因为流体包裹体盐度显示不同地区的包裹体盐度变化特征比较相似。

在库车组沉积时期，由于天山的隆升导致构造挤压作用增强，为大北地区提供充足的物源，地层快速沉降(图 6.37)。强烈的构造挤压作用导致储层流体压力增加，大北地区背斜幅度增大，构造挤压并导致断在大北地区发育新的断层将大北古构造分隔成不同的断块。断层的活动将油源与储层沟通，使得第二期油充注到储层中，不同的断块可能均接收了新的流体注入，导致不同断块的流体演化特征都具有很好的相似性。第二期油充注强度和规模可能都比较大，因为大北地区上部的大宛齐油藏是由大北古油藏被破坏调整到大宛齐的结果。大宛齐油田原油和大北地区现今储层中的原油的成分、成熟度都具有很好的相似性。库车组沉积末期，强烈的构造挤压作用导致大北地区地层发生逆冲推覆，使上覆地层发生剥蚀并伴随强烈的断层活动，根据地层对比方法分析上覆地层剥蚀厚度达 1200m 以上。活动的断层沟通了烃源岩和储层，大量的天然气充注到储层中形成了现今的大北气田。早期充注的油藏在此时期也被破坏调整到大宛齐形成现今的大宛齐油田。但是油藏的破坏是由于穿盐断层的活动导致油的散失，还是天然气的充注导致原油从圈闭的溢出点被驱替出还需要更多的证据证实。

从库车拗陷油气成藏过程中可以看出，在具有好的盖层条件下，构造挤压作用对油气成藏过程具有重要的控制作用。由于构造挤压作用控制了构造圈闭形成的时间和规模；构造挤压作用造成断层活动，使新的流体注入，控制了储层流体演化过程；构造挤压作用造成断层活动沟通油源，成为油气运移的通道，因此构造挤压也控制了油气成藏过程。

参考文献

杜金虎，王招明，胡素云，等. 2012. 库车前陆冲断带深层大气区形成条件与地质特征. 石油勘探与开发，39(4)：385-393.

付晓飞，吕延防，孙永河. 2004. 克拉 2 气田天然气成藏主控因素分析. 天然气工业，24(7)：9-11.

贾承造，　　王招明，等. 2002. 克拉 2 气田石油地质特征. 科学通报，47(增刊)：91-96.

李贤庆，肖贤明，米敬奎，等. 2004. 塔里木盆地克拉 2 大气田天然气的成因探讨. 天然气工业，24(11)：8-10.

梁狄刚，陈建平，张宝民，等. 2004. 塔里木盆地库车拗陷陆相油气的生成. 北京：石油工业出版社：106-140.

鲁雪松，刘可禹，卓勤功，等. 2012. 库车克拉 2 气田多期油气充注的古流体证据. 石油勘探与开发，39(5)：537，544.

鲁雪松，宋岩，赵孟军，等. 2014. 库车前陆盆地复杂挤压剖面热史模拟及烃源岩热演化特征. 天然气地球科学，25(10)：1547-1557.

马玉杰，卓勤功，杨宪彰，等. 2013. 库车拗陷克拉苏构造带油气动态成藏过程及其勘探启示. 石油实验地质，35(3)：249-254.

苏爱国，张水昌，向龙斌，等. 2000. 相控和气洗分馏作用对油气组分及碳同位素组成的影响. 地球化学，29(6)：549-555.

王飞宇，张水昌，张宝民，等. 1999. 塔里木盆地库车拗陷中生界烃源岩有机质成熟度. 新疆石油地质，20(3)：221-224.

王飞宇，杜治利，李谦，等. 2005. 塔里木盆地库车拗陷中生界油源岩有机成熟度和生烃历史. 地球化学，34(2)：136-144.

王良书，李成，刘绍文，等. 2005. 库车前陆盆地大地热流分布特征. 石油勘探与开发，32(4)：79-84.

王招明. 2014. 塔里木盆地库车拗陷克拉苏盐下深层大气田形成机制与富集规律. 天然气地球科学，25(2)：153-166.

王招明，王廷栋，肖中尧，等. 2002. 克拉 2 气田天然气的运移和聚集. 科学通道，47(增刊)：103-108.

王震亮，张立宽，施立志，等. 2005. 塔里木盆地克拉 2 气田异常高压的成因分析及其定量评价. 地质论评，51(1)：55-63.

夏新宇，宋岩，房德权. 2001. 构造抬升对地层压力的影响及克拉2气田异常压力成因. 天然气工业，21(1)：30-34.

张斌，黄凌，吴英，等. 2010. 强烈气洗作用导致原油成分变化的定量计算：以库车拗陷天然气藏为例. 地学前缘，17(4)：270-279.

张有瑜，Zwingwann H，Todd A，等. 2004. 塔里木盆地典型砂岩油气储层自生伊利石K-Ar同位素测年研究与成藏年代探讨. 地学前缘，11(4)：637-647.

赵孟军，卢双舫. 2003. 库车拗陷两期成藏及其对油气分布的影响. 石油学报，24(5)：16-20.

赵孟军，潘文庆，张水昌，等. 2004. 聚集过程对克拉2气田天然气地球化学特征的影响. 地学前缘，11(1)：304-304.

赵孟军，王招明，张水昌，等. 2005. 库车前陆盆地天然气成藏过程及聚集特征. 地质学报，79(3)：414-422.

赵孟军，鲁雪松，卓勤功，等. 2015. 库车前陆盆地油气成藏特征与分布规律. 石油学报，36(4)：395-404.

赵文智，王红军，单家增，等. 2005. 库车拗陷天然气高效成藏过程分析. 石油与天然气地质，26(6)：703-710.

周兴熙. 2003. 塔里木盆地克拉2气田成藏机制再认识. 天然气地球科学，14(5)：354-360.

朱玉新，邵新军，杨思玉，等. 2000. 克拉2气田异常高压特征及成因. 西南石油学院学报，22(4)：9-13.

卓勤功，赵孟军，谢会文，等. 2011. 库车前陆盆地大北地区储层沥青与油气运聚关系. 石油实验地质，33(2)：193-196.

邹华耀，王红军，郝芳，等. 2007. 库车拗陷克拉苏逆冲带晚期快速成藏机理. 中国科学D辑，37(8)1032-1040.

Deming D，Chapman D S. 1989. Thermal histories and hydrocarbon generation：Example from Utah-Wyoming thrust belt. AAPG Bulletin，73(12)：1455-1471.

Edman J D，Surdam R C. 1984. Influence of overthrusting on maturation of hydrocarbon in Phosphoria formation，Wyoming-Idaho-Utah overthrust belt. AAPG Bulletin，68(11)：1803-1817.

Girish C S，Knut B，Steve L. 1992. The effects of oil emplacement on diagenetic processes- examples from the fulmar reservoir sandstones，central North Sea. The American Association of Petroleum Geologists Bulletin，76(7)，1024-1033.

Goldstein R H. 2001. Fluid inclusions in sedimentary and diagenetic systems. Lithos，55(1)：159-193.

Ketzer J M，Holz M，Morad S，et al. 2003. Sequence stratigraphic distribution of diagenetic alterations in coal-bearing，paralic sandstones：Evidence from the Rio Bonito Formation (early Permian)，southern Brazil. Sedimentology，50(5)：855-877.

Losh S，Cathles L，Meulbroek P. 2002. Gas washing of oil along a regional transect offshore Louisiana. Organic Geochemistry，33(6)：655-663.

Meisler H，Leahy P P，Knobel L L. 1984. Effect of eustatic sea-level changes on saltwater-freshwater in the North Atlantic Coast Plain. United States Geological Survey Water-Supply Paper，2255：27.

Morad S，Ketzer J R M，de Ros L F. 2000. Spatial and temporal distribution of diagenetic alterations in siliciclastic rocks：Implications for mass transfer in sedimentary basins. Sedimentology，47(sl)：95-120.

Parnell J，Carey P F，Monson B. 1996. Fluid inclusion constraints on temperatures of petroleum migration from authigenic quartz in bitumen veins. Chemical Geology，129(3)：217-226.

Schmid S，Worden R H，Fisher Q J. 2004. Diagenesis and reservoir quality of the Sherwood Sandstone (Triassic)，Corrib Field，Slyne Basin，west of Ireland. Marine and Petroleum Geology，21(3)：299-315.

Surdam R C，Crossey L J，Hagen E S，et al. 1989. Organic-inorganic interactions and sandstone diagenesis. AAPG Bulletin，73(1)：1-23.

Thompson K. 1987. Fractionated aromatic petroleums and the generation of gas-condensates. Organic Geochemistry，11(6)：573-590.

Van Keer I，Muchez P，Viaene W. 1998. Clay mineralogical variations and evolutions in sandstone sequences near a coal seam and shales in the Westphalian of the Campine Basin (NE Belgium). Clay Minerals，33(1)：159-169.